GOLDMANN

*Buch*

Maike Maja Nowak, Autorin von »Die mit dem Hund tanzt«, entführt uns dorthin, wo alles begann: ins russische Dorf Lipowka, benannt nach den Linden, die hier überall stehen. Dort lebt sie mit den Bauern abgeschnitten von der Welt ein einfaches Leben. Hier tut sich ein neues Universum für sie auf, voll Einfachheit, Liebe und Nähe. Nach und nach findet sich ein Hunderudel bei ihr ein. Zuerst Wanja, der Leithund, dann nach und nach neun weitere Hunde. Genau wie die alten Bauern erobern auch die Hunde ihr Herz und werden Lehrmeister für ihr weiteres Leben. Von Wanjas Art, das Rudel zu führen, ist Maike Maja Nowak so fasziniert, dass sie beginnt, sich in die Kunst, Hunde zu führen, einzufühlen. Die »Natur des Hundes« definiert sich dabei ganz anders und neu für sie.

In faszinierenden Bildern und Geschichten beschreibt Maike Maja Nowak warmherzig und humorvoll das Zusammenleben von Hunden und Menschen an einem einzigartigen Ort.

*Autorin*

Maike Maja Nowak, geboren in Leipzig, frühere Sängerin und Liedermacherin, lebte lange Jahre in Russland mit einem Rudel wilder und halbwilder Hunde, dessen Beobachtung die Ausgangsbasis Ihrer Arbeit bildete. Seit 2007 leitet sie das Dog-Institut in Berlin. Ihr einfacher wie wirkungsvoller Ansatz im Umgang mit Hunden ist mit »Die Hundeflüsterin« seit 2013 auch im TV zu sehen.

*Außerdem von Maike Maja Nowak im Programm*

Die mit dem Hund tanzt (auch als E-Book erhältlich)
Wie viel Mensch braucht ein Hund (auch als E-Book erhältlich)
Der Hund als Spiegel des Menschen (auch als E-Book erhältlich)

Maike Maja Nowak

# Wanja und die wilden Hunde

Mein Leben in fünf Jahreszeiten

GOLDMANN

Alle Ratschläge in diesem Buch wurden von der Autorin und vom Verlag sorgfältig erwogen und geprüft. Eine Garantie kann dennoch nicht übernommen werden. Eine Haftung der Autorin beziehungsweise des Verlags und seiner Beauftragten für Personen-, Sach- und Vermögensschäden ist daher ausgeschlossen.



MIX
Papier | Fördert gute Waldnutzung
FSC® C014496
www.fsc.org

Penguin Random House Verlagsgruppe FSC® N001967

14. Auflage
Vollständige Taschenbuchausgabe Dezember 2013
Wilhelm Goldmann Verlag, München,
in der Penguin Random House Verlagsgruppe GmbH,
Neumarkter Straße 28, 81673 München
produktsicherheit@penguinrandomhouse.de
(Vorstehende Angaben sind zugleich Pflichtinformationen nach GPSR.)

produktsicherheit@penguinrandomhouse.de

Umschlaggestaltung: Uno Werbeagentur, München,
unter Verwendung eines Entwurfs von Eisele Grafik Design
Umschlagfoto: knut koops photography, Berlin
Foto Rückseite: privat
Redaktion: Manuela Knetsch
CB · Herstellung: IH
Satz: Uhl + Massopust, Aalen
Druck und Bindung: GGP Media GmbH, Pößneck
Printed in Germany
ISBN 978-3-442-17414-0

www.goldmann-verlag.de

# Inhalt


Vorwort .................................... 9

Prolog – Wie ich nach Lipowka kam .............. 13

Frühling

Wanja .................................... 37
Anton .................................... 61
Bambino .................................... 67
Husar .................................... 82
Laska .................................... 85
Grenzen setzen .................................... 93
Alma .................................... 110
Felix .................................... 117
Milyi .................................... 126
Baba .................................... 130
Vertrauen .................................... 134

Sommer

Hitze .................................... 143
Gemeinsame Spiele .................................... 152
Die Künstler kommen .................................... 159
Husar und die innere Uhr .................................... 165
Aufgaben .................................... 168
Auf der Jagd .................................... 173
Das Schwein .................................... 176

Der Tag, an dem Baba Lubas Haus erzitterte ........ 180
Milyis Schatz ........ 187
Der Neue ........ 189
Der Kampf ........ 193
Anders ........ 198
Unterwegs ........ 200
Festessen ........ 210
Wo ist Baba? ........ 213
Die Überraschung ........ 216
Geselligkeit ........ 219
Die Post ist da! ........ 222

Herbst
Die Blätter fallen ........ 224
Endlich ein Held ........ 228

Winter
Milyi und die Liebe ........ 236
Deutsche Medizin ........ 243
Bambinos Reise ........ 251
Kälte ........ 256

Frühling
Erwachen ........ 262
Viktor und das Leben ........ 266
Der Neuanfang ........ 276

Epilog

Kleine Hundekunde ........ 294

**Für Viktor**
und meine russischen Hunde

# Vorwort

Dies sollte ein Buch werden über ein Rudel von zehn russischen Hunden und wie diese – mit nur geringem menschlichem Einfluss auf ihr Verhalten – ihrer Natur entsprechend zusammenlebten.

Ein Buch über sechsundachtzig russische Bauern, die im hohen Alter und abgeschnitten vom Rest der Welt in einem Dorf wohnen – und welche Formen sie fanden, um dort gemeinsam zu überleben.

Ich wollte das Buch mit leichter Hand schreiben, so leicht, wie meine Erinnerungen an das Hunderudel und das russische Dorf gewesen waren, die ich seit vielen Jahren in mir getragen und bei Bedarf hervorgeholt hatte wie eine Sauerstoffmaske bei Smog.

Als ich zu schreiben begann, mit leichter Hand und großer Freude, begegneten mir plötzlich Gespenster, mit denen ich nicht (mehr) gerechnet hatte. Ich schob sie beiseite, denn meiner Meinung nach gehörten sie nicht in ein Buch über Hunde und Bauern.

Doch sie kamen wieder.

Ich vermutete, ihr Auftauchen hinge mit meinem Umzug in ein Haus am Waldrand zusammen und damit, dass ich mich noch fremd fühlte an diesem Ort.

Ich kaufte mir für den Garten eine kleine mongolische Jurte aus Filz, die wunderbar nach Schafwolle roch und in der mich wieder jenes Gefühl von Einfachheit und Natürlichkeit überkam, das mich an den Schauplatz des Buches erinnerte. Tatsächlich gelang es mir, in dieser »Höhle« mit dem Schreiben fortzufahren.

Dann begann es zu regnen. Tage. Wochen. Die Jurte faulte. Meine Schreibhöhle stank und musste abgebaut werden. Ich fühlte mich obdachlos – auf emotionaler Ebene. Ich versuchte, in meinem neuen Haus weiterzuschreiben. Die Gespenster kamen verstärkt zu Besuch. Erinnerungsfetzen. Bilder. Gefühle, die mich wie aus dem Nichts überfielen.

Nach zwei Wochen begann ich, die inzwischen getrocknete Jurte wieder aufzubauen. Kurze Zeit später lebten Fliegenvölker darin, die ihre Eier im Filz ablegten. Ich sprühte meine Höhle mit Gift ein. Nach einer Woche wagte ich es wieder, die Jurte zu betreten, und schrieb weiter.

Ein Unglücksfall geschah. Ein Unglücksfall mit Todesfolge.

Der Verlust meines Gefährten sprengte etwas in mir. Meine Fassade, mein Gefühl von Sicherheit und Kontrolle gingen zu Bruch. Erst jetzt begann ich, MEIN Buch zu schreiben. Die Gespenster, die mich aufsuchten, fanden nun Platz darin. Als ich anfing, ihnen die Hand zu reichen, wurden sie freundlicher und ließen auch alles andere mit in das Buch hinein – Unbeschwertheit, Freude, Fülle, Humor und Liebe. So ist es nun nicht nur eine Geschichte über Hunde und Bauern geworden, sondern auch ein Buch darüber, wie diese mich zurück ins Leben brachten.

Das Buch ist aufgebaut nach fünf Jahreszeiten. Ich habe mich dafür entschieden, weil mein ganzes Leben nach diesem Muster verlief. Immer wieder begann, lebte, verging und endete etwas, um Neuem Platz zu machen, das überhaupt erst auf dem Boden des Alten entstehen konnte. Es wäre mir ganz unmöglich gewesen, mit einem Winter zu enden, denn nur der Glaube an die Wiederkehr des Frühlings lässt mich leben.

Ich wünsche Ihnen viel Freude beim Eintauchen in eine Einfachheit, die das Kostbarste war, was ich in meinem Leben erfahren durfte.

Ihre Maike Maja Nowak

# Prolog – Wie ich nach Lipowka kam

Für viele Menschen in Ostdeutschland und Russland diente das Genre des Liedermachens dem emotionalen und geistigen Überleben. Die Säle waren voll, und oft musste ich Doppelvorstellungen geben, weil niemand ohne Karten nach Hause ging.

Meine Zeit als Liedermacherin begann 1981 mit den »Kieselsteinen«, meiner ersten Gruppe, setzte sich fort in einem Duoprogramm mit Norbert Bischoff und dann in Soloprogrammen, bei denen ich von dem Pianisten Rolf Hammermüller begleitet wurde oder mich selbst auf der Gitarre begleitete. Nach der Wende gab es ein letztes Aufleben mit meiner Gruppe »Herzsprünge«. Als wir darüber zu sprechen begannen, was dem Publikum gefallen könnte (in der Hoffnung, wir könnten so dem einsetzenden Publikumsschwund entgegenwirken), wusste ich, dass es vorbei war. In diesem Beruf war es für mich immer darum gegangen, Menschen einen ganz neuen Blickwinkel auf bekannte Dinge anzubieten, und nicht darum, mir zu überlegen, was ihnen gefallen könnte.

Durch die Belanglosigkeit des Überflusses, der plötzlich herrschte, und das Ausbleiben neuer Herausforderungen gelangte ich 1990 schließlich an einen emotionalen Tiefpunkt.

In dieser Phase meines Lebens erzählte mir eine Bekannte von zwei Russinnen, die ein außergewöhnliches Konzert geben sollten. So beschloss ich, zu diesem Konzert zu gehen, nicht ahnend, dass dieser Abend mein Leben verändern würde.

Die Namen der Dichter, deren Texte die Künstlerinnen Vera Ewuschkina und Lena Frolowa vertont hatten, waren mir allesamt bekannt: Anna Achmatowa, Ossip Mandelstam und Boris Pasternak. Allein einen Namen, der an diesem Abend immer wieder gefallen war, konnte ich nicht zuordnen: Marina Zwetajewa.

Später sollte ich erfahren, dass auch Vera und Lena erst einige Jahre zuvor in Berührung mit dieser Dichterin gekommen waren, die sowohl unter Stalin als auch unter dem kommunistischen Regime »nicht erwünscht« gewesen war. Erst mit Gorbatschow hatte Zwetajewa die Würdigung und Anerkennung erfahren, die ihr für ihre große sprachliche Begabung und ihre mutig gewählten Themen zustanden.

Seitdem lieben die Russen Zwetajewa mit einer Hingabe, die ich in Deutschland im Zusammenhang mit einem Dichter so nicht kenne. Zu Beginn meines Aufenthaltes in Moskau stand einmal im Bus ein russischer Arbeiter in blauem Overall auf und rezitierte ein Gedicht von ihr, woraufhin die Mitfahrenden begeistert applaudierten. Um fünf Uhr morgens wurden in Moskauer Radiosendern Gedichte rezitiert, abends im Fernsehen ebenso. Man stelle sich so etwas in der deutschen Medienlandschaft vor! Auch bei Zusammenkünften unter Freunden durfte das Rezitieren von Gedichten nie fehlen. Gedichte waren zu dieser Zeit in Russland noch »Brot für die Seele«.

In der Nacht nach dem Konzert der beiden russischen Künstlerinnen entdeckte ich zu Hause in meinem Fach für ungelesene Bücher einen Gedichtband von Marina Zwetajewa – in der deutschen Übersetzung von Elke Erb. Dunkel erinnerte ich mich, dass mir Ende der Achtzigerjahre mein damaliger Lebensgefährte dieses Buch mit den Worten geschenkt hatte: »Ich glaube, ihr seid euch ähnlich.« Nun stand ich auf meiner kleinen Lesetreppe und begann in den deutschen Nachdichtungen zu blättern.

Ich weiß nicht, wann ich mich auf die Treppe setzte. Morgens um 4:30 Uhr hörte ich die Vögel zwitschern. Ich hatte das Buch ausgelesen und ein emotionales Zuhause gefunden.

Zwetajewa gab mir die Worte, die ich in meiner damaligen Lebenssituation niemals gefunden hätte. Das künstlerische Wort unterscheidet sich von Tagebucheinträgen ja gerade durch seine besondere Reflexion. Dazu braucht es Abstand.

Mit der westdeutschen Mentalität verband mich bis zu diesem Zeitpunkt nichts, einfach deswegen, weil ich im Osten aufgewachsen war und immer dort gelebt hatte. Während meine neue Westberliner Freundin Anna ihre Ansichten und ihre Art zu leben behalten konnte, musste ich – wie jeder Ostdeutsche – erst ein Gefühl für das Neue, mir Unvertraute entwickeln und mein altes Leben irgendwie mit diesem vereinen. Eine künstlerische Sicht auf das Neue wäre mir deshalb in keiner Weise möglich gewesen, mir mangelte es einfach an der dazu nötigen Distanz. Ich war eine Liedermacherin, der plötzlich die Worte fehlten. Zwetajewa jedoch hatte sie. Ihre nuancierte Form der Trauer, die nie ins Selbstmitleid abgleitet, ihre Kraft zu lieben, ihr Ausdruck von Schmerz, ihr Aufbegehren, ihr Mut und ihre Unbestechlichkeit halfen mir.

Noch am selben Morgen setzte ich mich mit meiner Gitarre vor ein kleines Aufnahmegerät und vertonte eines ihrer Gedichte, das mir sofort nahegegangen war:

Du kannst die Glut der Sonne schwächen,
Lässt mich in deiner Hand Sterne sehn!
Ach, plötzlich bei dir einzubrechen,
Ein Windstoß, wenn die Türen offen stehn!

Um stammelnd meine Scheu zu zeigen,
Um hilfesuchend zu erröten: sieh!
Um aufzuschluchzen und zu schweigen,
Wie in der Kindheit, als man mir verzieh.[1]
(2. Juli 1916)

Um 6:30 Uhr stand ich mit meinem fertigen Lied vor der Tür des Mannes, der mir das Buch geschenkt hatte und mit dem mich noch immer eine tiefe Freundschaft verband. Als Nachtmensch und Langschläfer augenscheinlich nicht sehr glücklich über die frühe Störung öffnete er mir die Tür.

»Ich habe Zwetajewa entdeckt!«, rief ich voll Adrenalin.

Er wuschelte sich durch die Haare und sagte gähnend: »Das wird ja auch Zeit.«

1 Aus dem Russischen von Waldemar Dege, zitiert nach Marina Zwetajewa: Ausgewählte Werke. Bd.1: Lyrik. Hrsg. Edel Mirowa-Florin. Verlag Volk und Welt, Berlin 1989, S. 47.

Einen Tag später beschloss ich, Russisch zu lernen, um Zwetajewa im Original vertonen zu können. Mein Schulrussisch lag zu diesem Zeitpunkt bereits sechzehn Jahre zurück, und ich konnte mich an gerade einmal fünf Vokabeln erinnern – »Guten Tag«, »Auf Wiedersehen«, »Ferien«, »Bitte«, »Danke«. Es blieben drei Wege: Theorie-Russisch an der Volkshochschule, Theorie-Intensivkurs in einer Sprachenschule oder Praxis-Russisch in Russland.

Eine Woche später ging ich nach Russland.

Der Mann, der mir das Buch einst schenkte, hatte mir den Kontakt zu seinen besten Freunden in Moskau gegeben. Diese besorgten mir eine Neubauwohnung zur Miete (in Dollar) am *Prjeobrazhenskaja plostshad'*. Wie ich später erfuhr, heißt dies übersetzt »Platz der Verklärung«. Ich bin noch heute erstaunt, wie gut mein damaliger Zustand zum Namen dieses Ortes passte. So blickte ich nach meiner Ankunft im Winter 1990 auf einen tief verschneiten Platz vor meinem Fenster im zwölften Stock und sah Kindern beim Rodeln von einem kleinen Hügel zu. Mich durchfuhr ein seltsam erregendes Gefühl des Fremdseins. Vielleicht fühlen Kinder so, wenn ihnen die Bezeichnung für etwas noch fehlt.

Stellen Sie sich vor, Sie sehen einen Gegenstand, können ihn aber nicht benennen. Sie werden ihn genau betrachten. Seine Farbe. Seine Form. Sein Material. Seine Besonderheit. Sobald Sie aber seinen Namen und seine Funktion erfahren, ist dieser unverbrauchte Blick verschwunden.

Da auch mir die russischen Begriffe für »Kinder«, »Schnee«, »Straße«, »Bäume«, »Hügel«, »Schlitten«, »Freudenschreie« fehlten, hatte ich das Gefühl, etwas ganz Neues zu erleben.

Ich traf Vera wieder, die Künstlerin, auf deren Konzert ich in Berlin gewesen war. Sie sollte in Russland der wichtigste Mensch für mich werden. Nach kurzer Zeit stellte Vera mich ihrer Freundin Elena (Lena) Kamburowa vor, der damals beliebtesten Sängerin Russlands. Lena wiederum war befreundet mit Bulat Okudschawa (gest. 1997), zu diesem Zeitpunkt der bekannteste Liedermacher Russlands. Über diese Künstler – Vera, Lena und Bulat – fand ich nun schnell Zugang zur Bühne.

Sie unterstützten meine ersten Vertonungen der Originalgedichte Zwetajewas. Ein Dolmetscher übersetzte sie mir nicht nur Wort für Wort, sondern klärte mich auch über die poetische Bedeutung der Begriffe auf, die im Russischen häufig eine andere ist als im Deutschen. So verwendet Zwetajewa das Wort Schnee sehr oft, um Unberührtheit oder einen Neuanfang zu kennzeichnen, während es im Deutschen eher mit (Gefühls-)Kälte assoziiert wird.

Ich begann, Zwetajewas Poesie in Musik zu kleiden wie eine Architektin, die Statik, Schönheit, Verwendung, Zusammenhänge und Lebensgefühl vereinen muss. Zwetajewa war selbst bereits eine Musikerin mit Worten gewesen. Der Klang ihrer Gedichte ist so selbstverständlich vorgegeben, dass ich die Harmonien auf der Gitarre und meinen Gesang nur noch darüberlegen musste wie einen Mantel.

In ihrem Gedicht »*Rasluka*« (»Abschied«) zum Beispiel, in dem der Abschied wie eine Person vor ihr auftaucht, beginnt sie mit langsamen, ruhigen Versen und Tönen. Von Strophe zu Strophe schleichen sich kürzere, dumpfere, schärfere Laute ein, zum Schluss eskaliert das Ganze in einem Dauerzischen von Worten und geht in einem Schluchzen unter, als Zwetajewa begreift, dass dieser Abschied nicht vor ihr steht, sondern in ihr selbst ist. Der Begriff *Rasluka* hämmert zwischen den Worten einen Rhythmus, der sich immer mehr verdichtet. Dieses Gedicht lässt mir bis heute das Mark gefrieren und das Herz brennen.

Ich begann auch, Zwetajewas Leben zu studieren. Ich reiste an Orte, an denen sie einmal gewohnt hatte, besuchte immer wieder das Zwetajewa-Museum in Moskau und verschlang Literatur über sie.

Vor meinem ersten Konzert in Russland hatte ich einen Traum: Während ich singe, entdecke ich plötzlich Zwetajewa mit verschränkten Armen im Publikum. Ich starre sie an wie das Kaninchen die Schlange und rechne mit dem Schlimmsten. Zwetajewa senkt mit sehr ernstem Blick den Kopf und nickt dreimal bedächtig. Ihre Arme bleiben dabei verschränkt.

Ich erzählte Vera von dem Traum. Sie schlug mir mit der Hand begeistert auf die Schulter und rief: »Wenn Zwetajewa genickt hat, dann wird dein Konzert gut.«

Obwohl ich eine ungläubige Ostdeutsche war, sollte sie recht behalten. Die russischen Konzertbesucher billigten meine Form, mit ihrer Dichterin umzugehen. Von nun an gab ich Konzerte in Russland. Zwischendurch bat Vera mich regelmäßig, doch einmal mit ihr in ein Dorf zu kommen, das nach ihren Worten ihr »Wunschzuhause« darstellte. Sie hatte auf abenteuerlichen Wegen dorthin gefunden und drei Jahre zuvor ein Haus in dem Dorf gekauft. »Meine Familie lebt dort«, sagte sie vorwurfsvoll, als ich wieder einmal ablehnte.

Vera ist ein Waisenkind und bei ihrer Großmutter aufgewachsen, die starb, als Vera sechs Jahre alt war. Die *Babuschkas* (Großmütter) des neuen Dorfes seien nun Familienersatz für sie. Und es lebten, wie sie mir erzählte, bis auf ein paar wenige *Djeduschkas* (Großväter), nur Großmütter im Dorf, das insgesamt sechsundachtzig Einwohner zählt.

Eine Strategie von Vera bestand darin, mir immer wieder Fotos des Dorfes zu präsentieren. Dass diese gut gemeinte Methode bei mir genau den gegenteiligen Effekt hervorrief, entging ihr vollkommen. »Das ist mein Haus«, sagte sie und zeigte mir eine winzige Blockhütte. »Ein Zimmer«, fügte sie stolz hinzu, was mich erheiterte, denn ein Haus mit weniger als einem Zimmer habe ich noch nie gesehen.

Ich schwankte zwischen Rührung und Panik vor dem, was mir eventuell bevorstand. Veras Stolz und die Liebe, mit der sie von diesem Dorf sprach, sowie ihre Zuneigung zu den Großmüttern bewegten und befremdeten mich zugleich. Ich liebte einen Ort weder so sehr, dass ich in dieser Weise von ihm sprechen konnte, noch hatte ich je eine Großmutter um mich gehabt. Alte Menschen kannte ich nur vom Sehen, Berührungen mit ihnen waren mir nicht vertraut. Für mich war Veras Dorf vor allem ein Ort mit Menschen, von denen der jüngste fünfundsechzig und der älteste hundertdrei Jahre alt war, wie sie mir erzählt hatte. Ein Dorf, von dem ich den Rückweg nach Moskau allein niemals finden würde, wenn ich von dort wieder wegwollte. Und ich spürte bereits jetzt einen starken Fluchtinstinkt.

Die alten Frauen auf den Fotos blickten ernst in die Kamera. Sie hatten die Arme vor der Brust verschränkt, und ihre Gesichter glichen Gesetzbüchern. Jede Falte war ein mir unbekannter Paragraph. In den Zäunen um die Häuser war alles verbaut, was seinen Zweck erfüllte – Eisengitter, Stöcke, Latten und Bretter. Die Holzhäuser standen schief in der Landschaft wie sinkende Schiffe. Offenbar waren sie den Gezeiten des Sandbodens ausgeliefert.

Auf einem anderen Foto versuchte ein rotnasiger Djeduschka, auf dem Bock eines Pferdefuhrwerks die Balance zu halten. Mit einer Hand hielt er sich am Wagen fest, mit der anderen schlug er mit den Zügeln auf ein klapperdürres schwarzes Pferd ein. Das Fuhrwerk hatte Holzräder und war damit tief in den Sand eingesunken.

Ich war ratlos. Was sollte ich an einem solchen Ort? Ich, eine bewegte Leipziger Stadtpflanze. Eine quirlige Wahlberlinerin. Eine betriebsame Moskau-Erforscherin. In der Stille. Mit alten Menschen. Ohne »was los« drumherum.

Ich hatte Angst.

»Zehn Tage«, sagte Vera. »Mindestens zehn Tage, sonst lohnt es sich nicht.«

Als ich mich unserer Freundschaft zuliebe geschlagen gab, wurde es einfacher. »Zehn Tage gehen vorbei«, sprach ich mir Mut zu. »Mit meinen neunundzwanzig Jahren werde ich es als eine Art Lebenserfahrung nehmen.«

»Sterben werde ich sicher nicht«, lautete ein Satz, der ebenfalls Trost spendete.

An einem heißen Augusttag kauft Vera auf einem *Rynok* (Markt) Konfekt, Taschenlampen und Rasierer, Konserven, Kaffee, Kerzen und allerlei mehr. Mein Rucksack ist klein. Ich schnalle ihn mir vor die Brust. Auf dem Rücken habe ich ebenfalls eine Art Rucksack. Vera bat mich, die riesige unförmige Kugel zu tragen, sie gleicht derjenigen auf ihrem eigenen Rücken.

Mein Russisch ist zu dieser Zeit noch zu schlecht, um bereits alles verstehen zu können, aber zu gut, um nicht fatalerweise oft zu denken, ich hätte alles verstanden. So fühle ich mich nun von Veras Worten »Zug«, »Fluss«, »Dorf«, »Wald« und »nicht weit weg« bereits ausreichend informiert. Meiner Meinung nach fahren wir auf Veras *Datscha* in einen Vorort von Moskau. Dort erwartet uns das Dorf, das an einem Fluss am Waldrand liegt. Wenngleich sich diese Beschreibung für mich nach viel zu viel Natur anhört (ich atme ja sonst nur Bühnenluft und Zigarettenrauch), schwimme ich doch sehr gern und bin daher zumindest über die Existenz des Flusses froh.

Um 18 Uhr steigen wir in den Zug. Die Endstation sei weit entfernt, und so gebe es im Zug nur Liegeplätze, wie Vera mir erklärt. Wir reisen in einem offenen Liegewagen mit weiteren vierzig Reisenden. Ich deponiere meine Rucksackkugel auf der unteren Pritsche, dann hieven wir gemeinsam Veras Kugel in ein Regal über der oberen Pritsche. Vera ruft mir im Weggehen noch etwas zu, aber ich verstehe es nicht. Ich setze mich auf die untere Pritsche und behalte meinen kleinen Rucksack auf dem Schoß.

Nach kurzer Zeit kehrt Vera zurück, sie trägt Bettwäsche über dem Arm. Meine Augen weiten sich.

»Wofür?«, frage ich – vage hoffend, Vera möge mit ihrer Antwort meine Befürchtungen zerstreuen.

Stattdessen holt sie von der oberen Pritsche eine zusammengerollte Matratze, eine Decke und ein Kissen herunter. »Zum Schlafen«, sagt sie und gibt mir Bettwäsche.

»Aber wie weit ist es denn?«

»Nicht weit«, wiederholt sie noch einmal ihre frühere Aussage. »Wir sind bereits morgen früh um 5 Uhr da.«

Verdrossen und vor allem auch ängstlich, wo ich landen werde, beziehe ich mein Bett. Um uns herum wird zu Abend gegessen, es herrscht eine entspannte Stimmung, und nachdem der Nachbar uns Wodka angeboten hat, beginne ich mich in mein Schicksal zu fügen.

Plötzlich geht das Zugradio aus, und das Licht wird gelöscht.

»Oh, schon 22 Uhr«, sagt Vera.

»Was heißt das?«, frage ich.

»Wir haben kein Licht mehr«, antwortet sie.

»Aber wir müssen das Licht noch einmal anmachen, ich muss meine Kontaktlinsen herausnehmen.« Ich gerate in Panik. Meine Linsen sind nach jahrzehntelangem Brilletragen meine einzige kostbare Errungenschaft aus dem westlichen Deutschland. Ich hüte sie wie meinen Augapfel, denn in gewisser Weise sind sie ja genau das. Ich bin im Einsetzen und Herausnehmen jedoch noch so ungeübt, dass ich es – wenn weder die Linsen noch ich selbst Schaden nehmen sollen – nur vor einem Spiegel kann.

»Hier geht jetzt kein Licht mehr an«, sagt Vera. Tatsächlich findet sich nicht einmal eine kleine Leselampe. »Du kannst auf die Toilette gehen«, kommt ihr dann der rettende Einfall.

Vor der Toilette steht eine Schlange von ungefähr zehn Menschen. Viele von ihnen haben ein Zughandtuch um den

Nacken gelegt und halten Zahnputzzeug in der Hand. Der Zug schlingert im Gleisbett hin und her und mit ihm unsere Schlange, die abwechselnd von einer Wandseite des Ganges auf die andere geworfen wird.

Als die Frau vor mir wieder aus der Toilette kommt, gehe ich hinein. Ich versuche instinktiv, nur den Vorderteil meiner Schuhe mit dem in Berührung zu bringen, was dort auf dem Boden schwimmt. Über dem Spiegel brennt eine Funzel, die zwar den nassen Untergrund sehr angenehm im Halbdunkel lässt, aber auch mein Vorhaben erschwert.

Ich starre in den milchigen Spiegel, konzentriere mich, ziehe mit einer Hand das untere und mit der anderen das obere Lid vom Augapfel und will mit zwei Fingern vorsichtig die Linse greifen, als ich von einem Schlingern des Zuges zur Seite geworfen werde und mich gerade noch abfangen kann. Meine Schuhe berühren jetzt ganzflächig den Boden … Nach mehreren erfolglosen Versuchen gelingt es mir endlich, die Linse herauszunehmen und in ihren Behälter zu legen. Ich atme tief aus.

Es klopft.

»*Minutotschku*« (»eine Minute«), rufe ich, erschrocken darüber, wie lange ich offenbar schon den Verkehr aufhalte. Ich greife an mein anderes Auge, werde zur Seite geschleudert und spüre, wie die bereits erfasste Linse im letzten Moment zwischen meinen Fingern davonspringt.

Ins Niemandsland.

Ich sehe mit -8,0 Dioptrien nur noch große, nahe Dinge. Keine Details.

Es klopft mehrfach. Ich gerate in Panik.

»*Minutotschku!*«, rufe ich mit einem Flehen in der Stimme

und bekomme einen Schweißausbruch. In meiner jetzigen Situation könnte ich nicht einmal zu meinem Platz zurückfinden. Ich muss die erste Linse wieder einsetzen, um die zweite zu suchen.

Es hämmert gegen die Tür. »*Otkryvai! Dezhurnaja!*« (»Aufmachen! Hier ist die Verantwortliche!«) In jedem Waggon gibt es eine zuständige Zugbegleiterin.

»*Linza, Linza upala!!!*« (»Linse, Linse heruntergefallen!!!«), rufe ich verzweifelt durch die Tür. Wie durch ein Wunder gelingt es mir, die erste Linse wieder auf das rechte Auge zu setzen. Mein Blick schweift eilig umher, um die verlorene Linse zu finden. Meine Hoffnung, dass sie im Waschbecken gelandet ist, erfüllt sich nicht.

Der Türverschluss dreht sich, und die Tür geht auf.

Ich stemme mich erschrocken dagegen und rufe, den Tritt fremder Füße auf meine Linse befürchtend: »*Stopp! Linza! Stopp kaputt!*«

Von der anderen Seite schiebt die Zugbegleiterin und sagt jetzt sehr energisch: »*Davai otkryvai!*« (»Sofort öffnen!«)

Ich gebe auf. Eine kräftige Uniformierte schiebt sich in die Toilette und schaut sich mit fragendem Blick um.

Ich deute verzweifelt auf den Boden und sage noch einmal in meinem Kinderrussisch: »*Stopp! Linza! Stopp kaputt!*«

Reisende stecken interessiert den Kopf herein. 1991 zählen Kontaktlinsen noch nicht zu den Dingen, die man in Russland kennen muss.

Ein junger Mann springt mir rettend zur Seite. Er scheint der Einzige zu sein, der versteht, worum es geht. Er formt mit Daumen und Zeigefinger einen kleinen Kreis und hält ihn sich ans Auge. Ich nicke heftig und rufe »*Da, da, da!*«

(»Ja, ja, ja!«) und zeige nach unten. Der junge Mann erklärt der Zugbegleiterin und den Reisenden, was eine Kontaktlinse ist. Er sagt, ich habe quasi meine »Brille« verloren, ein Glas, das ins Auge passe, wie er es plastisch beschreibt, woraufhin die Uniformierte sofort auf Zehenspitzen die Toilette verlässt und gemeinsam mit den Reisenden mit großen Augen auf die Entdeckung des unbekannten Dinges wartet.

Der junge Mann beugt sich vom Gang aus über den Boden des Toilettenraumes und zeigt mir alles, was ungefähr die Größe einer Linse hat. Im elften Gegenstand, bei dem ich zunächst verneine, erkenne ich plötzlich meine Linse, die sich farblich und von ihrer Dicke sehr verändert hat. Ich hebe sie hoch und verkünde den gespannt wartenden Zuschauern: »Das ist sie.« Ihre irritierten und leicht angewiderten Blicke zeigen deutlich, dass sie sich einen solchen Klumpen nicht ins Auge setzen würden. Zurück an meinem Platz muss auch ich auf meine Brille umsteigen.

Die Nacht verläuft in Anbetracht der vielen Mitreisenden erstaunlich ruhig. Mitunter erwache ich, weil wir in einem Bahnhof halten. Das Schnauben des Zuges klingt wie der Atem eines riesigen, friedlichen Tieres, in dessen Bauch ich sicher bin.

Als die Zugbegleiterin uns weckt, holt sie mich aus einem tiefen Schlaf. Der Zug spuckt uns in den kalten Morgennebel. Die Bahnhofsuhr über einem Bild von Lenin zeigt 5:13 Uhr.

Schlaftrunken und tiefgefroren stolpere ich hinter Vera her, die auf ein mir unbekanntes Ziel zusteuert. (Vera hat die Neigung, mich nur über das Allernötigste zu informieren und die Details für sich zu behalten, weil es oft zu mühsam ist, mir alles erklären zu wollen.) Sie klingelt an einem Haus gegenüber des Bahnhofs mit der Aufschrift »Klub«. Beinahe im selben Moment wird die Tür aufgerissen, und zwei kräftige Frauen stürmen laut und schnell redend auf uns zu. Wir werden umarmt, die Rucksackkugeln werden uns vom Rücken gerissen und der Blick auf einen langen Gang freigegeben.

Eine zierliche Frau mit wild gelocktem rotem Haar und energischem Gang kommt uns strahlend entgegen. Ihr Lachen enthüllt mehrere Goldzähne. Sie umarmt Vera, nimmt meine Hand in ihre Hände und sagt mit blitzenden Augen: »Tamara Nikolajewna! Ich leite den Klub.«

In einem Büro, das wie fast alle öffentlichen Räume in Russland eine Dimension hat, die dem spärlichen Inventar nicht angemessen ist, erwartet uns ein Tisch mit dampfenden Kartoffeln, Sauerkraut, Fleisch und Fisch. Es ist 5:30 Uhr. Seit ich erwachsen bin, erwacht mein Appetit erst gegen Mittag. Doch es hilft kein Protest. Entschuldigungen sind zwecklos. Bei Tamara wird gegessen!

Die Kartoffeln und das Fleisch liegen mir wie Blei im Magen. Ich bin müde. Im Niemandsland. Und ich weiß nicht, wann die Reise enden wird. »Vera, wann geht es weiter?«

»Bald«, lautet ihre Antwort – wie immer auf eine solche Frage.

Die Zeit vergeht. Ich versuche, dem Gespräch in der Runde zu folgen, und zücke meine derzeitige »Bibel«, das Wörterbuch. Mit freundlicher Geduld nehmen die Anwesenden (wie bisher alle Russen) hin, dass ich mich nur mit

Aussagen am Gespräch beteilige, die gut zum vorletzten Thema gepasst hätten – wenn ich da bereits die Vokabeln gewusst hätte, die ich im Wörterbuch erst suchen musste.

»Was findet denn hier im Klub statt?«, versuche ich es mit einer Frage.

Tamaras Gesicht erglüht. »Wir sind das Herz der Stadt. Zu uns kommt Jung und Alt. Die Kinder lernen hier im Klub, Instrumente zu spielen und zu tanzen. Die Jugendlichen kommen hier in die Diskothek, die Erwachsenen in den Chor, zum Theaterspielen oder zu Konzerten. Und der Zirkus gastiert im Klub, wenn er in der Stadt ist«, fügt sie stolz hinzu.

Später werde ich erleben, dass Tamara in der 29000 Einwohner zählenden Stadt bekannter ist als der Bürgermeister. Sie wird es sein, die zu jeder Zeit einen Fahrer auftreiben kann, wenn ich später nach einer Reise in Veras Dorf zurückkehren will. Steht kein Fahrer zur Verfügung, darf es auch einmal die Feuerwehr sein oder der Bürgermeister höchstpersönlich, der gerade in Tamaras Büro Tee trinkt, als ich auftauche. An diesem Tag jedoch ist es ein Mann, der Juri heißt und in einem blauen Overall den Raum betritt. Er spricht die erlösenden Worte: »Mädels, los geht's.«

Wir steigen in einen alten Jeep. Juri schließt die Beifahrertür von außen und biegt ein Stück Draht davor, damit sie nicht wieder aufspringt.

Los geht's. Über das Schlaglochpflaster der Stadt und durch Dörfer, die immer weniger besiedelt scheinen. Zwischen den Ortschaften fährt Juri in der Mitte der schmalen Landstraße, was mich besonders dann ängstigt, wenn uns ein anderes Auto ebenfalls mittig entgegenkommt. Im letzten Moment weichen die Autos sich schließlich doch noch aus, nur um unmittelbar danach wieder zur Straßenmitte zu wechseln. »Der Straßenbelag ist nur in der Mitte gut«, deute ich Veras wortreiche Erklärung auf meine entsetzten Blicke.

Eine Stunde später und vielleicht fünfzig Kilometer weiter biegt Juri auf einen Feldweg ab, dem wir jetzt holpernd über einige Kilometer folgen. Dann hält er an.

Vor uns liegt ein breiter Fluss. Juri lädt unser Gepäck ab, und Vera sagt: »*Wsjo.*« (»Das war's.«) Nachdem wir Juri bezahlt haben und er losgefahren ist, blicke ich mich um. Felder und Heidelandschaft, so weit das Auge reicht. Vor uns der Fluss, dahinter wieder Heide.

Ich habe nur kurz Zeit zur Muße, denn mit den riesigen Mückenschwärmen, die sich auf uns stürzen, seit wir das Auto verlassen haben, habe ich so nicht gerechnet. Ich schlage um mich, auf mich und schreie: »Weg da, lasst das!«

Vera grinst. Ich bin wütend. Schließlich hätte sie mich vorher informieren können, dass es sich hier um ein Mückenparadies handelt. Dann hätte ich während meines letzten Besuches in Deutschland Mückenspray gekauft.

Nach dem hysterischen Anfall fällt mir auf, dass weit und breit kein Dorf zu sehen ist. Kein Haus, kein Mensch, nur Landschaft. Mein Stresspegel steigt bei dieser Entdeckung erneut.

Vera deutet auf meine Rucksackkugel: »*Pozhaluista, dai.*« (»Bitte, gib her.«)

Ich traue meinen Augen kaum, als sie ein Gummiding daraus hervorzieht, und hege sofort einen Verdacht, der mir die Knie weich werden lässt.

Der Verdacht bestätigt sich. Ein Schlauchboot liegt vor mir.

»*Scho takoje*« (»Was soll das?«), frage ich.

»*Nu, tscherez reku*« (»Na, über den Fluss«), erwidert Vera erstaunt und deutet auf die gegenüberliegende Seite. An ihrem Blick erkenne ich, dass sie der Ansicht ist, mich bestens informiert zu haben – was sie sicher auch tat, denn das Wort *Reka* (Fluss) fiel während ihrer Wegbeschreibungen sehr häufig. »*Za rekoi derewnja*« (»hinter dem Fluss Dorf«), sagt sie in meinem eigenen Kinderrussisch, damit ich es besser verstehe.

Ich fasse es nicht.

Unter Heerscharen von Mücken blasen wir zu zweit das Schlauchboot auf. Eine Aufblashilfe, die man mit dem Fuß bedienen kann, befindet sich nicht in Veras Besitz. Wir pusten und müssen danach immer wieder nach Luft ringen, weil uns schwindlig wird. Ich habe aufgehört, mich gegen die Mücken zu wehren. Da mein gesamter Körper vor Stichen brennt, spüre ich die neu hinzukommenden kaum noch.

Nachdem das Schlauchboot halb aufgeblasen ist, stecke ich den Stöpsel in mein Ventil und sage: »Das reicht.«

Vera drückt versuchsweise in den noch weichen Rand und schüttelt, weiter blasend, den Kopf.

»Wir können doch hinüberschwimmen«, sage ich. »Und nur das Gepäck transportieren. Dazu reicht der Luftdruck.« (Vermutlich klingt es in meinem Russisch eher wie: »Wir schwimmen. Nur Gepäck auf, reicht.«)

»Aber so habe ich das noch nie gemacht«, antwortet Vera. Tatsächlich lässt sie sich jedoch schnell von meiner

Idee begeistern, da auch sie mittlerweile völlig zerstochen ist.

Wir lassen das Schlauchboot zu Wasser, legen das Gepäck hinein, ziehen uns blitzschnell nackt aus und stürzen uns in die Fluten, um uns vor den Mücken in Sicherheit zu bringen. In der Hitze des Sommertages ist die Kühle des Wassers herrlich und Balsam für das Jucken der Mückenstiche. Wir stoßen das Schlauchboot vor uns her und werden von der starken Strömung abgetrieben, während wir versuchen, geradeaus zu schwimmen.

Meine Nerven beruhigen sich. Ich fühle mich unter dieser neuen Herausforderung plötzlich hellwach und in Stimmung für weitere Abenteuer. Ich lache Vera gut gelaunt an, und sie lacht ebenfalls – überrascht von meinem Stimmungswechsel.

Am anderen Ufer schlüpfen wir flink und nass in unsere Sachen. Ich greife mir eines der Schlauchbootventile und ziehe am Stöpsel, um die Luft herauszulassen.

»Nein, nein. Es kommt noch ein Fluss!«, ruft Vera, reißt mir den Stöpsel aus der Hand und steckt ihn wieder hinein.

»Wann?«, frage ich.

Sie hebt die Schultern und antwortet: »In ungefähr drei Stunden.«

Das ist zu viel für mich. Es ist der Moment, an dem ich mein Verlangen, die Kontrolle zu behalten, aufgebe. Mein Rucksack hängt leer und zusammengefallen auf meinem Rücken. Wir tragen das Schlauchboot in der Mitte. Grashüpfer eskortieren uns und springen bei jedem unserer

Schritte in die Höhe, die Sonne scheint, wir laufen durch eine völlig unberührte Landschaft.

Vera erzählt mir von der inzwischen zugewachsenen Straße und von den kaputten Brücken, die in den Flüssen liegen. »Vor der Perestroika konnten alle von der Arbeit in der Kolchose leben. Nach deren Schließung mussten die jungen Leute weggehen, um zu überleben.«

»Aber wie gelangen denn die Bauern ohne Straße und Brücken aus dem Dorf in die nächste Stadt?«, frage ich verwundert.

»Niemand will dort weg«, erwidert Vera.

Ich kann mir in diesem Moment nicht vorstellen, aus einem Dorf nie wieder wegzuwollen. »Aber wie können denn ihre Kinder und Enkelkinder zu Besuch kommen?«, frage ich.

»Im Winter, wenn die Flüsse zugefroren sind, kommen sie mit dem Auto, feiern zusammen ins neue Jahr und nehmen Kartoffeln und Eingemachtes mit zurück. Für den Rest des Jahres sind die Alten auf sich allein gestellt.« Ich hatte bislang nicht gewusst, dass es in Russland Orte gibt, die vom Rest der Welt abgeschnitten sind.

Wir wechseln die Seiten und unser Gepäck, und ich nehme Veras Kugelrucksack auf den Rücken. Seltsamerweise ist mein Unmut über diese Reise seit der Zugfahrt verflogen und seit der Flussüberquerung auch meine Ungeduld verschwunden. Ich genieße das gleichmäßige Schlurfen der Grashalme unter dem Schlauchboot, den Geruch der Dürre, der mich an heiße Kindersommer erinnert, und die absolute Stille, verbunden mit dem Gefühl, allein auf der Welt zu sein. Ich bewundere Veras Orientierungssinn. Sie findet sich in einer wilden Landschaft zurecht, die etwa 18 Kilometer lang keinen einzigen Weg aufweist.

Hinter einem kleinen Hügel erscheint der zweite Fluss. Ganz anders als der erste liegt er ruhig und geheimnisvoll glänzend vor uns. Er nimmt uns ohne Strömung auf, und wir schwimmen mühelos auf die andere Seite, wo bereits ein paar Häuserdächer zu erkennen sind. Am Ufer angekommen überkommt mich plötzlich ein Gefühl von Glück, ohne dass ich einen Grund dafür nennen könnte.

Wir sind in Lipowka.

Neugierig laufe ich mit Vera durch den tiefen, hellen Sand des Dorfes und bestaune die alten Holzhäuser mit ihren bunten Verzierungen, die ich so bisher nur aus russischen Märchenfilmen kannte. Wir treffen eine Babuschka, die freundlich grüßt, in ihr Haus läuft und mit einem Eierkuchen und Tomaten wieder herauskommt. Beides drückt sie Vera in die Hand. Sie spricht in einem mir unbekannten Dialekt, den ich leider nicht verstehe.

Veras Haus ist aus großen runden Stämmen gebaut. Innen duftet es angenehm nach Holz. Es gibt nur ein Bett, in das wir, todmüde von der Reise, fallen. Die Matratze ist mit Heu gefüllt. Ich schlafe fast augenblicklich ein.

Inmitten eines Traumes vernehme ich das Klappern von Blech. Ich schlage die Augen auf und sehe Vera mit einem Wasserträger, an dessen Enden je ein Eimer hängt, ins Zimmer kommen. Sie verschwindet hinter einem Vorhang neben dem Bett, und ich höre das Geräusch von fließendem

Wasser, das in einen Behälter gegossen wird. Ich schlage den Vorhang zur Seite und schaue in einen kleinen Raum, der offensichtlich als Küche genutzt wird. Vera füllt das Wasser in einen großen Zuber und in einen kleinen Plastikbehälter über einem winzigen Waschbecken, unter dem wiederum ein Eimer steht. Dann drückt sie von unten gegen einen Stab, der aus dem Plastikbehälter hervorschaut, und Wasser läuft heraus. Geschickt wäscht sie sich die Hände, indem sie mit dem Handrücken den Stab gedrückt hält und die andere Hand gegen die Handfläche reibt.

Das benutzte Wasser läuft durch das Waschbecken in den Eimer, der darunter steht.

»Bleib ruhig noch liegen, ich mache dir Tee«, ruft Vera mir zu, als sie sieht, dass sich der Vorhang bewegt.

Ich fühle mich seltsam erfrischt und unternehmungslustig und sage: »Bitte später. Ich möchte erst ein wenig spazieren gehen und das Dorf anschauen.«

»Aber allein kannst du nicht loslaufen, du findest dich nicht zurecht«, wendet Vera ein.

»Kein Problem«, entgegne ich. Mein Abenteuergeist ist erwacht.

Ich ziehe mir die Schuhe aus und laufe barfuß die Sandwege entlang. Es ist wie in Kindertagen, nur schöner, weil ich selbst entscheiden darf, was ich tun will. Die alten Bäuerinnen, die ich treffe, tragen Kopftücher und blicken mich verwundert an, wenn ich sie grüße. Mitunter rufen sie mir etwas zu, was ich nicht verstehe. Ich hebe dann entschuldigend meine Schultern und lächle. Es kann ein angenehmes Gefühl sein, nichts zu verstehen und einen plausiblen

Grund dafür zu haben. Wenn man nichts versteht, kann man auch nicht zur Verantwortung für etwas gezogen werden.

Ich spiele das Spiel, das ich immer spiele, wenn ich auf Tournee bin: Welches Haus ist mein Haus? Da ich keine Vorstellung davon habe, wie ein Haus aussehen müsste, um meines zu sein, nehme ich dafür andere Häuser als Anregung. Nicht immer handelt es sich bei meinen Favoriten um die schönsten Exemplare, aber sie alle haben etwas, was sie für mich zu etwas Besonderem macht.

Hier in Lipowka gewinnt ein Haus an einer Weggabelung. Es liegt ungefähr fünfzig Meter vom Hauptweg nach hinten versetzt, so steht es allein und ist doch mit den anderen verbunden. An ihm ist nichts Außergewöhnliches, außer einem bestimmten Gefühl, das es in mir auslöst. Es gibt schönere Häuser mit frischerem Anstrich und von besserer Bauweise, dieses jedoch übt eine Anziehungskraft auf mich aus, die ich nicht erklären kann.

Zurück bei Vera höre ich mich sagen: »Hat hier gerade jemand ein Haus zu verkaufen?«

Vera blickt mich überrascht an. »Gefällt dir mein Dorf?«, fragt sie strahlend.

Ich nicke.

Zwei Stunden später kommt Vera mit dem Nachbarn herein.

»Er hat ein Haus zu verkaufen, das heißt eigentlich seine Schwester aus Rjasan. Ihre Mutter ist vor Kurzem verstorben, und jetzt steht das Haus leer.«

Ich laufe den beiden hinterher und versuche mich darauf

Mein Haus in Lipowka

zu konzentrieren, dass ich gestern noch nicht einmal hierher, geschweige denn hier leben wollte. Was mache ich nur?, frage ich mich immer wieder.

Bis zu dem Augenblick, in dem der Bauer vor dem Haus stehen bleibt, das ich zuvor ausgewählt hatte. Das muss Schicksal sein, denke ich.

Es dauert vierzehn Tage, bis das Haus gekauft ist, meine Sachen in Moskau gepackt sind und mein Leben in Lipowka beginnt.

# Frühling

## Wanja

Es ist ein seltsames Gefühl, mit einem Ruderboot durch den Wald zu fahren. Im Frühjahr, wenn die Flüsse durch den Schneetau überströmen, ist die Überflutung so groß, dass ein Durchkommen bis zu dem Dörfchen Lipowka nur mit dem Boot gelingt.

Ein zahnloser Bauer vom Festland, dem Nachbardorf Demuschkina, stellt mir seine Fahrkünste samt Kahn für Dollar und Wodka zur Verfügung. Er watet mit hohen Stiefeln zum schaukelnden Boot, und sein Begleiter, ein rotblonder Recke, der einem russischen Heldenepos entsprungen scheint, hebt mich ohne Ansprache in die Höhe, um mir nasse Füße zu ersparen. Ich liege in den Armen des Hünen und komme mir federleicht vor. Ich betrachte seinen prächtigen Schnauzbart über mir und fühle mich sehr beschützt.

Die Sonne scheint, und eine insgesamt lichthelle Stimmung liegt über diesem Frühlingstag.

Nach der Bootsfahrt über die Felder verzaubert mich der einmalige Anblick des überfluteten Waldes. Es geht nur noch langsam voran. Ich genieße es, in einem Boot durch den Wald geschifft zu werden. Das glaubt mir niemand!, denke ich. Doch dieser Gedanke kam mir in Lipowka bereits so oft, dass er eher ein zuverlässiger Begleiter geworden ist als eine Ausnahme. Der Recke läuft oft außerhalb des Bootes und prüft mit einem Stock die Tiefe des Wassers. Er ist unser Waldlotse. In seiner brusthohen Gummikleidung wirkt er zwischen den Bäumen wie ein verwunschenes reptilartiges Wesen.

Ich bin versunken in die Eindrücke dieser wundersamen Reise, als unweit von uns plötzlich ein Plätschern zu hören ist. Ich sehe einen großen Hundekopf mit Schlappohren über dem Wasser schwimmen.

»Was ist denn das für ein Hund? Wo kommt der denn her?«, frage ich erstaunt.

»Ähh!«, ruft der Zahnlose mit einer wegwerfenden Kopfbewegung. »Das ist so ein Köter aus dem Wald.«

»Aber er wird erfrieren im Eiswasser. Er weiß doch nicht, wann das nächste Ufer kommt. Wenn er noch weiterschwimmt, kommt er nicht mehr zurück.«

»Ähh! Das schadet dem gar nichts. Wer weiß, was er vorhat. Der kennt sich aus.«

Die Bootsfahrt, die Märchenhaftes zu versprechen schien, verwandelt sich für mich in einen Albtraum.

Angespannt und mit den schlimmsten Befürchtungen beobachte ich fortan den schwimmenden Hund und suche nach einer Rettungsmöglichkeit, falls das Tier unterzugehen droht. Immerhin haben wir noch viele Kilometer vor uns, und ich bin mir nicht sicher, ob auch der Hund das weiß.

Ein morscher, abgeknickter Ast hängt über uns von einem Baum, und ich ziehe ihn im Vorbeifahren ins Boot. Der Recke sieht mich fragend an. Ich deponiere den langen

Wanja im Eiswasser

Stock kommentarlos neben mir und schaue einfach geradeaus. Erklärungen wären hier ganz zwecklos. Tiere dienen den Bauern zum Überleben. Für eine artübergreifende Anteilnahme ist im täglichen Überlebenskampf dieser menschlichen Selbstversorger kein Platz. Ich lebe an einem Ort, an dem niemand Tiere aus emotionalen Gründen hält wie in den Städten. Alles hat seinen Platz.

Der Hund schwimmt unverdrossen in zwanzig Meter Entfernung neben uns, und auch nach einer Stunde zeigt er keine Zeichen von Müdigkeit. Er schwimmt ruhig und ohne Blickkontakt. Vor lauter Angst um das Tier bin ich trotz der Kälte völlig durchgeschwitzt und atme erst auf, als das Ufer nahe Lipowka in Sichtweite kommt.

Der Hund springt an Land einen kleinen Steilhang hinauf und schüttelt sich. Mein Mund bleibt offen stehen, so sprachlos bin ich über den Anblick dieses wunderbaren Tieres. Der Hund ist sehr groß, schneeweiß, mit schwarzen und rotbraunen Flecken. Er steht sehr aufrecht und wirkt zugleich fast träge in seiner Haltung. Er scheint alles im Blick zu haben, ohne jedoch selbst jemanden anzusehen.

Nichts an ihm deutet auf den Wunsch nach Nähe hin, und so unterdrücke ich mein eigenes Bedürfnis, zu ihm zu gehen und ihn zu berühren.

»So ein toller Hund«, entfährt es mir.

Er wendet kurz den Kopf und schaut mich eine hundertstel Sekunde lang an. Dann streckt er sich und legt sich in die Sonne. Ruhig liegt er da, seine Augen sind dabei fast geschlossen.

Eine sonderbare Begegnung, denke ich.

Mein Ziel vor Augen bezahle ich die Männer mit der Wodka-Währung, die sie sogleich verwenden, um sich für die Rückfahrt zu stärken, und gehe die verbleibenden vier Kilometer zu Fuß in das Dorf Lipowka, um Bauer Kolja mit dem Pferdewagen zu holen. Nach einem Monat Musiktournee habe ich bei der Rückkehr in mein Haus schweres Gepäck. Es sind Kerzen und Konserven dabei, Sachen für die Babuschkas und vieles mehr für die nächsten Monate, in denen Lipowka vom Rest der Welt abgeschnitten bleiben wird.

Als ich mit Kolja und dem Pferdewagen wieder an den Fluss komme, liegen beide Bootsmänner betrunken am Hang und schnarchen. Ich lade mein Gepäck auf und schaue mich noch einmal nach dem fremden Hund um. Er ist verschwunden.

Abends koche ich in meiner Küche ein Süppchen und blicke über die riesige Wiese vor meinem Haus zum Horizont. Mehr, als dass ich es sehe, spüre ich, dass irgendetwas nicht in das gewohnte Bild gehört. Als mein Blick sich für die Gegenwart schärft, erkenne ich im Abendlicht die Silhouette des fremden Hundes, der wie eine Statue auf dem Weg liegt.

Er scheint zu schlafen. Seine Augen sind geschlossen.

Ich bin völlig überrascht davon, dass dieses fremde Wesen mir gefolgt ist.

Gern würde ich zu ihm hinausgehen, doch mein Verantwortungsgefühl hindert mich daran. Ich verbringe viel Zeit in diesem Haus, bin aber auch viel unterwegs – zu den Konzerten, die ich als Liedermacherin gebe. Einen Hund zu halten ist da unmöglich. Wie könnte ich ihn jedes Mal zurücklassen?

Mit Wehmut muss ich an den Hund aus Portugal denken.

Es war gleich nach der Wende, und ich reiste mit einer Freundin aus Westberlin als Rucksacktouristin die Algarve entlang. Während einer Rast in einem kleinen Fischerdorf näherte sich uns ein großer Hund. Er blieb drei Meter von uns entfernt stehen und schaute mich an. Meine Freundin Anna, die mein Interesse an ihm bemerkte, rief:

»Nicht, lass ihn. Wir werden ihn sonst nicht mehr los!«

Ich blickte sie damals verwundert an, denn ich hatte nichts dagegen, von einem Hund begleitet zu werden. Im Gegenteil: Es würde mir guttun. Ich hätte gern selbst einen Hund gehabt, konnte aber durch meinen Beruf keinen halten.

»Na, du Großer«, sprach ich ihn an. Er kam sofort geduckt und mit unterwürfigen Schwanzwedlern zu mir und ließ sich neben mir nieder. Ich teilte meine Vesper mit ihm, und er legte seinen Kopf auf meine Beine.

In den nächsten Tagen folgte er uns. Dann jedoch mussten wir mit dem Zug in eine andere Stadt weiterreisen. Man kann in Portugal keinen nach Streuner aussehenden Hund im Zug mitnehmen. Außerdem hätte ich ihn aus seiner gewohnten Umgebung gerissen, nur um ihn dann in einer fremden Stadt zurückzulassen. Tatsächlich begriff ich erst an diesem Morgen die Folgen meiner Tat.

»Aber ich kann ihn doch nicht hierlassen, er vertraut mir doch«, sagte ich, worauf ein Disput zwischen mir und Anna folgte.

»Dann musst du ab jetzt in Portugal bleiben! Nach Deutschland kannst du ihn nämlich sowieso nicht mitnehmen«, erwiderte Anna pragmatisch.

»Aber schau doch mal, wie er schaut!«, rief ich verzweifelt und mit einem Fingerzeig auf den Hund, der mich aufgrund meiner Panik bereits in geduckter Erwartung unterwürfig anblickte.

»Ja, das hast du doch selbst zu verantworten!«, rief Anna, der langsam der Geduldsfaden riss. »Du musstest ihn ja ansprechen. Ich hab dir doch gesagt, was dann passiert. Als ich das letzte Mal in Portugal war, hab ich nämlich selbst diesen Fehler gemacht.«

Nach dieser Offenbarung atmeten wir beide mehrfach tief durch.

»Und was mache ich jetzt?«, fragte ich sehr kleinlaut und sehr verzweifelt.

»Da musst du jetzt durch. Und der Hund auch. Nach einer Weile hat er dich vergessen – und du ihn ebenso.«

Sie konnte damals nicht ahnen, dass sie in diesem einen Punkt unrecht haben würde. Ich habe bis heute den Blick des Hundes nicht vergessen können, als der Zug losfuhr und ich ihn zurückließ.

Nun sitzt in Lipowka wieder ein Hund vor mir – und ich werde ihn nicht hereinbitten, nur um ihn nach einer Weile zurückzulassen, wenn ich auf Tournee gehe.

Der Bauer vom Ruderboot hat erzählt, dass man den Hund oft beim Jagen im Wald antreffe. Er versorgt sich also allein. Was will er von mir?

Ich muss mich mit jemandem beraten und beschließe, zu meiner Freundin Vera zu gehen, deren Haus am anderen Ende des Dorfes liegt. Der Hund rührt sich nicht, als ich die Tür öffne, und bleibt auch liegen, als ich mich entferne.

Vera rät mir dringend davon ab, den Hund zu füttern oder anzusprechen, weil ich ihn auf Dauer nicht versorgen könne und weil es ein wilder Hund sei, »von dem man weiß, dass er beißt«, wie die Bauern sagen. Es sei schon seltsam genug, dass er sich in das Dorf traue und vor meinem Haus sitze. Immerhin beschließt sie, mit mir zu kommen und sich das Ganze anzuschauen.

Als wir an meinem Haus ankommen, hoffe ich darauf, dass der Hund verschwunden ist und sein Schicksal selbst in die Pfote genommen hat.

Er sitzt noch immer da.

Vera geht auf ihn zu, streckt die Hände nach vorne und ruft: »Ksch! Ksch!«

Wanja

Der Hund zieht die Lefzen hoch und gibt einen Warnlaut von sich. Ansonsten bleibt er völlig unbeeindruckt.

»Siehst du, er ist gefährlich«, sagt Vera, aufgewühlt durch die Drohgebärde des Hundes.

Ich bin unsicher. Mir scheint der Hund im Grunde ruhig und seine Reaktion sehr angemessen zu sein.

Noch oft schauen wir in dieser Nacht durch mein Küchenfenster auf die vom Mondlicht beschienene Silhouette des Tieres.

Vera verlässt mich im Morgengrauen, um in ihr Haus zurückzukehren. Ich bin allein, als mein Nachbar klopft.

Er hat einen Wasserträger über der Schulter, an dem zwei Eimer scheppern, und deutet auf den Hund. »Maja, hast du den mitgebracht? Man kann den Weg nicht laufen, er lässt keinen vorbei.«

Ich erkläre ihm die Lage und beteuere meine Unschuld, bin jedoch bereit, ihn auf dem Weg zum Brunnen zu begleiten. Ich gehe auf der Seite, auf der der Hund sitzt, und dieser schaut geradezu buddhahaft geradeaus. »Er macht doch gar nichts«, verteidige ich den Hund.

»Jetzt nicht, aber vorhin hat er geknurrt und so gemacht…« Er zieht die Unter- und Oberlippe zurück.

Wir holen gemeinsam Wasser aus dem Brunnen, und ich bitte den Nachbarn, allein zurückzugehen, damit ich sehen kann, wie der Hund sich verhält. Tatsächlich zieht er die Lefzen hoch und stellt sich dem Bauern in den Weg. Als ich hinzukomme, geht er zurück auf seinen Beobachtungsposten und setzt sich wieder ruhig hin. Na toll, denke ich, nun habe ich einen Bewacher für mein Haus bekommen.

Es klopft noch mehrfach in den nächsten drei Tagen, und ich muss die Dorfbewohner den Weg entlang eskortieren. Am dritten Abend will Bauer Kolja, bei dem ich jeden Abend Milch hole, den Hund erschießen.

»Das ist ein Sonderling! Der hat 'ne Macke! Der muss erschossen werden!«, schreit er aufgebracht.

»Wir haben hier auch Menschen mit 'ner Macke. Erschießt du die auch?«, antworte ich erregt.

Zu meiner Überraschung denkt er über dieses Argument tatsächlich nach und zuckt hilflos mit den Schultern. Mit einem Wasserglas voll Wodka kann ich das Unheil erst einmal abwenden, und er trottet mit dem Gewehr unter dem Arm wieder nach Hause. Ich verspreche ihm, in dieser Nacht eine Lösung zu finden.

Ich schlafe nicht und hoffe, dass der Hund einfach aus

Hunger irgendwann das Weite sucht. Paradoxerweise hoffe ich auch ein wenig, dass er bleibt.

Durch den Schlafmangel werde ich dünnhäutig und widerstandslos. Am Morgen des vierten Tages spüre ich, wie sich alle vernünftigen Überlegungen, die sich in den letzten Tagen wie Ankerhaken in meiner Seele verkeilt hatten, einfach lösen.

Ich kann den Hund nicht versorgen!

Ich weiß nicht, was die Zukunft bringt und ob ich ihn behalten kann!

Ich will ihn nicht alleine zurücklassen müssen!

All diese Gedanken werden plötzlich von einem Gefühl der Freude aus mir herausgespült. Ich fühle mich frei, renne durch den langen Flur, reiße die Haustür weit auf, schaue auf den Hund, und noch bevor ich etwas sagen kann, kommt er auf mich zu und läuft durch den Flur in meine Küche – in mein Leben.

So einfach ist das, denke ich und sacke erschöpft auf einem Stuhl zusammen.

»Und was mache ich jetzt mit dir?«, sage ich, obwohl ich mir nun ganz sicher bin, dass sich Lösungen finden werden.

»Wanja, Wanjuscha, Wanka.« Dieser Name ist einfach da und seine Koseformen dazu.

»Willst du etwas fressen, du Halunke?« Der Halunke steht sofort auf und schaut erwartungsvoll. Ich gebe ihm einen Topf Nudeln mit einer Fleischkonserve und Öl. Wanja taucht seinen Kopf in die Schüssel, die nach zwei Sekunden leer ist. Dann setzt er sich neben mich, und ich berühre sein dichtes Fell.

Wanja schläft

Mir laufen Tränen über das Gesicht. Ich bin einfach zu glücklich, um nicht zu weinen. Es ist das Gefühl einer großen Nähe zu diesem fremden Wesen, was mich berührt. Ich habe volles Vertrauen zu dem Tier.

Nichts ist beglückender, als zu vertrauen.

Am nächsten Tag verkünde ich im Dorf, dass Wanja mein Hund ist.

Ich sitze vor meinem Haus. Es ist noch kalt, ich bin in ein Fell gehüllt und genieße die ersten Sonnenstrahlen des Frühlings. Wanja liegt auf dem Sandweg vor mir.

Idylle. Frieden. Ungetrübte Zweisamkeit.

Bis ein Dorfbewohner in der Ferne auftaucht.

Wanja hebt den Kopf und knurrt.

»Hej!«, rufe ich.

Er blickt sich erstaunt zu mir um.

Ich rufe ihn heran.

Er sieht mich ratlos an und bleibt liegen.

Ich fertige aus einem Ledergürtel ein Halsband, um es Wanja anzulegen. So könnte ich ihn an die Leine nehmen, wenn sich ein Dorfbewohner nähert. Als ich das improvisierte Ding um seinen Hals legen will, springt er mit hochgezogenen Lefzen und einem tiefen Knurren auf. Seine Pupillen sind sehr dunkel.

Ich rede ihm gut zu und versuche erneut, ihm das Halsband anzulegen. Seine Drohgebärde verstärkt sich. Er knurrt scharf und starrt mich offen aggressiv an. Ich spüre, dass ich bei ihm einen so empfindlichen Nerv getroffen habe, dass er beißen würde, wenn ich es noch einmal versuchen sollte.

Ich habe verstanden. Wanja lässt sich nicht anleinen.

Er bleibt ein freier Hund.

Ich muss eine andere Lösung finden, damit er hier leben darf.

Ich deponiere ein Milchkännchen mit Wasser neben dem Bänkchen vor dem Haus. Nachbar Wasja nähert sich.

Wanja hebt den Kopf auf seinem Beobachtungsposten.

Ich warne ihn vor Einmischungen jeglicher Art: »Hej!«

Er schaut mich kurz an und geht Wasja dann langsam entgegen.

Ich schnappe mir das Milchkännchen und schütte die Hälfte des Wasserinhaltes von hinten über den Hund.

Er dreht sich verblüfft zu mir um.

Ich lege nach: »Hej, *paschol!*« (»Verschwinde!«), und stampfe mit dem Fuß auf.

Wanja geht tatsächlich zur Seite und legt sich anstandslos wieder hin.

Nachbar Wasja und ich wohnen in einem Nebenweg. Mein Haus steht an der Ecke von Neben- und Hauptweg. Auf dem Hauptweg gibt es eine Trinkwasserpumpe, an der Wasja seine Eimer füllt. Misstrauisch blickt er auf den am Boden liegenden Wanja, als er zurückkehrt.

Wanja rührt sich nicht. Er wirft nur einen kurzen Blick auf den Bauern und mich, dann blinzelt er wieder – scheinbar abwesend – in die Sonne.

Ich sehe meinem Nachbarn an, dass er genauso verblüfft ist wie ich selbst.

Ich muss das Szenario »›Hej!‹, Wasserkännchen und Fußaufstampfen« noch bei drei weiteren Bauern wiederholen. Dann nie wieder. Wanja bleibt fortan ungerührt liegen.

So einfach war das, denke ich erstaunt.

Bis es an mein Küchenfenster klopft.

Wanja schießt bellend durch den Flur an die Innenseite der Haustür und wummert mit dem Kopf dagegen, als wollte er ein Loch hineinschlagen. Ich sehe durch das Küchenfenster die kleine Baba Tasja. Ängstlich weicht sie vor dem Wummern auf der anderen Seite der Tür zurück und hält schützend zwei Eier vor die Brust. Ich renne aus der Küche, schiebe mich vor den wütenden Hund und dränge Wanja mit meinem Körper zurück.

»Hej!«, rufe ich sehr energisch.

Wanja duckt den Kopf nach unten und starrt mich an. Er weicht zurück. Ich rechne nicht damit, dass er nach zwei Metern stehen bleibt und die Lefzen hebt. Ein leises Knurren ist zu hören. Er blickt mich auf eine so irre Art und Weise an, dass ich einen fremden Hund vor mir zu haben glaube. Er springt nach vorn, und ich gehe ihm im selben Augenblick entgegen.

Wir prallen zusammen.

Als erinnerte er sich plötzlich an ein Bündnis, das bisher nur ihm bekannt ist, lässt er sich auf den Boden fallen und schaut zu mir auf.

Ich bin sehr verwirrt über die Macht, die mir dieses Wesen einräumt, und erhalte neben zwei blauen Flecken von unseren Zusammenprall jetzt auch wieder die Entscheidungsbefugnis darüber, wer mein Haus betritt.

Wanja schlägt in Zukunft zwar an, wenn jemand kommt, überlässt den Besucher jedoch mir.

Beruhigung zieht im Dorf ein.

Es ist wie so oft mit Fremden: Ein Fremder muss sich das Vertrauen der Dorfbewohner doppelt erarbeiten.

Die Dorfhunde dagegen, die schon immer in Lipowka gelebt haben, dürfen ihre Territorialgrenzen je nach Fasson klären.

Hinter einer Wegbiegung, im Nachbarhaus von Bauer Kolja, leben drei riesige, zottelige Gesellen. Sobald ich in Sichtweite komme, stürzen sie mit furchterregendem Gebell aus ihrem Hof und umstellen mich. Der Kopf des augenscheinlichen Anführers reicht mir bis zur Taille. Er zeigt beeindruckende gelbe Zähne und gerät jedes Mal völlig außer sich vor Wut. Er bellt mich von vorne an, als hätte ich ihm die Hundehütte zerschlagen oder Schlimmeres. Alle drei schieben mich den Weg voran, ohne mich zu berühren. Ich spüre ihren Atem auf mir und muss sagen, dass ich jedes Mal schweißgebadet bin, wenn ich diese Zone passiert habe. Bei den ersten Zusammentreffen half mir nur der Gedanke, dass alle im Dorf diese Begegnungen bisher überlebt haben.

Obwohl dieses Trio am überzeugendsten ist, gibt es überall weitere Hunde, die aus einem Hofeingang oder einem Gebüsch hervorgejagt kommen und – je nach Typ – in wütendes Gebell ausbrechen oder uns den Weg versperren. Sie alle jedoch sind Hofhunde und keine wilden Hunde wie Wanja. Sie sind den Bauern einfach vertraut. Ihr Gebell und ihre Drohgebärden werden als das akzeptiert, was sie sind: ihre Arbeit. Alle Hunde tragen den Universalnamen *Tusik* (Dorfköter).

Dorfhunde

Sie leben in Lipowka weder an einer Kette noch im Haus. Wie die Dorfbewohner sind sie Selbstversorger. Nach Abfällen zu suchen lohnt sich für die Hunde nicht, einfach deshalb, weil es keine fressbaren Abfälle gibt. Kartoffelschalen, altes Brot, Fallobst und Gemüsestrünke erhalten die Schweine. Deshalb jagen die Hunde und können sich frei bewegen.

Dass ich jetzt plötzlich täglich mit Wanja an den Dorfhunden vorbeimarschiere, muss für diese einer Provokation gleichkommen. Hier geht man nicht »Gassi« (spazieren). Sie reagieren hysterisch und aggressiv auf ihn. Selbst ruhige Hunde benehmen sich plötzlich wie Furien. Sie schießen aus ihren Höfen, eskortieren uns knurrend durch ihr Territorium oder bellen wie verrückt. Wanja, der sonst so unerschrockene Kerl, presst seinen Kopf beim Laufen in meine Handfläche und klemmt den Schwanz ein.

Weil die Aufmerksamkeit der Hunde jetzt Wanja und nicht mehr länger mir gilt, werde ich mutiger und gehe in gerader Haltung zielstrebig durch die jeweiligen Zonen. Mich rührt Wanjas Stirn in meiner Handfläche, und ich bewundere ihn, wie er die Situation meistert. Obwohl Wanja den meisten Hunden körperlich überlegen ist, lässt er sich von keinem provozieren und drückt seine Stirn (und lenkt damit auch seinen Blick) immer wieder in meine Handfläche.

Nach drei Wochen scheinen sich die Dorfhunde an Wanja gewöhnt zu haben, denn ihr Verhalten mäßigt sich.

Nur die drei zotteligen Gesellen attackieren uns weiterhin, auch wenn wir ihrem Territorium in einem weiten Umweg über das Feld ausweichen. Ich bewaffne mich regelmäßig mit einem Knüppel, bevor ich das Gebiet der drei Hunde betrete. Ich benutze ihn nicht, aber er gibt mir Sicherheit, wenn Wanja und ich durch diese Zone eilen.

Wir leben zusammen wie ein Paar, das sich schon sehr lange kennt. Wanja fügt sich nahtlos in meinen Tagesablauf ein.

Jeder Bewohner Lipowkas ist für seine eigene Grundversorgung (Nahrung, Wasser, Holz) zuständig. Niemand jedoch würde es schaffen, sich neben der Bewirtschaftung des Feldes und Gartens, der Versorgung der Tiere und der Erhaltung des Hauses auch noch um alle anderen anfallenden Dinge zu kümmern.

Deshalb haben sich Einzelne wiederum auf das spezialisiert, was sie besonders gut können, und stellen ihre Fertigkeiten dem gesamten Dorf zur Verfügung. Da gibt es unter anderem Baba Luba, Dorfälteste und für wichtige Entscheidungen zuständig, Schnapsbrennerin, Kartenlegerin und nicht zuletzt Liedermacherin, denn alle in Lipowka gängigen Lieder stammen von ihr. Es gibt den Stiefel-Anton, der die Filzstiefel für den Winter macht, den Körbe-Petja, die Brot-Walja, die »heilige Natascha«, Sirfa und Mascha, die Heilerinnen, die Telefon-Galja, bei der das einzige Telefon des Dorfes steht, die Näherin Marfa und den Honig-Anton, den Ziegen-Kolja und den Kuh-Wasja und viele weitere Bewohner mit speziellen Fertigkeiten.

Da ich aufgrund meiner unregelmäßigen Abwesenheiten keine Garten- oder Feldarbeit leisten kann und auch weil ich keine Kenntnis davon habe, bin ich bei der Versorgung mit Nahrungsmitteln auf die Babuschkas angewiesen.

Eine feste Aufgabe für mich im Gegenzug wurde schnell gefunden.

Täglich helfe ich den ältesten Babuschkas bei Arbeiten, die zu schwer für sie geworden sind. Während ich im linken Zipfel des Dorfes arbeite, arbeitet Vera im rechten. Abends treffen wir uns – und auch dann gibt es eine ganz einfache Aufgabenteilung: Mir macht es viel Freude, aus den immer gleichen Nahrungsmitteln (Kartoffeln, Gurken, Tomaten – frisch oder eingeweckt, je nach Jahreszeit) jeden Abend etwas Neues zu zaubern, indem ich Soßen, Zubereitungsarten und Gewürze ändere. Vera wiederum kann in genauso vielen Nuancen »mmmhhh!« sagen und seufzen. Dadurch werden unsere gemeinsamen Abendessen zu Festmahlen, die ich sehr genieße. Wir tauschen uns über die Ereignisse des Tages aus und haben dabei nicht nur die Liebe zu den Babuschkas gemeinsam, sondern besitzen auch dieselbe Art von Humor.

Im Nachbardorf Demuschkina herrscht der Fortschritt, und graue, schmucklose Steinhäuser säumen die schlecht gepflasterten Straßen. Der abgebröckelte Putz überall verleiht den Fassaden einen trostlosen Ausdruck. Demuschkina scheint nur aus Beton zu bestehen. Nur selten wächst dort ein Baum am Straßenrand.

Umso mehr liebe ich es auf meinen Wegen zu den Babuschkas, die Lipowkaer Holzhäuser anzuschauen. Sie alle haben wunderschön bemalte und geschnitzte Fensterrahmen. Die meisten Häuserwände sind aus dicken Stämmen

Tasjas und Antons Haus

gebaut, die sich schön nach außen wölben. Nur einige Häuser, so leider auch das meinige, sind außen zusätzlich mit Brettern verschalt, was die Attraktivität für mein Empfinden erheblich mindert. Dennoch sind auch diese verschalten Holzhäuser nicht mit solchen aus Stein zu vergleichen. Hier kann kein Putz bröckeln.

Die Häuser bestehen aus einem einzigen Schlaf- und Wohnraum, der – je nach Haus – in seiner Größe variiert. Mitunter ist in diesem Raum, abgetrennt durch einen Vorhang, auch die Küche untergebracht. Viele Häuser besitzen jedoch noch eine zusätzliche Küche mit einer Durchgangstür zum Zimmer.

Jeder, der einmal einen russischen Winter erlebt hat, weiß, warum es sinnvoll ist, nur einen zu beheizenden Raum zu haben. Das Zimmer hat einen schmalen, bis hin zur Decke gemauerten Ofen, der zur Erwärmung des Hauses dient. In der Küche oder Küchenecke befindet sich der Ofen, der zum Kochen, Backen und Warmhalten von Speisen dient und der aussieht wie ein gemauertes Hochbett (als das er im Winter auch genutzt wird, weil sich seine Oberfläche gerade so weit erwärmt, dass man auf ihr liegen kann).

Zum Schließen des Küchenofens wird über die Öffnung auf der Vorderseite ein großes, loses Blech geschoben. Im Inneren des Ofens, auf seiner gesamten Länge von ungefähr zwei Metern und mit einer Breite von einem Meter, kann man kochen, backen, etwas warmhalten oder Nahrung trocknen. Jeder Haushalt hat zum Kochen jedoch noch eine *Plitka* (elektrische Kochplatte), die vorwiegend im Sommer genutzt wird.

Im Keller des Hauses, in den man nach Anheben einer Bodenklappe über eine Stiege gelangt, werden Kohlen, Äpfel und Birnen gelagert.

Als Kühlschrank dient ein winziges Hüttchen neben dem Haus, dessen über der Erde liegender Teil vorwiegend aus einem Spitzdach besteht. Der größere, unter der Erde liegende Bereich besteht aus einem tiefen Schacht, in den man mithilfe einer Leiter steigt. Dort wird Eingemachtes aufbewahrt und alles andere, was kühl gelagert werden muss.

In einem kleinen Steinbunker am Haus, der eine Stahltür besitzt, befinden sich all die Dinge, die bei einem Feuer nicht verbrennen dürfen: Fotos, Papiere und alles, was dem jeweiligen Menschen wichtig ist.

Ein Plumpsklo und eine Sommerküche vervollständigen die häuslichen Vorrichtungen. Wenn das Kloloch voll ist, wird es zugeschüttet und an einer anderen Stelle eine Grube ausgehoben, über die man das Klohäuschen schiebt.

Wanja begleitet mich zu den Babuschkas, denen ich bei ihrem Tagwerk helfe, und wartet, während ich bei ihnen bin, unter dem Fundament ihres Hauses.

Jedes Haus ist auf Pfählen in den hellen Sand gebaut. Im Laufe der Zeit beginnen die Pfähle im Sand abzusinken, und die Häuser neigen sich. Viele Häuser in Lipowka wirken wie Schiffe bei hohem Seegang.

Am schlimmsten hat es das Haus der heiligen Natascha getroffen, die seit dem Wegzug des Pfarrers dessen Aufgaben übernommen hat – Aufbahrungen, Beerdigungen, Beichten. Nataschas Gesicht wirkt wie ein klarer, heiterer Bergquell. Wanja findet bei meinen Besuchen unter ihrem Haus genügend Platz, denn es neigt sich bedrohlich zur Seite.

Mein Angebot, junge Arbeiter aus dem Nachbarhof zu holen, damit sie das Fundament anheben, beantwortet Natascha mit der Aussage: »Ach, Majetschka, ich bin doch selbst krumm und schief, da passen wir gut zusammen, und ich will mit dem Haus, so wie es ist, sterben.«

In Nataschas Flur sind an der rechten Wandseite dicke Schlaufen angebracht, mit deren Hilfe man sich den Gang entlanghangeln kann, um nicht in die Linksneige des Hauses zu fallen.

Im Wohnzimmer stehen ein Tisch, zwei Stühle und ein Bett auf der linken Seite. Sie alle haben dicke Keile unter den Beinen, was ihnen ein fast gerades Aussehen verleiht und die Assoziation an Keilabsätze weckt.

Der Fußboden bleibt dennoch schief, und egal, ob ich laufe, stehe oder sitze – immer habe ich das Gefühl umzukippen oder zu schwanken. Natascha läuft in diesen schiefen Wohnverhältnissen gelassen hin und her und serviert Tee.

Wenn ich ihr Gesicht sehe, fühle auch ich mich jedes Mal wie durch ein Wunder plötzlich gerade und sehr geborgen. Es gibt einige Verrichtungen, bei denen ich ihr täglich helfe, und mit der Zeit gewöhne auch ich mich an das sinkende Wohnschiff.

Ich erfülle meine Aufgaben, so wie jeder in diesem Selbstversorgerdorf seinen Aufgaben für sich selbst und das gesamte Dorf nachgeht. Jeden Tag führt mein Weg mich zu acht Babuschkas.

Vera und ich helfen den ganz Alten, die Unterstützung bei schweren Arbeiten brauchen. Das kann Feldarbeit sein, Sensen, Malern oder andere Dinge. Neben diesen Tätigkeiten habe ich jedoch oft das Gefühl, dass meine eigentliche Daseinsberechtigung im Dorf darin besteht, mir die Lebensgeschichten der Babuschkas anzuhören. Dadurch, dass sie für mich eine Neuigkeit darstellen, erleben sich offenbar auch die Babuschkas noch einmal neu. Mit großer Hingabe werden mir frühere Heiraten, Geburten, der Lebensweg der Kinder, Tierseuchen, Brände, Ernteschäden, politische Wendungen, Krankheiten und Nachbarklatsch berichtet. Auch wenn ich in den ersten zwei Jahren schon aus Gründen des Dialekts nur wenig davon verstehe und immer hoffe, im richtigen Moment Zustimmung oder Anteilnahme zu zeigen, so habe ich spätestens bei der sechsten Wiederholung einer Geschichte viele neue Vokabeln gelernt.

Jeden Abend Punkt 19 Uhr kommt die Älteste des Dorfes, Baba Nastja (102 Jahre), von ihrer Gartenarbeit auf einen kurzen Schnack herüber auf meine Haustreppe.

Während sie erzählt, nimmt sie hin und wieder meine Hände in ihre riesigen, rissigen Arbeitshände. Sie küsst sie wie die Patschhändchen eines Babys und ruft: »Mein Sonnchen, wer hat dich geschickt?« Dass diese uralte Frau, der zwei Häuser abgebrannt sind, die acht Kinder großgezogen hat und die noch mit über hundert Jahren täglich alle Arbeiten allein verrichtet, mich so behandelt, lässt mich oft rot werden.

Begriffe wie Lenin, Zar, Kolchose und Jelzin wandern gelassen durch die Abendlandschaft und spiegeln Nastjas eigene 102-jährige innere Landschaft wider. Ich sitze mit mehreren Generationen russischer Geschichte auf meiner Treppe und danke meinem Schicksal für die Erfahrungen, die ich hier machen darf.

Abendplausch mit der 102-jährigen Nastja

Trete ich aus dem Haus einer Babuschka wieder heraus, krabbelt Wanja darunter hervor und kann sich vor Freude kaum halten. Immer wieder stupst er mit seiner Schnauze in meine Handfläche, legt mir die Vorderpfoten auf die Schulter und leckt mir das Kinn. (Es gibt kein Foto von uns beiden, auf dem sich nicht Wanjas Schnauze oder sein ganzer Kopf auf meinem Körper befindet.)

Mich rührt das sehr.

Jeden Nachmittag laufen wir zusammen zum Fluss. Meinem Lieblingsort.

Es gibt dort eine Landzunge, an der ich auch meine Wäsche wasche.

Dort sind Schwalben. Sand. Stille.

Und ein derartiges Gefühl von Frieden, dass ich mir bis heute diesen Ort vorstelle, wenn ich zu mir finden will.

Lege ich mich in den noch frühlingskalten Sand, lässt Wanja sich in gestreckter Linie hinter mir nieder und legt seinen Kopf auf meine Schulter. Wir bilden dann ein sehr langes Wesen aus einem Hund und einem Menschen.

# Anton

Mein Nachbar Wasja ist ein ungewöhnlicher Bauer. Wenn er das Wasser holt, geht er nicht wie jeder andere im Dorf zielstrebig zur Wegpumpe, füllt Wasser ein und schleppt es zurück zum Haus. Nein, er schlendert mit dem Wasserträger über der rechten Schulter die dreihundert Meter von seinem Haus bis zur Pumpe und blickt interessiert von einem Baum zum nächsten. Über die Wiesen, in den Himmel und auf den Boden. Dabei bewegt er die Augenlider wie jemand, der etwas zwischen den Fingern zerreibt, um die Qualität zu prüfen. Er wirkt wie ein Sammler.

Ein Sammler von Eindrücken.

Ich stelle eine kleine Skulptur neben mein Haus, die ich aus Holz angefertigt und angemalt habe. Sie stellt eine junge Bäuerin mit Kopftuch dar, die zum Himmel schaut. Ich rechne damit, dass diese fremde Form der Gartengestaltung hier in Lipowka Unmut erregt, wie fast alles, was fremd ist.

Am nächsten Morgen, ich sitze gerade am Küchentisch und schaue aus dem Fenster, läuft Wasja den Weg entlang und lässt seinen Sammlerblick schweifen. Plötzlich hält er inne und blickt zu meinem Grundstück herüber. Lange betrachtet er die kindsgroße Skulptur. Dann setzt er scheppernd seinen Wasserträger mit den zwei Eimern ab und kommt, zum ersten Mal seit meinem Einzug vor einem halben Jahr, auf meine Seite herüber. Er betrachtet mit schief gelegtem Kopf die junge Bäuerin, die wiederum mit schief gelegtem Kopf zum Himmel schaut.

»Guten Tag, Onkel Wasja«, rufe ich aus dem Fenster. »Was meinst du, was das ist?«, frage ich, deute auf die Holzskulptur und erwarte gespannt seine Antwort.

In seiner bedächtigen Art betrachtet Wasja das neue Objekt von links und rechts und von oben nach unten, kneift die Augenlider zusammen und stellt abschließend fest: »Das ist ein Engel!«

Diese Neuigkeit verbreitet sich im Laufe des nächsten Tages im Dorf. Ich werde nach dem Grund für die Herstellung des Engels gefragt und antworte, angeregt durch Wasjas Idee: »Er soll das Haus beschützen.«

Als dann vier Tage später der Blitz in die Skulptur fährt und mein Haus, das keinen Blitzableiter besitzt, verschont, steht für die Bauern unumstößlich fest: Der Engel hat das Unglück abgewehrt.

Auch bei mir selbst, einer zu dieser Zeit noch Ungläubigen, hinterlässt dieser Vorfall Spuren. Ich baue sofort einen neuen Engel, der fortan den Eingang meines Hauses beschützen wird. Zudem erhalte ich mehrere Anfragen für den Bau weiterer Engel.

So abwesend mein Nachbar Wasja scheint, so wach wirkt sein Hund. Er ist ein großer, rothaariger Geselle, der in Deutschland als Eurasier-Mischling durchgehen würde. Er bildet stets den Vortrupp, wenn Wasja zum Brunnen läuft. Sieht er mich, bleibt er schwanzwedelnd stehen, lässt sich den Pelz kraulen und geht dann weiter.

Zumindest bis Wanja bei mir einzieht.

Von da an läuft der Hund immer hinter Bauer Wasja. Er schaut vorsichtig hinter dessen Beinen hervor und hält in dem Moment an, in dem er Wanjas Territorium erreicht. Ich erkenne die unsichtbare Grenze daran, dass Wanja in dem Moment, in dem der Nachbarshund sie erreicht, den Kopf hebt und ihn anschaut. Er knurrt nicht, er hebt nicht die Lefzen, er schaut den Roten nur an, wenn er den dritten Baum vor unserem Grundstück erreicht hat.

In diesem Augenblick versteinert der Nachbarshund am Baum.

»Köter, komm«, ruft Wasja verwundert.

Der Rothaarige bleibt sitzen und blickt starr in eine Richtung, in der Wanja NICHT sitzt.

»Los jetzt, *dawai!*« Wasja ist ratlos. Sein Hund bleibt sitzen und regt sich erst wieder, wenn der Bauer zurückkehrt und er mit ihm nach Hause laufen kann.

Ein paar Tage später beobachte ich, dass sich die Szene verändert. Zuerst fällt mir auf, dass Wanja den Kopf nicht mehr hebt, als der Rothaarige sich nähert, sondern nur noch in dessen Richtung schaut. Sein Blick ist nicht mehr starr, sondern nur noch aufmerksam.

Der Nachbarshund geht wie zur Probe einen Schritt am dritten Baum vorbei und bleibt dann abwartend stehen.

Nichts.

Wanjas Kopf bleibt gesenkt.

Daraufhin schleicht der Hund mit sehr vorsichtigen Schritten und eingeklemmter Rute an unserem Grundstück und Wanja vorbei. Dabei sieht er aus, als ob er auf rohen Eiern läuft. Nachdem er das fremde Terrain passiert hat, schüttelt er sich und buddelt in einer anfallartigen Übersprungshandlung im Sand.

Kurz darauf schleicht er den Weg wieder mit eingeklemmter Rute, angelegten Ohren und geducktem Kopf zurück, um Wasja zu folgen.

Wanja bleibt entspannt liegen und folgt dem Geschehen nur mit einem Blick.

Nachdem weitere Tage vergangen sind, läuft der Rothaarige locker an uns vorbei und leckt sich nur noch als Zeichen der Beschwichtigung über die Schnauze. »Pardon, dass ich schon wieder deine Grenze verletzen muss«, könnte diese Geste heißen. »Aber ich respektiere sie.«

Vier Wochen später komme ich mittags aus dem Haus, und der Rothaarige liegt ungefähr fünf Meter neben Wanja auf dem Weg. Beide wirken absolut entspannt.

Wanja springt bei meinem Erscheinen auf, kommt zu mir und drückt seinen Kopf an meine Oberschenkel. Ich gehe in die Hocke und streichle ihn. Der Rothaarige erhebt sich ebenfalls und tastet sich Schritt für Schritt zu uns heran.

»Na komm mal her«, locke ich ihn.

Er kommt langsam näher.

Wanja legt sich in den Sand und lässt sich den Bauch kraulen. Der Rothaarige sitzt jetzt vor mir und streckt den Hals. Ich streichle das dicke, verfilzte Fell des fremden Hundes. An seinem Hinterlauf hat sich ein so großes verklebtes Fellknäuel gebildet, dass er beim Laufen Schmerzen haben muss. Ich hole eine Schere und entferne es vorsichtig. Das Tier hält ganz still und lässt sich die Prozedur gefallen.

Mit einer kahlen Stelle am Hinterlauf, aber schmerzfrei

Der rote Anton,
unser Späher

verlässt er uns. Ich wähne ihn wieder beim Nachbarn und staune nicht schlecht, als ich ihn am nächsten Morgen erneut in meinem Hof vorfinde.

Er bleibt einfach da.

Kommt mein Nachbar Wasja vorbei, läuft er zwar schwanzwedelnd zu ihm, legt sich dann aber wieder vor mein Haus. Wasja bleibt immer wieder stehen und betrachtet seinen »Köter«, wie er ihn nennt. Er sagt nichts. Er schaut und schweigt.

»Nimm ihn doch wieder mit«, fordere ich ihn auf.

Wasja starrt auf den Hund, winkt ab und geht nach Hause.

Ich nenne den Roten Anton.

Am Abend kommt Wanja zum ersten Mal über Nacht mit ins Haus. Während er zuvor nur zeitweise drinnen geblieben ist und bald an der Tür scharrte, um hinausgelassen zu werden, liegt er an diesem Abend leise schnarchend auf dem Holzboden vor meinem Bett.

Dafür liegt Anton nun vor dem Haus.

Wanja hat offenbar einen Angestellten gefunden.

# Bambino

Heute ist es so weit. Der Anrufbeantworter in Moskau ist abzuhören, Anrufe nach Deutschland sind zu tätigen, Konzerttermine zu regeln. Vera und ich planen für diese Aktionen drei Tage Aufenthalt in der Stadt, und mir ist elend zumute. Ich muss die Hunde zurücklassen.

Ich frage Nachbar Wasja, ob er Anton und Wanja für diese Zeit bei sich auf dem Hof aufnehmen könnte.

»Klar, du hast ja meinen auch die ganze Zeit bei dir«, erwidert er mit einem für ihn unüblichen Humor.

»Du müsstest Wanja jedoch bei meiner Abreise in deinen Schuppen sperren. Er kommt mir sonst hinterher«, füge ich hinzu und habe dabei einen dicken Kloß im Hals.

»*Dawai*«, erwidert Wasja und wischt mit der Hand schwungvoll durch die Luft. (Ich musste erst lernen, dass *dawai* nicht unbedingt »schnell« heißen muss, wie viele Nichtrussen glauben. Meistens heißt es einfach nur »klar«, »machen wir« oder »los geht's«.)

Mein Nachbar verlangt Wodka statt Geld und vor allem Stillschweigen über diesen Tabubruch – eine wechselseitige Hundebetreuung findet in Lipowka normalerweise nicht statt.

Wanja klebt von dem Moment an an meinen Fersen, in dem ich zu packen beginne. Ich spüre, dass er Bescheid weiß. Wir können voreinander nichts verheimlichen, besonders ich nicht vor ihm. Ich trällere, versuche fröhlich zu erscheinen – es hat alles keinen Sinn. Wanja schleicht mit gesenktem Kopf und eingezogener Rute hinter mir her. Wie soll man einem Hund erklären, dass man wiederkommt und ihn nicht für immer verlässt?

Am nächsten Morgen bringe ich Wanja zum Nachbarn. Er will nicht in dessen Scheune, spürt, dass etwas ganz und gar nicht in Ordnung ist. Noch aus großer Entfernung höre ich sein Bellen und Wummern gegen die Tür. Vera muss mich vorwärtstreiben, damit ich nicht wieder umkehre. Ich habe das Gefühl, Wanja zu verraten.

Die kommenden achtzehn Kilometer sind ein Albtraum. Ich stolpere neben Vera her und breche immer wieder in Tränen aus.

Die Brücken, die über die zwei Flüsse zwischen Lipowka und dem nächsten Dorf, Demuschkina, führten, liegen – vom Wintereis der letzten Jahre erdrückt – im Wasser. Mitunter baut die Forstbrigade provisorisch eine neue Brücke, um Holz aus dem riesigen Wald zu holen, der hinter Lipowka liegt. Danach sprengt das Wintereis das Provisorium wieder, und auch dieses liegt dann im Fluss. In diesem Jahr gibt es wieder einmal keine Brücken, und so müssen Vera und ich schwimmen.

Am ersten Fluss angekommen ziehen wir uns nackt aus, verstauen Kleidung und Gepäck auf einer Luftmatratze, die nach meiner Anregung im Sommer das schwere Schlauchboot ersetzt und den Fußmarsch erleichtert, und schieben sie beim Schwimmen vorsichtig vor uns her. Am anderen Ufer ziehen wir uns wieder an und wandern weiter bis zum nächsten Fluss.

Nach zwei Stunden erreichen wir den zweiten Fluss, Staritza (»die Alte«). Seine Strömung ist stark. Sie wird uns etwa zweihundert Meter weit abtreiben. Deshalb starten wir in dieser Distanz versetzt, um an einer Uferstelle anzukommen, die begehbar ist.

Nach einem weiteren Fußmarsch von 45 Minuten kommen wir in Demuschkina an und suchen einen Fahrer, der uns nach Sassowo zum Bahnhof fährt. Diese Suche ähnelt jedes Mal einem Lotteriespiel, weil die wenigen Männer, die ein Auto besitzen, nicht unbedingt zu Hause sind und auf uns warten. In Russland aber scheint man immer zu gewinnen, wenn man Hilfe braucht. Zumindest zu dieser Zeit und in ländlichen Gebieten.

Oft fährt uns Juri, der Mann, der uns auch bei meinem ersten Besuch in Lipowka mitgenommen hatte. Er ist ein kräftiger Kerl mit Augen, die aussehen wie auf dem Rücken liegende blaue Halbmonde.

Leider verstehe ich kein Wort von dem, was er sagt. Der Dialekt in Demuschkina bleibt mir gänzlich verschlossen. Während der Lipowkaer Dialekt typischerweise daran zu erkennen ist, dass er alle Vokale einfach in die Länge zieht und dann fallen lässt, erscheint mir der Dialekt im Nachbardorf so willkürlich, dass ich eine Logik nicht entdecken kann.

Vera jedoch kann sich verständigen, und wir finden einen Traktorfahrer, der weiß, wo Juri ist. Auf dem Traktor fahren wir los. Vera sitzt hinter dem Fahrer, ich sitze auf ihrem Schoß. Mehr Plätze gibt es nicht.

Das ohrenbetäubend laute Gefährt hält an einem Hof. Juri sitzt auf einer Wiese mit fünf Männern zusammen. Eine Flasche Wodka funkelt in der Sonne.

Vera fragt ihn, ob er uns fahren kann.

»Er arbeitet gerade«, übersetzt sie mir seine Antwort.

»Wie viel will er haben?«, frage ich, bereits routiniert in diesen Dingen.

Seit sein Jeep auseinandergefallen ist, besitzt Juri einen »Oasik-Bus«, der einem Kleintransporter mit sechs Sitzen ähnelt. Im Laufe der ungefähr fünfzig Kilometer bis nach Sassowo hält er sechsmal. Am Anfang lädt er eine alte Bäuerin ein, die mit Mühe die Straße entlangläuft. Danach einen Bauern mit einem kaputten Traktorteil, dann eine Frau mit einem Korb voll eingewecktem Gemüse. Auch der junge Mann mit dem Rucksack wird mitgenommen und eine Bäuerin mit einem Huhn auf dem Arm. Kurz vor Sassowo hält Juri für eine Frau mit hohen Absätzen und Minirock. Aus dem Sechssitzer ist ein Neunsitzer geworden.

Da Juri in Sassowo dann noch mehrfach aus dem Auto steigt, um in Häusern zu verschwinden und mit Päckchen und Beuteln wieder herauszukommen, mache ich mir langsam Sorgen, ob wir unseren Abendzug noch erreichen.

»Vera, wohin geht er denn immer?«

Vera zuckt ergeben die Schultern. Ich frage eigentlich nur noch aus einer deutschen Gewohnheit heraus. Schon lange habe ich verstanden, dass man hier mit Ungeduld gar nichts erreicht.

Dann beschließe ich, etwas sehr Russisches zu tun: Ich vertraue auf das Schicksal.

Und tatsächlich. Fünf Minuten vor der Abfahrt erreichen wir unseren Zug.

Vera leiht Bettwäsche für unsere Liegen, ich packe das Abendbrot aus. Ich liebe es mittlerweile, *Platzkart*, also im Großraumwagen, zu reisen.

Die Sechs-Personen-»Abteile« sind keine Abteile im eigentlichen Sinne, da sie zum Gang hin nicht geschlossen sind. In jedem dieser offenen Abteile befinden sich vier Liegen – jeweils zwei übereinander – auf der einen Seite sowie zwei längs übereinander angebrachte Liegen auf der anderen Seite des Ganges. Ein Großraumwaggon besteht aus etwa acht solcher offenen Abteile.

So ein gemeinschaftliches Abendbrot mit bis zu achtundvierzig Menschen ist ein Erlebnis: Lebensmittel werden getauscht, es wird zum Feiern und zum Plausch eingeladen. Das gemeinsame Schlafen auch. Im geschlossenen *Kupe* (Abteilwagen) mit den Vier-Personen-Liegen dagegen geht es eher zu wie überall auf der Welt.

Diese Nacht verläuft ruhig, und wir kommen im Morgengrauen nach acht Stunden Fahrtzeit in Moskau an.

Die Lautstärke und der Gestank der Großstadt sind nach der Unberührtheit Lipowkas ein Schock. Der starke Smog reizt die Lunge und das chlorhaltige Leitungswasser die Magenschleimhäute.

Wir erledigen zügig alle Dinge, und die ganze Zeit über fühle ich mich elend und traurig. Wanjas Blick, als ich ihm die fremde Scheunentür vor der Nase zumachte, schiebt sich immer wieder in meine Gedanken.

»Aber er hat es doch gut«, versucht Vera in solchen Momenten zu trösten. »Ihm fehlt es doch an nichts, du kommst ja wieder.«

»Das weiß er aber nicht«, sage ich, untröstlich.

Am letzten Tag kaufen wir russisches Konfekt für uns und die Babuschkas, Wegwerfrasierer für die Djeduschkas und viele andere »luxuriöse« Dinge. Auch in Tüten eingeschweißtes Nassfutter für Wanja und Anton nehme ich mit, was Vera mit einem Kopfschütteln quittiert, denn ich werde all das achtzehn Kilometer weit tragen müssen. Das Hundefutter jedoch möchte ich für schlechte Zeiten aufbewahren, in denen ein Hund krank ist oder in denen es zu wenig Jagderfolge gibt. Ich kann es mit Nudeln oder Reis und Öl strecken, die ich noch in der Vorratskammer habe. Sicher ist sicher. Ich bin schließlich Deutsche.

Mit unseren Einkäufen kehren wir erschöpft in die Moskauer Wohnung zurück, um für die Rückfahrt zu packen. Kurz vor unserem Neubaublock an der Juschnaja liegt ein brauner, fast zum Skelett abgemagerter Hund am Straßenrand. Er sieht aus, als wäre er nicht mehr am Leben.

Vera fotografiert ihn. Sie will das Bild einer Tierschützerin geben, die gegen das Elend der Moskauer Straßenhunde kämpft. Beim Klicken des Fotoapparates blinzelt der Hund und hebt den Kopf. Er blickt mir direkt in die Augen, und mir ist klar, dass ich dieses Tier dort nicht liegen lassen werde. Es ist ein ganz junger Hund, wie man trotz seines erbarmungswürdigen Zustandes erkennen kann.

Mühsam stemmt er sich auf die Vorderbeine und erhebt sich dann vollständig. Er torkelt auf mich zu, stellt sich vor mich hin, wedelt kraftlos mit dem Schwanz und blickt mich aus braunen Augen an. Vera bemerkt meine Gefühlsregung und zieht mich energisch weiter. »Lass es.«

Wir haben uns oft über die Straßenhunde in Moskau unterhalten. Es gäbe Tausende, die zu retten wären. Die wichtigste Frage aber bleibt: Wohin mit den Geretteten? In diesem Falle jedoch weigere ich mich weiterzugehen.

»Ach komm, Baba Luba nimmt ihn bestimmt. Ihr Hund ist doch verschwunden.«

Das kleine Knochengerüst blickt uns bettelnd an.

Vera zieht die Schultern hoch und atmet hörbar aus: »Aber der hat sicher Flöhe, Würmer und alles andere, und wie sollen wir ihn im Zug mitnehmen und über die Flüsse bekommen?!«

Ich schlage vor, zum Tierarzt zu gehen und den Hund untersuchen und behandeln zu lassen. Der Hund unterstützt meine Bemühungen mit verstärktem Schwanzwedeln. Er scheint zu spüren, dass es jetzt um die künftige Wurst geht.

»Es ist Abend, und die Tierarztpraxis hat geschlossen«, begehrt Vera ein letztes Mal auf.

»Wenn ich mit Dollar bezahle, macht er sicher noch einmal auf«, erwidere ich, die russische Realität zur damaligen Zeit (1992) nutzen wollend.

Tatsächlich bringen wir es fertig, dass der Hund untersucht wird und wir alle Mittel zu seiner weiteren Behandlung bekommen. Er hat Ungeziefer, entzündete Ohren und ist so stark unterernährt, dass er nicht mehr lange gelebt hätte, wie der Tierarzt sagt.

Zu Hause füttere ich ihn. Er frisst fast die Schüssel mit. Dann stecken wir ihn in die Badewanne und waschen ihn mit Flohshampoo. Er lässt sich alles schwanzwedelnd gefallen. Ich taufe ihn Bambino, weil er noch so jung ist, vielleicht fünf Monate, und weil er etwas von einem Reh hat.

Bambino/Bambi – das passe meiner Meinung nach ganz gut, wie ich Vera erkläre.

»Diesen Hintergrund darfst du dann Baba Luba klarmachen«, sagt Vera trocken. »Sie hat ›Bambi‹ sicher gelesen und kann bestimmt auch Italienisch.«

Wir müssen noch einen Tag länger in Moskau bleiben, damit sich der kleine Kerl erholen kann und zu Kräften kommt für den Weg nach Lipowka.

In der folgenden Nacht steigen wir mit Bambino in den Zug. Wir haben viel Gepäck und einen Hund an einem Strick, der noch nie an einer Leine gelaufen ist. Bambino jedoch entfernt sich keinen Millimeter von meinem Bein und passt im Gedränge des riesigen Moskauer Bahnhofes genau auf, mich nicht zu verlieren.

Im Großraumwagen beäugen ihn einige Russen skeptisch. Hier reist man mit Kindern, mit Hühnern, mit viel Gepäck, aber selten mit einem Hund. Ich schiebe ihn unter unsere untere Schlafpritsche, und noch eine Stunde lang hört man das aufgeregte Klopfen seines Schwanzes auf dem Boden. Dann ist es ruhig.

Wir fahren die ganze Nacht. Ich kann lange nicht einschlafen, weil ich darüber nachdenke, ob Wanja wieder im Wald ist, ob er in diesem Fall je zurückkommt und ob er das Vertrauen zu mir verloren hat.

Am ersten Fluss angekommen schnuppert Bambino vorsichtig. Vera und ich blasen die Luftmatratze auf, ziehen uns aus und legen das Gepäck darauf.

»Vielleicht kann er gar nicht schwimmen«, sagt Vera besorgt. Sie hat Bambino bereits genauso ins Herz geschlossen wie ich.

Bambino sieht uns erwartungsvoll an und wedelt mit dem Schwanz, als wäre er zu allem bereit. Ich wette, dass er mitkommt, wenn wir einfach losschwimmen. Er fiept leise, als wir uns entfernen, und trappelt aufgeregt mit den Pfötchen. Er rennt bis zum Bauch ins Wasser, spürt die starke Strömung und flüchtet zurück. Als wir am anderen Ufer ankommen, beginnt er zu heulen. Er hebt seinen Kopf wie ein Wolf zum Himmel: »Ehuuu, ehuuu …«

»Vielleicht geht er auf die Luftmatratze«, sage ich hoffnungsvoll.

Vera nickt, und wir schwimmen mit der Luftmatratze zurück. Der Fluss ist ungefähr vierhundert Meter breit, und die Strömung spült uns jedes Mal auf einer anderen Höhe an. Bambino läuft auf und ab und taxiert die Stellen, an denen wir stranden könnten. Er empfängt uns hüpfend und winselnd.

»Komm, hier.« Ich tippe auf die Luftmatratze. Bambino klemmt den Schwanz ein.

»Hier rauf – oder du musst dableiben«, versucht ihn Vera energisch zu überzeugen. Bambino legt sich flach auf den Boden und wedelt mit dem Schwanz, als bitte er um Nachsicht. »Vielleicht geht er drauf, wenn auch du dich drauflegst?« Vera schiebt mir einladend die Luftmatratze hin.

Ich suche im Sitzen noch nach einem Balanceschwerpunkt, als Bambino mit einem entschiedenen Satz zu mir hinaufspringt. Der Sprung bewirkt, dass ich die Balance vollends verliere und wir beide mit der Luftmatratze ins Wasser kippen. Bambino paddelt wild mit den Pfoten und entdeckt nach ein paar Sekunden, dass er schwimmen kann. »Los, schnell! Rüber jetzt!«, schreit Vera. Ich lege mich mit der Luftmatratze ins Zeug – und tatsächlich: Bambino schwimmt hinter uns her bis auf die andere Seite des Flusses.

Nach 18 Kilometern und einem weiteren Fluss stellen wir das Gepäck am Ortsrand von Lipowka ab. Wir wollen zu Kolja, um sein klappriges Pferdegespann zum Transport nach Hause auszuleihen. Der tiefe Sand auf den Wegen in Lipowka ist beim Laufen beschwerlich. Unterwegs kommen wir am Hof von Baba Luba vorbei und stellen ihr Bambino vor. »Luba, dein Hund ist doch weg.«

»Ja, ja, der hat sich amüsiert, und dann haben ihn im Winter sicher die Wölfe gefressen«, erwidert sie und winkt ab.

»Wir haben hier für dich einen guten, jungen Hund mitgebracht«, sagt Vera und zeigt auf Bambino.

»Ach, ich habe kein Glück mit Hunden. Lieber nicht. Nein, nein.« Sie schüttelt bekräftigend den Kopf und bietet uns einen Selbstgebrannten an. Es ist zwölf Uhr, und die Mittagssonne brennt heiß auf unseren Köpfen.

»Danke, Luba, aber nein. Wir müssen noch zu Kolja und dann das Gepäck holen, und wir haben eine weite Reise hinter uns«, wehrt Vera ab. »Aber willst du es dir mit dem Hund nicht überlegen? Ein Hof braucht doch einen Hund.« Bambino flaniert wie aufs Stichwort schwanzwedelnd über den Hof.

Baba Luba betrachtet ihn ernsthaft und sagt: »Der ist mir zu fröhlich, der läuft nur wieder davon.«

Mit diesem Argument haben wir nicht gerechnet. Tatsächlich: Wenn man keinen fröhlichen Hund möchte, ist Bambino definitiv nicht der richtige.

»Siehst du. Jetzt hast du ihn an der Backe, und wenn wir auf Tournee sind, kann dieses Kerlchen nicht allein zurückbleiben. Das sieht man doch«, sagt Vera und blickt ratlos auf den Hund.

»Wir werden eine Lösung finden«, entgegne ich entschieden, und ein schmerzhafter Stich durchfährt mich vor Sehnsucht nach Wanja.

Auf dem Weg vor dem Haus meines Nachbarn liegt Anton. Als er uns sieht, kommt er leise schnaufend und freudig schwanzwedelnd auf uns zu. Er drückt seinen buschigen roten Kopf an meine Beine, und ich gehe in die Hocke, um ihn zu begrüßen.

Bambino wackelt mit dem gesamten Hinterteil und leckt Anton die Lefzen. Dann wälzt er sich begeistert vor ihm auf dem Boden. Der große Anton starrt interessiert auf den kleinen Braunen und wartet, bis Bambino sich beruhigt hat. Dann wedelt auch er mit dem Schwanz und deutet eine kurze Spielaufforderung an, die ich bei Anton noch nie gesehen habe. Ich blicke sprachlos zu Vera.

»Die Dorfhunde unterwegs haben ja auch nur kurz gekläfft und dann mit dem Schwanz gewedelt«, wirft sie ein.

»Ein Charmebolzen«, sage ich auf Deutsch, denn mir fällt keine russische Entsprechung dazu ein.

Ich klopfe beim Nachbarn und frage nach Wanja. Er führt mich in den Hof, deutet auf seine lädierte Scheunentür, die eine improvisierte Reparatur aufweist, und sagt: »Durchbrochen hat er sie, als du weggefahren bist. Als ich vom Feld zurückkam, war die Tür kaputt und der Hund weg.«

»Das tut mir leid«, sage ich entsetzt – mehr über Wanjas augenscheinliche Verzweiflung als über die kaputte Tür. »Kann ich sie dir ersetzen? Hast du ihm Futter hingestellt? Wann hast du ihn das letzte Mal gesehen?«

»Das Futter hat er sich nicht mehr geholt, er ist seitdem verschwunden. Meiner hat es gefressen. Ich hab ihm dann nichts mehr hingestellt. Aber Bauer Mitja hat ihn im Wald gesehen.«

»Ja, ja, der hat gejagt, als ich ihn traf, und geknurrt, als er mich sah«, erzählt Mitja, als ich ihn aufsuche. »Gut, dass er jetzt wieder da ist, wo er herkam«, fügt er, nicht ohne einen leisen Vorwurf in der Stimme, hinzu und schaut in Richtung Wald.

Mich macht die Nachricht glücklich und unglücklich zugleich. Gut ist zu hören, dass Wanja noch selbstständig sein kann, traurig ist der Gedanke, dass ich ihn nie wiedersehen werde.

Anton hat seinen alten Platz vor meinem Haus bezogen, Bambino liegt auf dem Teppich neben meinem Bett. Noch hat er Schonzeit und darf im Haus bleiben, bis er wieder ganz hergestellt ist.

Ich bin nach der langen Reise eingeschlafen, und es dauert einen Moment, ehe ich das Hundefiepen auch außerhalb meines Traumes wahrnehme. Es ist leise, aber durchdringend. Ich schaue auf. Bambino schläft.

Wie vom Blitz getroffen springe ich hoch und lausche. Das Fiepen ist vor dem Fenster zum Hof zu hören. Durch die Gardine sehe ich einen vertrauten Kopf, und mein Herz macht einen gewaltigen Sprung.

Ich renne aus dem Haus, öffne die Hintertür und falle vor Wanja auf die Knie. Erst jetzt, als meine Anspannung abfällt, spüre ich das ganze Ausmaß meiner Angst. Ich weine und bin dann ganz stumm vor Glück. Ich werfe mich auf den Boden, Wanja wirft sich neben mich, und es wird geschmust, was das Zeug hält.

Ich will nie wieder wegfahren in diesem Moment.

Ein fremdes Bellen gerät dazwischen.

Es ist Bambino, den ich in der Aufregung ganz vergessen habe. Wanja springt auf und stellt sich knurrend vor ihn. Wenn ich bis dahin angenommen habe, Bambinos Charme bereits zu kennen, werde ich jetzt eines Besseren belehrt. Bambino legt sich so ins Zeug, dass ich ihm einen Oscar überreichen würde, wenn es so etwas für Hunde gäbe.

Er tippelt um Wanja herum wie eine Primaballerina der Sonderklasse. »Schau doch mal, wie toll ich tippeln kann«, scheint sein Blick zu sagen. Tippel hier und tippel da, immer mit genügend Distanz zum knurrenden Wanja. Dabei leckt er sich über die Lefzen und »grinst« regelrecht. Dann legt er seinen Kopf auf den Boden, während sein Hinterteil hoch in die Luft ragt.

Wanja hört auf zu knurren und setzt sich.

Bambino fühlt sich ermuntert und macht einen freudigen Sprung auf ihn zu. Wanja fängt ihn noch im Flug ab und befördert ihn mit einem Rempler zurück.

Bambino schüttelt sich, doch wirklich beeindruckt scheint

Bambino, unser Charmeur

er nicht. Er wirkt eher verdutzt, dass seine Strategie nicht verfängt. Bambino gibt noch weitere Rollen, erntet jedoch, solange er auf Distanz bleibt, von Wanja keinerlei Beachtung. Wanja ignoriert ihn sogar so vollendet, dass man meinen könnte, er hätte ihn wirklich vergessen. Ich überlege jetzt, ob nicht eher Wanja einen Oscar verdient.

Es sind sicher fünfzehn Minuten vergangen, als Bambino plötzlich mit den Vorführungen aufhört. Er legt sich hin und beginnt scheinbar zu dösen. Auch Wanja legt sich hin und lässt sich von mir den Bauch kraulen.

Schließlich schlafen wir alle drei auf dem Scheunenboden ein. Wanja und ich nebeneinanderliegend, Bambino zusammengerollt in einer Ecke. Ich denke noch: Der arme Bambino, hoffentlich fühlt er sich nicht ausgestoßen. Ich kann damals nicht wissen, dass er gerade im wichtigsten Ritual unterrichtet wird, das ein Leithund wie Wanja lehren kann.

Wir laufen nun zu viert durch das Dorf. Eine Babuschka lässt sich sogar zu der Bemerkung hinreißen: »Der Braune ist aber lustig.«

Bambino blüht jeden Tag mehr auf. Er entblößt mit Vorliebe seine makellosen Zahnreihen, sodass es aussieht, als grinse er. Mit den beiden Großen jagt er begeistert Wühlmäuse und Hasen, wobei er sich oft nicht entscheiden kann, ob er die Beute jagen oder mit ihr spielen will. Auch badet er seit seiner Entdeckung des Schwimmens begeistert im Fluss. Er hat ein heiteres Wesen und liegt bereits am dritten Abend neben Wanja auf dem Lager. Auch schafft er es, den souveränen Anton immer wieder einmal zu einem Spiel zu bewegen.

Ich schaue zu und wünsche mir, dass das Leben in diesem Moment anhält, so schön ist es.

# Husar

Eines Abends klopft Baba Mascha bei mir.

»Du kümmerst dich doch um Hunde. Du musst mitkommen. Mein Sohn hat mir einen echten Deutschen Schäferhund dagelassen, der ist ganz teuer. Ich soll ihn ein paar Monate füttern, dann holt er ihn wieder ab. Er frisst aber nichts und liegt nur da. Wenn er stirbt, verzeiht mein Sohn mir das nie«, erzählt sie aufgebracht.

»Was gibst du ihm denn?«, frage ich interessiert.

»Sogar Hirse!«, antwortet Baba Mascha und schlägt sich beteuernd vor die Brust.

Ich nehme eine Tüte des eingeschweißten Nassfutters aus meiner Truhe, das ich achtzehn Kilometer weit geschleppt habe, und folge Mascha zu ihrem Haus.

Im Hof liegt ein junger Schäferhund. Er hat den Kopf abgelegt und hebt ihn auch nicht, als wir den Hof betreten. Er starrt stumpf vor sich hin, und ich verstehe bei seinem Anblick Maschas Befürchtungen. Neben ihm steht ein Napf mit verklebter, sich bereits nach oben wellender Hirsepampe.

Ich öffne die mitgebrachte Tüte mit den Zähnen, und mit einem lauten Zischen entweicht der Duft ihres Inhaltes.

Nach einer winzigen Verzögerung hebt der junge Hund ruckartig den Kopf, blickt in meine Richtung, springt auf und kommt zu mir. Ich drücke den Inhalt der Tüte auf dem Hof aus, und der Hund stürzt sich noch beim Ausleeren auf den Fleischschatz.

Baba Mascha bekreuzigt sich.

Ich mache ihr deutlich, dass Hirse nicht die allererste

Wahl für einen Hund aus der Stadt ist, und empfehle ihr Fisch oder Fleisch. Dann gehe ich.

Am Abend klopft es erneut. Baba Olga steht vor der Tür.

»Maja, Mascha hat erzählt, dass du eine Wundermedizin für den kranken Hund hattest.« Sie blickt mich erwartungsvoll an.

Ich nicke.

Sie schaut sich mehrfach um, und als niemand zu sehen ist, raunt sie mir zu: »Ich bin auch krank!«

Natürlich ist die Medizin leider alle.

Nach zwei Monaten klopft Mascha wieder bei mir.

»Maja, mein Sohn ist da und will den Hund nicht mitnehmen, weil er sagt, dass der Hund nichts taugt.« Sie schaut nach unten und fügt kleinlaut hinzu: »Wenn du ihn nicht haben willst, erschießt er ihn.«

Ich folge ihr und lerne den Sohn kennen. Es wird ordentlich aufgetafelt, und der Sohn ist wie jeder typische Russe beim Feiern lustig, aufgeräumt und guter Dinge.

*»Dawai«*, sagt er, hebt das Wasserglas mit Wodka, und wir leiten die erste Runde ein.

»Was ist denn mit dem Hund?«, wage ich nach diesem Stimmungsaufheller zu fragen.

»Blöd ist er«, antwortet der Sohn. »Seltsam ist er. Und er hat *Pustota* (Leere) im Kopf.«

Nach drei Stunden gehe ich mit zu viel Wodka im Blut und einem Hund mehr nach Hause.

Ich halte den Hund an einem Strick. Wanja, Anton und Bambino wühlen sich unter Maschas Haus hervor. Verängs-

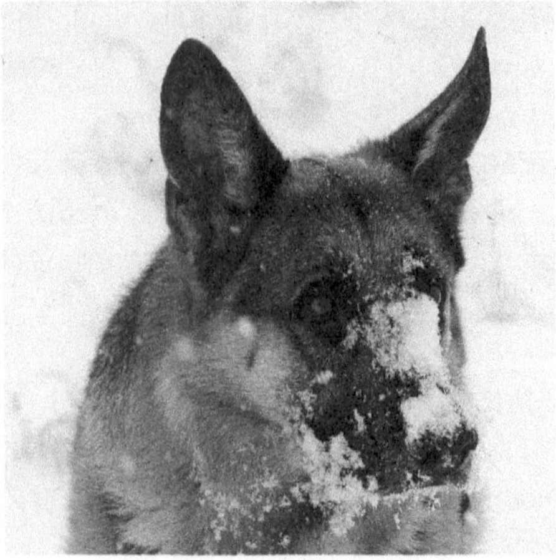

Husar, die andere Hälfte von Anton

tigt duckt sich der Hund hinter meine Beine. Wanja schnüffelt sehr kurz an ihm, Bambino geht begeistert in mehrere Spielaufforderungen, und Anton steht einfach da.

Als der Hund merkt, dass niemand ihn angreift, fällt sein Blick auf Anton. Konzentriert schaut er ihn an. Irgendetwas scheint in ihm vorzugehen.

Seine Pupillen weiten sich, er tapst vorsichtig in Antons Richtung, setzt sich genau vor ihn, wedelt mit dem Schwanz, und ich weiß nicht, ob es an meiner Verfassung liegt oder an dem Hund, aber es sieht tatsächlich so aus, als schiele er vor Liebe.

Anton schaut unbeeindruckt geradeaus, lässt jedoch zu, dass der Neue ihm von nun an auf Schritt und Tritt folgt wie ein Entchen, das gerade seine Mutter erblickt hat. Auch wenn der Name nicht zu seinem Wesen passen wird, nenne ich ihn aufgrund seiner stattlichen Erscheinung Husar.

## Laska

Eines Morgens ist Wanja verschwunden. Ich suche ihn drei Tage zusammen mit Anton, Husar und Bambino. In dieser Zeit gibt es immer wieder Ärger zwischen den Hunden. Ich spüre ihre Unruhe und die fehlende Struktur im Rudel. Zum ersten Mal sehe ich, welch wichtigen und guten Job Wanja als Leithund macht.

Die Aktionen gehen immer von Bambino aus, der damit beginnt, den beiden Großen auf der Nase herumzutanzen. Er legt sich auf ihre Plätze, geht ihnen, während sie schlafen, mit herbeigeholten Stöcken auf die Nerven und hat auch sonst allerlei Einfälle, die für Unruhe sorgen.

Husar schaut bei einer unerwünschten Attacke von Bambino hilflos zu Anton.

Anton knurrt zwar, ist jedoch in seiner Abwehr viel zu lasch für den quirligen Bambino. Mir fällt auf, dass Anton viel sicherer und bestimmter auftritt, wenn Wanja dabei ist. Jetzt wirkt er überfordert und weicht eher aus, als dass er Bambino Grenzen setzt.

Ich hole wieder das Milchkännchen mit Wasser, und Bambino wird ein paarmal nass, ehe Ruhe einkehrt.

Ich habe die schlimmsten Szenarien vor Augen, und ihre Hauptfigur ist immer Wanja.

Am Mittag des vierten Tages stellt mir Wanja den augenscheinlichen Grund seines Wegbleibens vor. Es ist eine wunderschöne, reinrassige Huskyhündin, die ich zuvor schon im Nachbardorf an einer Kette gesehen habe. Er kommt mit ihr in den Hof und begrüßt mich. Die Schöne aus dem Nachbarort hält sich neben ihm. Ich blicke auf das Paar, und das Paar blickt auf mich.

Ich weiß nicht, ob ich lachen oder weinen soll. Ich muss dem Bauern im Nachbardorf erklären, dass seine Hündin gefreit wurde und vorerst nicht mehr seinen Hof bewacht. Ausgerüstet mit Luftmatratze und Selbstgebranntem wandere ich nach Demuschkina.

Kurz vor dem Haus des Bauern setzt sich die Huskyhündin hin. Sie hat ein Kettenhalsband um, und ich greife danach, um sie zum Weiterlaufen zu bewegen. Sie schreit wie unter großen Schmerzen auf, obwohl ich noch gar nicht richtig zufassen konnte, und schnappt nach meiner Hand. Auf dem Hof des Bauern sehe ich die Kette liegen, an der sie lebte. Hier in Demuschkina werden die Hunde mit Abfällen versorgt und dürfen sich nicht frei bewegen wie die Hunde in Lipowka.

Ich klopfe.

Der Bauer sieht mich, das Rudel, seine Hündin und schreit: »Da bist du ja, du Rumtreiberin!«

»Es tut mir sehr leid, aber das ist wohl Liebe zwischen den beiden«, versuche ich ihn zu besänftigen und zeige auf Wanja, der neben Laska steht.

»Liebe! Was für ein romantischer Schwachsinn soll das denn sein? Bei euch in Deutschland gibt es so was vielleicht. Hier gibt's nur Arbeit.«

Ich entscheide mich dagegen, den Selbstgebrannten hervorzuholen, weil ich spüre, dass ich den falschen Ton getroffen habe.

Der Bauer geht auf die Hündin zu, um sie am Halsband zu greifen – und sie läuft schnurstracks davon. Wanja hinterher. Als sich ihr der Bauer erneut nähert, beginnt Wanja zu knurren. Die Sache spitzt sich zu.

»Nimm den Köter weg«, ruft der Bauer beleidigt. Ich rufe Wanja, der sofort herankommt, den Bauern jedoch nicht aus den Augen lässt. Der Bauer spürt, dass er sich lächerlich machen könnte, wenn er weiter erfolglos seine Hündin jagt. Er macht auf dem Absatz kehrt und geht ins Haus. Ich bin verblüfft über diese schnelle Kapitulation und kann unser Glück kaum fassen, da öffnet sich die Haustür, und der Mann erscheint mit einem Gewehr. Ich werde blass bis ins Herz.

»Was haben Sie vor?«, schreie ich panisch. Er schaut mich nicht einmal an.

»So, du Miststück, jetzt knall ich dich ab!«, brüllt er und nimmt seine Hündin ins Visier. »Und den bissigen Bastard gleich noch mit«, fügt er drohend hinzu und blickt zu Wanja.

Ich renne auf ihn zu, halte das Gewehr fest und schreie: »Da müssen Sie mich aber auch erschießen«, was in meinem noch ungelenken Russisch sicher eher klingt wie: »Dann mich auch peng.«

Ich spüre die Wut des Bauern und ahne, dass ich so nicht weiterkomme. Außerdem habe ich schreckliche Angst. Ich greife zum äußersten Mittel. »Ich könnte Ihnen den Hund abkaufen. Ich habe Dollar.«

Ich möchte keinen falschen Eindruck von der Seele eines russischen Bauern vermitteln, denn ich habe wunderbare kennengelernt, doch dieser Mann hier sieht mich an, als hätte ich einen Zauber ausgesprochen.

Laska, die rechte Pfote von Wanja

»Dollar?«, fragt er ungläubig. Wir schreiben das Jahr 1993, und zu diesem Zeitpunkt hat der Dollar den Ort Demuschkina noch nicht erreicht.

»Wie viel?«, fragt er, als ich nicke.

»Fünfundzwanzig«, versuche ich mein Glück.

Der Bauer lässt das Gewehr sinken und strahlt. »Fünfundzwanzig«, wiederholt er zärtlich. »Abgemacht.« Er streckt mir die Hand entgegen.

Zurück in Lipowka taufe ich die Hündin Laska, denn sie ist sanft und wesensstark. *Laska* bedeutet »Zärtlichkeit«. Als ich sie das erste Mal berühren darf und an ihr Halsband komme, schreit sie wieder auf, läuft aber nicht davon. Ich taste mich vorsichtig durch ihr dickes Fell. Das Band ist in den Hals gewachsen. Der Bauer hat es ihr offenbar schon angelegt, als sie noch jung war, und nie gewechselt. Halsbänder wachsen nicht mit.

Mir wird übel vor Mitleid, und ich bin ratlos, wie ich Laska davon befreien könnte. Einen Tierarzt gibt es in der ganzen Gegend nicht mehr. Er ist genauso weggezogen wie der Pfarrer und der Arzt. Die Bauern helfen den Tieren selbst.

Dann fällt mir Jura ein. Er ist leitender Arzt und Chirurg in einem kleinen Krankenhaus in Demuschkina. Er und seine Frau Tamara sind meine besten Freunde. Die beiden haben elf Kinder. Neun davon sind adoptiert. Alle adoptierten Kinder haben schwerste Misshandlungen hinter sich, was ihnen dank der großen Fürsorge von Jura und Tamara heute niemand mehr anmerkt. Die Kinder sind meine Patenkinder, und jedes einzelne von ihnen ist wunderbar. Sie kommen mich oft in Lipowka besuchen, und mein Haus gleicht dann einer Jugendherberge. Zu viert schlafen die Größeren im großen Bett. Die Kleineren zu dritt im kleinen, und der Rest der Bande liegt auf Matratzen auf dem Boden. Der Küchenofen ist der begehrteste Platz, denn da darf man allein liegen. Allein in einem Raum zu sein bedeutet einen so großen Luxus für diese Kinder, dass sie sich darum streiten.

Jura als Chirurg könnte uns helfen und Laska von dem eingewachsenen Halsband befreien. Anrufen kann ich ihn nicht, denn das einzige Telefon in Lipowka ist kaputt, also mache ich mich auf den Weg.

Ich sperre alle Hunde in den Hof und nehme nur Wanja und Laska mit. Der sonst so menschenscheue Wanja liebt Juras Kinder sehr. Sie dürfen ihn kraulen und mit ihm schmusen, dass es eine wahre Freude ist. Alle Kinder gehen sehr ruhig mit Tieren um. Hier verwechselt niemand ein Tier mit einem Kuscheltier. Das mag vielleicht daran liegen, dass die Kinder noch nie ein Kuscheltier hatten, vermutlich aber eher daran, dass sie gelernt haben, auf andere Wesen zu achten. Sie selbst halten einen riesigen Bernhardiner, der seine Tage als Untermieter unter dem Küchentisch verbringt und offene Türen auf die Straße oder zum Garten hin hartnäckig ignoriert.

Die ganze Familie ist zu Hause, als wir gegen 17 Uhr ankommen. Sofort wird das Wenige, was da ist, einladend aufgetafelt, und zu vierzehnt sitzen wir um den riesigen Küchentisch – inklusive Bernhardiner im Fußbereich. Wanja und Laska liegen im Vorraum, und ich berichte von Laskas Unglück. Puschkin, ein zehnjähriger Lockenkopf, der diesen Spitznamen seiner Haarpracht verdankt, fängt sofort an zu weinen. Auch die anderen sind sehr betroffen, und der Mentalitätsunterschied zu den Bauern ist sofort spürbar.

Jura und Tamara kommen aus einer Stadt in Moldawien und sind gebildet in Bereichen, die man auf dem Land nicht braucht. Hier auf dem Land sind die Bauern in Dingen gebildet, die lebensnotwendig sind. Was sie über Natur, Anbau, Ernte, Nahrungsverwertung und Tiere wissen, weiß niemand von uns. Ohne die Bauern hätten wir kein Essen. Nichts. Wir wären völlig hilflos. Aber auch wenn wir sie für diese Fähigkeiten bewundern, ist es schwer, sich an ihre Einstellung Tieren gegenüber zu gewöhnen.

»Ja, die Huskyhündin vom Andrejew, die war immer an der Kette, und er hat sie im Suff auch geschlagen«, erzählt Jura. »Übrigens bekommst du für fünfundzwanzig Dollar schon ein Fohlen, und ein Pferd gilt hier etwas«, fügt er hinzu.

»Gut, dass du sie gerettet hast«, ruft Tonja, die Kleinste, begeistert.

»Eigentlich hat Wanja sie gerettet«, erwidere ich und erzähle die Geschichte.

»Bring Wanja doch mal ein Stück Wurst«, schlägt Anton, der Zweitälteste, vor. Wurst ist etwas ganz Kostbares, und der Bernhardiner unter dem Tisch hat sicher noch nie etwas davon bekommen.

»Kannst du Laska denn helfen?«, frage ich Jura.

Er nickt und wischt sich den Mund ab. »Ich hole aus dem Krankenhaus, was ich brauche, und ihr macht den Wohnstubentisch sauber, legt eine Wachstuchdecke darauf, bringt Bettlaken und setzt Wasser auf.«

Ich frage, ob ich bei der OP dabei sein muss, denn obwohl ich einmal eine Ausbildung zur Krankenschwester begann, wird mir schlecht beim Anblick von Blut bei mir vertrauten Lebewesen. »Ja, ich brauche dich«, sagt Jura.

Ich möchte hier gar nicht wiedergeben, wie die OP auf dem Wohnstubentisch von Jura abläuft. Auf jeden Fall ist sie furchtbar, und ich schaue, so oft es geht, zur Decke. Nachdem die letzten Stiche genäht sind, erwacht Laska lange nicht aus der Narkose. Wir beginnen uns Sorgen zu machen, und Jura will bereits weitere Medikamente aus dem Krankenhaus holen, als sie endlich die Augen aufschlägt und wieder bei uns ist.

Weil sie sehr schwach wirkt, übernachten wir im Haus meiner Freunde auf dem Wohnzimmerboden.

Laska ist eine große Bereicherung für das kleine Rudel. In ihrer Sanftheit besitzt sie – wenn nötig – auch eine große Bestimmtheit. Wenn Bambino zum Beispiel jede Distanz verliert und allen auf die Nerven fällt, stellt sie sich einfach vor ihn hin und blickt ihn an. Bambino kratzt sofort die Kurve und legt sich irgendwo auf einen geschützten Platz unter das Haus oder hinter einen Vorsprung. Ich kann nicht erkennen, dass Laska irgendetwas anderes tut, als ihn anzuschauen.

Jura entdeckte während seiner Untersuchung, dass sie eine Kastrationsnarbe hat. Sicher landete sie deshalb für wenig Geld auf dem Land. (In Russland herrscht zu dieser Zeit noch die Meinung, dass ein Rassehund nach der Kastration nichts mehr wert ist.) Für mich ist das natürlich ein Glück. Was würde ich mit den Welpen tun? Ich habe mich in den letzten Monaten gerade an die Anwesenheit von fünf Hunden gewöhnt. Noch mehr davon würden mich überfordern, denke ich, nicht ahnend, dass die Wege, auf denen weitere Hunde zu mir kommen, noch überraschender sind als ein Wurf Welpen.

## Grenzen setzen

Alle Hunde in Lipowka bleiben bei ihren Menschen, obwohl sie nur selten von ihnen beachtet werden. Sie gehen nach Herzenslust ihrer Natur nach, indem sie territoriale Grenzen sichern, jagen, dösen, herumstromern und – je nach Sympathie – miteinander spielen.

Keiner der Bauern hat je etwas von Handfütterung, Bindungsaufbau oder Grundsätzen der Hundeerziehung gehört. Alle Hunde jedoch gehorchen ihnen. Die Bauern machen sich über die Art der Erziehung keinerlei Gedanken, vielleicht weil die Gedanken allgemein in Lipowka erst nach den Taten kommen. Man handelt hier nach Gefühl und aufgrund von langer Erfahrung.

Wenn eine Bäuerin ihren Hund ruft, dann tut sie dies nicht, weil sie Sehnsucht nach ihm hat, herausfinden will, ob er gehorcht, oder weil sie Angst hat, er könnte weglaufen. Sie ruft ihn nur, wenn es wirklich nötig ist.

Damit benehmen sich die Lipowkaer ähnlich wie die Hunde selbst. Wanja schaltet sich nur ein, wenn es wirklich nötig ist. Ansonsten kann jeder der Hunde tun und lassen, was er will.

Das ist für mich eine Entdeckung.

Ich bin aufgewachsen mit einer Foxterrierhündin, Berry, die von meinem (später abgewanderten) Vater täglich mit Exerzierübungen beschäftigt wurde. Das »Sitz« musste zackig erfolgen. Am Straßenrand hatte sich das Tier ohne

Ausnahme hinzusetzen, auch wenn dort eine tiefe Pfütze lauerte, über der der kleine Hundepopo zitterte. Die Hündin wurde so lange angeschnauzt, bis sie den Popo ganz hineinsetzte. Dieses strenge Abrichten führte dazu, dass die Hündin zwar auf meinen Vater hörte, jedoch Angst vor ihm hatte und nur selten von alleine seine Nähe suchte.

Mein Vater liebte Hunde. Er war nur einfach der Ansicht, dass er keine Schlamperei durchgehen lassen dürfe, weil dies seiner Autorität schade. Dass die Hündin trotz seiner guten Erziehung viermal die Woche im Wald auf Hasenjagd ging und uns stundenlang warten ließ, änderte nichts an der Meinung meines Vaters, dass das Exerzieren dieses Verhalten irgendwann ändern könnte.

Einmal warteten meine Mutter und ich viele Stunden auf die jagende Hündin, und meine Mutter hatte die Nase voll. Sie war so wütend, dass wir ohne Berry nach Hause gingen. Dennoch stand sie mit mir am Fenster und blickte angstvoll wartend auf die Brücke der Antonienstraße in Leipzig-Schleußig, hinter der sich der Wald »das Küchenholz« befand.

Nach langen und bangen Minuten kam Berry aus dem Wald. Sie ging zielstrebig über die Brücke, reihte sich an der Ampel in eine Fußgängergruppe ein, machte brav »Sitz« und lief über die Straße, als alle über die Straße liefen.

Mein Vater wäre sehr stolz gewesen, hätte er diese Früchte seiner Erziehung gesehen. (Die natürlich nichts daran änderten, dass die Hündin stiften ging, wann immer sie einen Hasen sah.)

Berry, meine Mutter und ich

Ich vermute, dass ich ohne diese Kindheitserlebnisse auch selbst bestrebt gewesen wäre, Wanja »Sitz« und »Platz« beizubringen, einfach deshalb, weil ich aus einer Kultur komme, in der dieser Umgang mit einem Hund üblich ist. Weil mich die Strenge, mit der mein Vater herrschte, jedoch abstieß, wandte ich mich dem anderen Extrem der Sanftheit und Regellosigkeit zu.

Es ist wie so oft bei einem Protest: Solange man noch keine eigene Haltung besitzt (schon deshalb, weil man noch mit dem Protest gegen etwas anderes beschäftigt ist), bleibt nur die Wahl der ebenso extremen Gegenseite.

Vera und ich sitzen in meinem Haus und essen Abendbrot.

Die Hunde liegen im Hof, Wanja ist bei uns. Er stellt sich vor Vera hin und beginnt zu betteln. Ein hypnotisierender

Blick, gepaart mit rudernden Schwanzbewegungen, begleitet den Versuch.

Vera sagt: »*Paschol!*« (»Verschwinde!«), und macht eine wegscheuchende Handbewegung in seine Richtung.

Wanja rührt sich keinen Zentimeter und verstärkt seine Bemühungen mit einem noch heftigeren Schwanzwedeln.

Vera legt ihre Gabel auf den Teller, steht auf, zeigt mit dem ausgestreckten Zeigefinger auf den Hund, beugt sich gebieterisch über ihn und sagt: »*Mjesto!*« (»Platz!«)

Wanja springt sie an.

»*Mjesto!!*«, ruft Vera energischer und schubst Wanja zurück.

Er hebt die Lefze.

Vera greift sich einen Holzrührlöffel aus der Pfanne vom Tisch, baut sich mit erhobenem Rührlöffel vor ihm auf und sagt mit Grabesstimme: »*Mjeeesto!*«

Bevor Wanja reagieren kann, bin ich aufgesprungen und will sagen: »Hör mal, mein Hund hat hier nicht ›Platz‹ zu machen. Solche Zirkuskunststückchen muss er nicht lernen. Welches Recht haben wir Menschen, Tiere so zu bevormunden?!« Heraus kommt aber wohl ungefähr: »Hör mal, kein ›Platz‹, das Zirkussache, nur weil du Mensch, du nicht Kommandeur über Tier.«

Vera versteht inzwischen mein Anfängerrussisch. »Ein Hund hat zu gehorchen«, entgegnet sie aufgebracht.

»Ein Hund hat gar nichts zu machen!«, rufe ich – empfindlich an meiner wunden Stelle aus der Kindheit getroffen – ebenso aufgebracht zurück.

»*Wanja, mjestooo!!*«, blafft Vera stinksauer.

Wanja geht weg und legt sich in eine Zimmerecke.

Vera lässt verblüfft den Löffel sinken und setzt sich wieder hin. Meine Erregung bleibt ziellos in der Luft hängen, und ich starre auf den am Boden liegenden Hund, von dem ich mich verraten fühle in meiner Bemühung, ihm die Freiheit zu erhalten.

Vera tut, was beinahe jeder Russe tut, wenn er beschwichtigen und einen Konflikt aus dem Weg räumen will: Sie schiebt mir mein Likörglas gefüllt mit Wodka entgegen, hebt ihr eigenes Glas und sagt: »*Dawai Majetschka*, dein Essen schmeckt wunderbar.«

Wir vermeiden in Zukunft dieses Thema, es wird jedoch bald eine Situation geben, in der ich mich ihm erneut stellen muss.

In einem Rhythmus von sechsundachtzig Tagen ist jeder Lipowkaer einmal an der Reihe, die Schafe und Ziegen zu weiden.

Der Hirte oder die Hirtin sammelt am Morgen im ganzen Dorf die kleinen Herden der einzelnen Höfe ein und bringt sie abends wieder zurück. Viele haben jedoch große Mühe, die weite Strecke zu laufen, die die Tiere zurücklegen, um genügend nahrhaftes Gras zu finden. Deshalb bestechen die Babuschkas gern die letzten überlebenden Djeduschkas mit Selbstgebranntem, damit einer von ihnen ihren Dienst übernimmt. Natürlich finden sich immer ein paar Willige – oder Süchtige, je nachdem, wie man es betrachtet.

Was bei einem Hunderudel der Leithund ist, ist bei einer kleinen Schafsgruppe in Lipowka eine Ziege. Wenn die große Herde am frühen Abend ins Dorf zurückkehrt, schert die Leitziege im richtigen Moment aus und führt die jeweilige Schafsgruppe zum heimatlichen Hof. Jede Leitziege heißt »Katja«.

Im ganzen Dorf stehen also Bäuerinnen mit einem Stück Brot in der Hand an ihrem Tor und rufen: »Katja, Katja, Kat… Katja, Katja, Kat… !«

Meine Frage, warum nicht jede Ziege zur Vereinfachung einen anderen Namen trägt, wird nicht verstanden. »Aber ›Katja‹ ist doch Tradition im Dorf«, erfahre ich von Baba Tasja.

Dies wird mir noch verdeutlicht, als ich die vor sechzig Jahren zugezogene Baba Pascha nach ihrer Ziege rufen höre: »Malyischka, Malyischka, Malyischka!«, ruft sie jeden Nachmittag ungerührt zwischen all den »Katja«-Rufen um sich herum. In ihrem Dorf, Kadem, gibt es eben andere Traditionen.

Mir gefällt an Pascha, dass sie nicht versucht, eine »Hiesige« (wie man es nennt) zu sein, obwohl sie bereits den größten Teil ihres Lebens hier gelebt hat. Sie besteht auf ihren eigenen Wurzeln. Davon lerne ich viel für mich als Fremde in Russland.

Einige Schafe besitzen keine Leitziege. Oft irren diese Tiere verzweifelt mähend durch das ganze Dorf. Irgendwo trifft man dann auf eine suchende Babuschka und beschreibt, wo man die Tiere zuletzt gesehen hat. Die alten Frauen sind nach einem langen Arbeitstag müde, und die Suche nach den Schafen kostet sie die letzte Kraft.

Wenn die Ziegen und Schafe kommen, sperre ich die Hunde in den Hof, damit sie die Tiere nicht erschrecken und diese davonrennen.

Die Herde kehrt heim

Eines Tages jedoch, ich repariere gerade meine Scheunentür, verpasse ich den Augenblick, und als ich aufblicke, sehe ich bereits eine Sandwolke auf uns zukommen. Schnell rufe ich Wanja und die anderen Hunde, die auf dem Weg liegen, um sie in den Hof zu sperren.

Wanja starrt auf die Sandwolke, die durch die Hufe der Tiere aufgewirbelt wird, schaut bei meinem Rufen ganz kurz zu mir und startet dann durch. Alle Hunde jagen hinterher, bis auf Laska, die auf mein Rufen hin wieder umgekehrt ist. Sie tauchen in der noch etwa dreihundert Meter entfernten Sandwolke unter, und ich sehe einzelne Tiere aus ihr herauslaufen und panisch in alle Richtungen flüchten.

Die Sandwolke löst sich auf.

Wanja, Husar, Anton und Bambino verfolgen die Tiere noch ein paar Meter und kommen dann auf mein Rufen hin endlich zu mir zurück. Mit durchgedrückten Gelenken und hoch aufgerichtetem Schwanz stolziert Bambino heran, Wanja läuft fröhlich schwanzwedelnd auf mich zu und gibt mir mit der Schnauze einen freundschaftlichen Handstüber, Anton setzt sich ruhig neben mich. Ich bin nicht in der Lage, ihre Freude zu erwidern, denn mir ist sofort klar, dass wir jetzt ein riesiges Problem haben.

*»Paschli!«* (»Verschwindet!«), rufe ich und zeige in Richtung Hof.

Die vom Tagwerk erschöpften Bauern und ich sind viele Stunden unterwegs, bis wir die letzten Tiere gefunden und zu ihren Höfen gebracht haben. Das halbe Dorf ist auf den Beinen. Niemand spricht mit mir.

Mir ist schlecht vor schlechtem Gewissen. Ich habe Angst vor den Folgen, jetzt, wo sich gerade alle an die Hunde gewöhnt haben.

Am späten Abend stehen vier Bauern vor der Tür. Die Hunde scheinen zu spüren, dass Gefahr in der Luft liegt, denn im Gegensatz zu sonst zeigt heute keiner mit Gebell die »Eindringlinge« an. Das ist ihre Rettung.

»Wo sind die Köter!?«, will Bauer Wassili wissen und fuchtelt mit dem Gewehr herum. »Sie bringen nur Ärger!«, ruft er aufgeregt. Seine Augen suchen die Hunde.

Die liegen in ihren Kuhlen unter dem Haus. Auch Wanja. Ich war heute Abend so wütend auf ihn, dass ich ihn nicht mit hineinließ.

Ich bin betroffen, denn ich verstehe den Ärger der Bauern voll und ganz. Ebenso erschrocken bin ich über die Entschlossenheit, mit der sie ihr Vorhaben ausdrücken. Ich bitte sie herein, biete reichlich Wodka an und schwöre, dass die Hunde nie wieder ein Schaf erschrecken werden oder ein Huhn oder sonst irgendetwas aus dem Dorf. Dann bitte ich sie um eine Frist.

Die Bauern lassen sich für den Moment beruhigen. »Wenn die Hunde noch einmal ein Tier angehen, sind sie tot«, verabschieden sie sich.

Ich liege wach in dieser Nacht. Wäre Wanja gekommen, als ich ihn rief, hätte ich das Unglück abwenden können. Sicher wären die anderen auch geblieben, wenn er geblieben wäre. Mir wird plötzlich klar, dass doch etwas nötig ist, das der von mir so abgelehnten (weil strengen) Erziehung gleichkommt. Ich fühle mich ohnmächtig und schlecht damit, dass Wanja nicht auf mich hört, wenn es tatsächlich nötig ist.

Ich muss etwas ändern.

Am Morgen backe ich Eierkuchen nach eigenem Rezept (mit Zwiebeln und Gewürzen), lasse die Hunde im Hof und gehe durch das Dorf. Ich klopfe bei allen Bauern, die gestern mit auf der Suche waren, bitte um Entschuldigung und erkläre, dass es solch einen Vorfall nie wieder geben wird.

Als ich bei Baba Mascha klopfe, schlägt ihr Hund an.

Sie öffnet mir die Scheunentür, ich gehe in den Hof, der Hund schießt auf mich zu und bellt so ohrenbetäubend, dass wir unser eigenes Wort nicht verstehen. Die schmächtige kleine Mascha ruft energisch: »*Tschert ticho!*« (»Ruhe, verdammt!«)

Der Hund springt zwei Meter zurück, bellt jedoch weiter.

Sie bückt sich, hebt ein Stück Holz auf, das neben ihr auf

dem Boden liegt, und wirft es nach dem bellenden Hund, ohne ihn zu treffen.

Der winselt kurz auf und rennt in seine Hundehütte. Ruhe.

Als ich Baba Mascha nach drei Minuten verlasse, läuft sie mit dem Wasserträger los, um zum Brunnen zu gehen. Der Hund kommt aus seiner Hütte, blickt die Bäuerin freudig ergeben an und begleitet sie schwanzwedelnd. Mascha würdigt ihn keines Blickes. Nicht weil sie ihn nicht mögen würde, sondern weil sie zu tun hat und der Hund für sie eine Selbstverständlichkeit in ihrem Leben darstellt, genau wie die Birken, die um ihr Haus stehen und die sie auch nicht jedes Mal aufs Neue würdigt.

Mich verblüfft die Tatsache, dass es für den Hund, der gerade gemaßregelt wurde, offenbar die größte Freude darstellt, Mascha begleiten zu können. Sein Verhalten rüttelt an meiner Vorstellung, dass andere Wesen einen nur mögen, wenn man immer freundlich zu ihnen ist.

Ich selbst bin zu dieser Zeit oft noch so verstört, wenn mich jemand zurechtweist, dass ich automatisch denke, es ginge allen anderen ebenso. »Jetzt wird es nie wieder gut«, ließe sich mein Gefühl der Angst untertiteln, wenn mich jemand auf einen Fehler hinweist oder mir eine Grenze setzt.

So habe auch ich ein schlechtes Gewissen, wenn ich die Hunde etwas lauter auffordere, dieses oder jenes zu lassen – sie könnten mich danach ja nicht mehr mögen. Zum ersten Mal kommt mir die Idee, dass es vielleicht mein eigenes schlechtes Gewissen ist, das meine Hunde danach noch länger mit eingeklemmtem Schwanz herumlaufen lässt, und nicht die Grenzsetzung selbst. Die Babuschka dagegen zeigte überhaupt keine Emotion, als sie das Holzstück warf. Sie tat einfach, was in ihren Augen zu tun war. Punkt.

Ich beginne immer mehr in Betracht zu ziehen, dass Grenzsetzungen mitunter nötig sind. Es ist mir jedoch ein Rätsel, wie ich diese bei den Hunden durchführen kann, ohne immer mit einem Wasserkännchen ausgerüstet zu sein oder wie die Babuschka mit einem Holzstück zu werfen.

Am Abend herrscht im Hof Unruhe. Ich höre Bambino fiepen und einen der größeren Hunde in kurzen Tönen bellen. Ich gehe nachschauen.

Bambino nimmt gerade einen Stock ins Maul und rennt damit triumphierend auf und ab. »Ganz zufällig« lässt er ihn neben Anton fallen, der sich normalerweise auch sehr für Stöcke interessiert. Anton jedoch legt den Kopf ab und blickt in eine andere Richtung. Mit übertrieben großen Kieferbewegungen beginnt Bambino nun auf dem Stock herumzukauen.

Während Anton den Halbstarken einfach souverän und beiläufig im Auge behält, verrät der unerfahrene Bambino seine Absichten durch einen ständig hin und her wandernden Blick. Schließlich hält er die offensichtliche Spielabfuhr nicht mehr aus und springt mit einem Satz so über Anton hinweg, dass dieser erschrocken hochfährt und sich nach dem wilden Watz umblickt.

Ah, das hat funktioniert, scheint sich Bambino zu sagen und rennt erneut auf Anton zu.

Dieser hebt deutlich warnend die Lefze, doch Bambino gelingt es noch einmal, über Anton hinwegzufegen. Dieses

Mal setzt Anton hinterher, rempelt Bambino mit dem Kopf in die Seite, wirft ihn auf den Rücken und stellt sich ruhig über ihn. Dabei schaut er nicht auf den verdatterten Bambino, sondern blickt starr geradeaus. Er wartet, bis Bambino sich restlos beruhigt hat und auch dessen Schwanzspitze endlich Ruhe gibt. Dann geht er weg, um sich entspannt in den Sand zu legen. Bambino steht auf, schüttelt sich und geht schnüffelnd über den Hof.

Eine Viertelstunde später sehe ich, wie Bambino neben Anton liegt und schläft.

Auch hier nehme ich dieselbe Situation wie bei Baba Mascha und ihrem Hund wahr. Es gab eine Grenzsetzung, danach aber ist sofort alles wieder gut.

Jetzt erst bemerke ich, dass ich noch immer wütend bin auf Wanja, weil er gestern nicht kam, als ich ihn rief. Auch ließ ich nach der Aktion mit den Schafen keine Konsequenz folgen, wie Anton es eben bei Bambino tat. Ich dachte, es sei schon zu spät dafür, und hätte auch gar nicht gewusst, was ich, außer zu schimpfen, hätte tun können. Meine Erfahrungen mit Grenzsetzungen sind völlig anderer Art. Maßregelungen, die mir widerfuhren, hielten tagelang an, und ich wusste nie, wann und ob überhaupt es jemals wieder gut sein würde.

Im Vergleich zu Hunden scheinen wir Menschen oft genau entgegengesetzt zu agieren. Wir versuchen, die Harmonie so lange wie möglich aufrechtzuerhalten, und wenn die Situation dann nicht mehr auszuhalten ist, weil sie auf unsere Kosten geht, kracht es. Dann aber so nachhaltig, dass es uns schwerfällt, die dadurch entstandene schlechte

Stimmung wieder aufzuhellen. Die Leichtigkeit, mit der die Hunde sofort nach einer Grenzsetzung wieder miteinander umgehen, imponiert mir in höchstem Maße.

In den folgenden zwei Tagen beobachte ich genauer, wie die Hunde sich untereinander Grenzen setzen.

Es sind immer wieder dieselben Abläufe: strenger Blick und/oder Lefzen heben und/oder knurren. Danach eine Konsequenz, wenn die Warnung nicht gewirkt hat, wie kurzes Schnappen, Rempler, über die Schnauze beißen, auf den Rücken werfen, darüberstellen oder den Weg versperren.

Danach sendet der, der eine Grenze gesetzt hat, sofort eine freundliche Geste, wie über die Schnauze lecken, sich strecken, den Blick abwenden oder sich entspannt hinlegen. Erledigt.

Es ging nicht darum, die Beziehung aus dem Gleichgewicht zu bringen, sondern nur darum, diese Grenze zu setzen.

Am dritten Tag beschließe ich, meinen Ehrgeiz nicht mehr darauf zu konzentrieren, die Schafe rechtzeitig zu entdecken, sondern darauf, dass meine Hunde – genau wie die übrigen Dorfhunde – alles in Ruhe lassen, was in Lipowka lebt.

Ich setze mich kurz vor 17 Uhr vor mein Haus. Ein Schrubber lehnt neben mir. Wanja liegt vor mir. Die anderen Hunde habe ich erst einmal in den Hof gesperrt. Mir erscheint es sinnvoll, zuerst dem Leithund eine Grenze zu setzen. Ich bin aufgeregt.

Als die erste Sandwolke zu sehen ist und Wanja aufspringt, trete ich vor ihn und rufe: »Hej!«

Wanja blickt mich überrascht an.

Die Wolke nähert sich, und das Trappeln der Tiere wird hörbar.

Sein Blick verändert sich. Die Pupillen werden weit und dunkel. Er will nach vorn schießen.

Ich bin, beschleunigt durch meine Angst vor den Folgen, schneller und versperre ihm mit dem Schrubber den Weg.

Er beißt in den Schrubber.

Ich stelle mich vor ihn und dränge ihn mit meinem Körper zurück.

Er schaut mich mit starrem Blick an.

Ich spüre, wie er abwägt, ob er mich aus dem Weg beißen soll oder nicht. Ich bin schockiert. Ich habe Gänsehaut. Bis ins Herz. Aber ich will, dass er lebt.

Und gehe ihm noch einmal entgegen.

Wanja zieht die Lefzen nach oben, weicht jedoch zurück. Als die Tiere an uns vorbeiziehen, stehe ich wie ein General mit dem Schrubber vor Wanja.

Er beißt noch einmal hinein, als ich ihn zurückdränge, und ich schließe nicht aus, dass er mich gebissen hätte, wenn ich die Hand benutzt hätte statt des Schrubbers.

Ich sitze den ganzen Abend unter Schock in meinem Haus. Wanja liegt vor mir. Er blickt mich mit grundguten Augen an. Ich schaue auf den Hund, und mir dämmert langsam, dass ich hier eigentlich zwei Wesen vor mir habe, die einen Hund ergeben. Ein Wesen, das freundlich und souverän ist im Umgang mit mir und den anderen Hunden, und ein Wesen, das stets bereit ist zu jagen oder sein Territorium und sein Rudel nach außen zu schützen. Es ist jetzt an mir, nicht nur das eine Wesen davon zu lieben.

Ich wiederhole die Aktion so lange, bis ich keinen Schrubber mehr brauche und Wanja bereits bei meinem »Hej!« zurückweicht. Ich sehe jedoch, wie schwer ihm dieser Rückzug fällt, und würde nicht meine Hand dafür ins Feuer legen, dass er nicht doch auf die Schafe und Ziegen losgeht, wenn ich sie einmal zu spät bemerke oder er allein mit ihnen ist.

Als ich am vierten Tag die anderen Hunde dazuhole (vier Wassereimer stehen bereit), ist es tatsächlich so, dass sie bei mir bleiben, als ich sie mit einem »Hej!« und einem drohenden Blick warne und mich vor sie in den Weg stelle.

Der Verdienst, dass die Hunde die Tiere endgültig in Ruhe lassen, gebührt einer Ziege selbst. Malyischka, der Ziege von Baba Pascha. Schwarz und mit rot geäderten Augen sieht sie aus wie ein Ziegenteufel, und ich habe großen Respekt vor ihr.

Ich komme mit den Hunden vom Fluss. Es ist bereits 18 Uhr, und ich wähne mich in der Gewissheit, dass wir keine Schafe und Ziegen mehr antreffen. Auf dem Hauptweg des Dorfes stehen Pascha und Nachbarin Tasja schwatzend vor ihren Häusern.

*»Dobryi wetscher«* (»Guten Abend«), grüße ich.

*»Dobryi obryi«* (»Guten, guten«), erwidern die beiden freundlich in der hier üblichen Kurzform.

Plötzlich kommt Malyischka um die Häuserecke. Pascha hat sich offenbar verschwatzt und das Tier noch nicht in die Scheune gebracht. Alle Hunde starren auf die Ziege.

Malyischka starrt zurück und geht zwei Schritte nach vorn.

Ich springe vor Bambino, der gerade losstürmen will, und kann ihn mit einem Schubser vor die Brust aufhalten. Laska, Anton und Husar bleiben daraufhin von alleine stehen, nur Wanja nutzt den Moment, in dem ich mit Bambino beschäftigt bin, und rennt seitlich an mir vorbei auf die Ziege zu. Diese kommt ihm entgegen, gibt ihm mit einem einzigen Schlenker ihres gehörnten Schädels eine gewaltige Kopfnuss, und Wanja kippt wie ein gefällter Baum in den Sand.

Ich blicke fassungslos auf den reglosen Hund und befürchte das Schlimmste. Erst als ich mit der Hand fühle, dass sein Herz schlägt, weicht der Schock ein wenig.

Plötzlich schlägt Wanja die Augen auf, blinzelt, hebt den Kopf und blickt benommen um sich. Die Ziege steht noch immer dabei. Ich stelle mich zwischen sie und Wanja, wage jedoch nicht, sie wegzuscheuchen. Wanja rappelt sich auf, schwankt und hält sich während des ganzen Heimwegs mit hochkonzentriert wirkenden Schritten dicht neben mir.

Die nächsten zwei Tage schläft er fast ausschließlich.

Die Hunde verhalten sich auffällig ruhig. Selbst Bambino unterlässt seine geliebten Rennrunden im Hof. Anton schnüffelt häufig an Wanja. Husar wirkt verunsichert und liegt einfach in seiner Nähe. Laska leckt Wanja mitunter mit sanften Bewegungen – wie eine Art Hundekrankenschwester.

Ich erwerbe ein Huhn von Anton und füttere den Kranken mit Hühnerbrühe, Hühnerfleisch und gekochtem Reis. Auch die anderen bekommen aus (meinem Verständnis von) Gemeinschaftssinn diese Kost.

Am dritten Tag erhebt sich Wanja, schüttelt sich und geht umher, als wäre nichts passiert. Die anderen Hunde begrüßen ihn freudig schwanzwedelnd und lecken ihm die Lefzen.

Im Gegensatz zu den mir bekannten Behauptungen über die Rangordnung unter Hunden hat in der Zeit, in der Wanja krank war, keiner der Rüden versucht, die Führung zu übernehmen. Alle wirken jedoch deutlich entspannt und guter Stimmung, als Wanja seinen Posten wieder übernimmt.

Zwei Tage später, wir kommen von der heiligen Natascha, treffen wir die Schaf- und Ziegenherde auf einer Wiese am Dorfrand.

Ich will mich sofort in Position bringen und den Hunden den Weg versperren. Wanja jedoch läuft, ohne überhaupt hinzusehen, in einem großen Bogen um die Herde herum. Die anderen Hunde folgen ihm. Von diesem Moment an weiß ich, dass die Herde nie wieder ein Thema sein wird.

Ich könnte Malyischka umarmen, denn sie hat großen Anteil daran, dass meine Hunde weiter in Lipowka leben dürfen.

# Alma

Keiner der Hunde im Dorf entspricht einer gängigen Vorstellung von Schönheit, es handelt sich bei allen um aus Inzucht entstandene Originale.

Da gibt es eine dackelartige, langgezogene Gestalt, die wirkt wie ein Tausendfüßler, nur dass das arme Tier sich auf vier Pfoten zurechtfinden muss. Kommen wir am Haus des Dackelfüßlers vorbei, hebt er aus einem scheinbaren Dauerschlaf heraus den Kopf und sendet ein rhetorisches »Wuuh, wuuh!« hinauf in den Himmel. Als wäre dies schon zu viel der Anstrengung gewesen, legt er danach erschöpft den Kopf wieder ab und verfolgt missmutig unsere Bewegungen durch sein Gebiet. Sind wir vorbei, hört man einen Brummton, der Erleichterung bedeuten könnte.

Auf dem Nachbargrundstück des Dackelfüßlers steht ein Busch. Wenn man sich ihm nähert, scheint er sich leicht zu bewegen.

Kommt man noch näher heran, hört man ihn sogar atmen.

Blickt man genauer hin, sieht man den Kopf einer bunt gescheckten Hündin, die an eine Hyäne und einen Australian Shepherd erinnert. Sie hechelt stark, und ihre Augen sind vor Angst geweitet. Der Busch scheint ihr einziger Aufenthaltsort zu sein. Ich vermute, dass sie nur nachts herauskommt, wenn alle schlafen.

Sie sieht sehr schön aus in ihrer Eigenartigkeit.

Als Bambino sie das erste Mal bemerkt, stürmt er freudig in ihren Busch, und die ängstliche Hündin rennt panisch davon.

Seitdem sorge ich dafür, dass er sie nicht mehr stört, und dränge ihn zurück, wenn er sie unbedingt kennenlernen will.

Die Arbeit im Dorf richtet sich nach den Jahreszeiten.

Im Frühling wird mit dem Spaten das Feld umgegraben. (Traktoren und Pflugmaschinen liegen seit langer Zeit kaputt auf einem großen Platz neben dem Wald.) Die Ställe der Tiere werden repariert. Der Garten wird vorbereitet. Um jedes Haus zieht sich eine ungefähr achtzig Zentimeter hohe Einfassung aus Holzstämmen, wobei nur die Eingangstür ausgespart bleibt.

Gegen Ende des Herbstes schippt man tagelang Sand vom Weg in Eimer und schleppt diese zum Haus, um den Sand als Isolierung und Wärmedämmung in die Einfassung zu füllen. Im Frühjahr schippt man denselben Sand tagelang aus der Einfassung wieder in die Eimer und trägt diese zurück zum Weg, damit das Haus unten abtrocknen kann.

Meine Nachbarin Galja klagt über Schmerzen in der Hüfte. Ich gehe abends hinüber, um sie zu massieren. Dabei stelle ich einen Leistenbruch bei ihr fest.

Mein Vorschlag, sie mit Bauer Kolja durch die Frühjahrsflut in das Krankenhaus im Nachbardorf zu rudern, stößt auf großes Entsetzen.

»Wer soll denn dann meinen alten Vater betreuen?«, ruft die 80-jährige Galja. »Und wer soll die Tiere versorgen und das Feld bestellen. Nein!«, lehnt sie kategorisch ab. »Das geht nicht!«

»Wo wohnt denn der Vater?«, frage ich verdattert, weil mir dessen Existenz bisher gar nicht bekannt war.

»Na hier«, erwidert Galja und hebt den Vorhang über dem Ofen, auf dem ein uralter Mann mit offenem Mund liegt und schläft.

Ich kratze mich am Kopf. »Könnte ich nicht in dieser Zeit alles erledigen?«, biete ich meine Hilfe für die Notsituation an.

Galja wird rot, reibt sich verlegen die Hände und sagt dann: »Also das ist sehr lieb. Aber das geht nicht.«

»Doch es geht!«, bekräftige ich meinen Vorschlag und stehe auf der Leitung.

Sie hebt abwehrend die Hände. »Mädchen, du kannst das nicht«, sagt sie leise. »Du bist nicht von hier.«

Jetzt werde ich rot. »Ich kann es lernen. Sage mir einfach, was zu tun ist«, werfe ich mich in die Brust.

Sie schüttelt energisch den Kopf und verlässt die Küche.

Wir finden einen Kompromiss. Sie lässt sich vor Ort von Jura behandeln, den ich aus Demuschkina hole, und ich helfe ihr beim Umgraben des Feldes.

Bei der Feldarbeit gebe ich, was ich kann. Ich bin einunddreißig Jahre jung (neunundvierzig Jahre jünger als Galja), sehr schlank, aber dennoch kraftvoll und eine Wuchtbrumme gegen die kleine, abgemagerte Bäuerin.

Mit viel Schwung und Elan breche ich mit dem Spaten den Boden des Feldes um. Ich will Galja zeigen, was in mir steckt und dass ich natürlich etwas kann. Ich bewege mich in einer Reihe vorwärts und fühle mich schnell und stark wie ein Schaufelbagger.

Nach einer Viertelstunde beginnen meine Arme und mein Rücken zu schmerzen, nach einer halben Stunde werde ich langsamer. Nach einer Stunde blicke ich auf und habe das Gefühl, noch immer an derselben Stelle zu stehen, so weit entfernt scheint nach wie vor das Ende des Feldes.

Ich bin so mit mir beschäftigt, dass ich erst jetzt bemerke, dass Galja bereits vier Meter vor mir in ihrer Spur schaufelt.

Ich habe keine Ahnung, wie das möglich ist. Ich bin schockiert. Wie kann eine alte, dünne Frau schneller sein als ich junges, kraftvolles Ding?

Ich stütze mich, ratlos und entkräftet, auf den Spatenstiel. Ich beobachte Galja. Was macht sie, was ich nicht mache?

Das Erste, was ich wahrnehme, ist: Sie arbeitet nicht mit einem solch hohen Krafteinsatz wie ich.

Das Zweite, was ich sehe, ist eine Geschmeidigkeit in ihren Bewegungen, die offenbar von langer Erfahrung zeugt. Meine Bewegungen sind ruppig und variieren bei jedem Spatenstich.

Ich beginne auf sie zu achten. Versuche, einen Rhythmus zu bekommen. Je mehr ich mich darauf konzentriere, umso weniger gelingt es mir. Ich rutsche auf der Spatenkante ab, treffe einen Stein, trete den Spaten nicht tief genug, knicke um. Irgendetwas sperrt sich in mir gegen einen gleichmäßigen Ablauf meiner Arbeit.

Ich werde wütend und spüre deutlich, wie die Wut mir den letzten Rest Gefühl nimmt für das, was ich gerade tue. Am liebsten würde ich den Spaten hinwerfen und aufhören.

Nur die Angst vor der Blamage und die damit verbundene Bestätigung von Galjas Annahme, dass ich als deutsches Stadtkind eine komplette Versagerin bin, hindern mich daran.

Galja ist inzwischen weit voraus, und ich schäme mich meiner großspurigen, wenn auch gut gemeinten Aufforderung eine halbe Stunde zuvor, dass sie jederzeit gerne eine Pause machen könne, ich würde das schon machen. Jetzt hänge ich völlig ausgelaugt und frustriert über dem Spaten und bin kurz davor zu weinen.

Ob Galja meine Verfassung bemerkt und mir helfen will oder ob es einfach aus reiner Lust geschieht, kann ich nicht sagen. Sie beginnt, gerade als meine Stimmung auf dem Nullpunkt angelangt ist, eine alte russische Romanze zu singen, die mich sofort beruhigt und in seltsamer Weise zärtlich und nachsichtig stimmt. Auch mit mir.

Ich höre auf, mir meine Unfähigkeit übel zu nehmen, und singe mit. Erst leise, dann kräftiger. Die eigene Stimme durch den Leib strömen zu spüren hat etwas Heilendes, Wunderbares. Tatsächlich werden meine Bewegungen jetzt weicher und harmonischer.

Nach einer weiteren Stunde fängt es an, Spaß zu machen. Ich habe aufgehört zu denken. Ich werde schneller. Ich hole auf. Interessanter jedoch ist, dass dies jetzt nicht mehr wichtig ist. Ich habe etwas sehr viel Kostbareres gewonnen als einen Wettkampf im Umgraben.

Ein Gefühl für das, was ich tue.

Leider misslingt mir dies ein paar Tage später gleich noch einmal.

Die scheue Alma

Eine Bäuerin klopft und bringt mir an einem Strick die Hyänenhündin, die im Busch wohnt. Alle betrachten es als selbstverständlich, dass ich sie aufnehme, nachdem ihre Bäuerin verstorben ist. Ich habe ja schließlich schon fünf Hunde. »Sonst erschießen wir sie«, lautet der Kommentar der Bäuerin wie üblich.

Die Hündin steht in der Hoftür und schaut mit vor Angst geweiteten Augen auf das dort lagernde Rudel. Wanja erhebt sich. Laska schaut sie an.

»Darf ich vorstellen, euer neues Familienmitglied«, sage ich scherzhaft und ziehe die Hündin aufmunternd in den Hof. Wanja geht nach vorn und stellt sich quer vor die Neue. Diese wirft sich auf den Rücken und wirkt starr wie ein totes Huhn.

»Wanja, was soll das denn?«, frage ich empört.

Wanja fixiert weiter die Hündin. Ich scheuche ihn zurück, weil ich die ängstliche Hündin, die mir leidtut, beschützen will. Er schnauft gereizt. Ich könnte mir heute wegen meiner Dummheit noch nachträglich gegen den Kopf schlagen, aber damals weiß ich es nicht besser. Ich werte Wanjas Reaktion als Eifersucht und verstehe nicht, dass ich ein Ritual störe und so auch die Hyänenhündin daran hindere, sich »richtig« zu verhalten. Als ich sie loslasse, flüchtet sie, und es dauert Tage, bis ich sie mit Nahrung wieder anlocken kann.

Erst nach Wochen schließt sie sich dem Rudel auf ihre Weise an. Sie zieht in einen Busch am Rande des Hofes. Ich nenne sie Alma.

Ich spüre bereits, dass es nicht gut war, einen Ablauf beschleunigen zu wollen, der seine Form und seine Zeit gebraucht hätte. Bald sollte ich Gelegenheit dazu bekommen, den Dingen ihren Lauf zu lassen.

## Felix

Im Hof von Bauer Kolja und Bäuerin Nura ist ein Neuzugang zu verzeichnen.

Ein schwarz-weißer junger Terrier schießt an mir vorbei. Er ist ein Erwerb aus dem Nachbardorf, und jeder Hund ohne das Lipowkaer Inzuchtgen stellt hier eine gewisse Besonderheit dar.

Sehr zum Ärger von Bauer Kolja denkt der kleine Kerl gar nicht daran, bei Fremden anzuschlagen. Er scheint über jede Abwechslung dankbar, und seine Hoffnung auf eine gemeinsame Runde Toben steht wie mit Leuchtschrift in seinen Augen geschrieben.

Ich klatsche ein paarmal in die Hände und rufe: »Jai, jai, jai!« Der junge Hund rast wie von der Tarantel gestochen in großen Kreisen um mich herum.

»Du Teekessel sollst aufpassen!«, ruft Koljas Frau Nura aus dem Fenster. (*Tschainik* bedeutet Teekessel und wird als Schimpfwort für jemanden verwendet, der nicht viel im Kopf hat, weil sein Gehirn ständig dampft wie ein kochender Teekessel.)

Den Terrier ermuntert Nuras Zuruf zu weiteren Runden.

Plötzlich schießt er aus dem Hof auf den Weg, wo meine Hunde warten. Wanja und Anton stehen stocksteif und blicken auf den rasenden Hund wie auf ein Wesen unbekannter Art. Husar schaut wie immer sehr unbedarft. Laska bleibt gelassen liegen. Bambino hat die Augen weit aufgerissen, und nachdem er sein unverhofftes Glück erfasst hat, stürzt er sich in ein herrliches Spiel.

Die beiden rennen mit viel zu viel Schwung aneinander vorbei, überschlagen sich, schütteln sich, nehmen erneut Anlauf, treffen sich, kullern durch den Sand, beißen sich spielerisch und mit Wonne und scheinen ihr Lebensglück gefunden zu haben.

Ich halte mir den Bauch vor Lachen.

Nura schüttelt den Kopf und verdreht die Augen.

Plötzlich nimmt der rasende Terrier beim Toben mit Bambino den Rest der Gruppe wahr. Sein Blick entzündet sich, flackert vor Übermut. Er springt auf die Gruppe zu und ausgerechnet Wanja in die Seite, was wohl so viel heißen soll wie: »Hej, was geht ab?«

Wanja knurrt mit einem kurzen scharfen Laut, und weil der Jungspund noch einmal Anlauf nimmt, rempelt er ihn mit einem knappen Schulterstoß zur Seite. Der kleine Terrier fliegt zwei Meter durch die Luft, landet und scheint sich zu denken, dass sein Sprung wohl zu halbherzig war und er es besser kann. Er fiept, wedelt mit dem kurzen Schwänzchen und fliegt in einem wahnwitzigen Satz auf Wanja zu. Mitten im Sprung kommt ihm Wanja entgegen, stoppt ihn, stellt sich über ihn und beißt ihn über die Schnauze.

Der Terrier liegt still da, aber sein Schwanz schlägt in einem enormen Tempo.

Wanja bleibt ruhig über ihm stehen.

Als der kleine Hund aufspringen will, drückt Wanja ihn mit Nachdruck wieder herunter. Das wiederholt er so lange, bis der Terrier wirklich ruhig ist. Kein Schwanzwedler. Nichts. Danach geht Wanja drei Meter zur Seite und setzt sich hin.

Der kleine Kerl springt hoch, schüttelt sich und rennt wie

ein Besessener ein paar Runden im Hof. Bambino schließt sich natürlich an.

Nura füllt mir frische warme Milch in mein Kännchen und brummt noch immer Verwünschungen über den jungen Hund, der kein Wachhund ist. Ich bete im Stillen für den kleinen Kerl. Ein Klaps hier und ein Fußtritt da sind nicht unüblich bei den Bauern. Doch Koljas letzter Hund wurde von ihm beim Sensen im hohen Gras versehentlich geköpft. Mir wird noch heute schlecht, wenn ich daran denke.

Am nächsten Tag schleife ich gerade einen Tisch in meinem Hof ab, als etwas sehr Schnelles vor dem Scheunentor auf dem Weg vorbeihuscht.

Es huscht wieder zurück.

Huscht vorbei.

Huscht wieder zurück.

Ich erkenne den schwarz-weißen Terrier von Nura und Kolja.

Plötzlich bleibt der Hund stehen. Genau in unserem Tor. Sein Schwanz wedelt nicht, er rattert förmlich. Alles an dem Hund arbeitet. Seine schwarzen Knopfaugen scheinen fast aus seinem Kopf zu springen. Er zittert am ganzen Körper.

Er hat Bambino erblickt.

Bambino springt zum Tor, und die beiden jungen Rüden rasen und toben über den sandigen Weg. »Wuhuhuhu, wuhuhuhu«, tönt der kleine Terrier begeistert. Bambino hat sein breitestes Grinsen aufgesetzt, und ich denke, es kann nichts Schöneres geben als zwei Hunde, die mit dieser Freude miteinander spielen.

Anton, der seit einiger Zeit die Funktion des Spähers übernommen hat, verlässt den Hof und schaut sich das Ganze vom Weg aus an. Husar folgt ihm und »späht« auch, ohne dass man den Eindruck gewinnt, er wüsste, was Spähen überhaupt bedeutet. Er macht einfach zuverlässig immer das, was Anton gerade macht.

In einer ausschweifenden Runde macht Bambino einen Abstecher in den Hof. Der kleine Terrier setzt ihm mit einem beherzten Sprung hinterher, um sofort wieder herauszufliegen.

Wanjas Breitseite ist überraschend aufgetaucht.

Der Terrier schüttelt sich, wedelt vorsichtig mit dem Schwanz, doch dabei packt ihn sofort wieder der Übermut, und er springt zurück in den Hof.

Diesmal folgt auf Wanjas Knurren ein kurzes Schnappen in die Seite des Hundes.

Der Terrier kläfft hysterisch, rast durch den Hof und durch die angrenzende offene Scheune und versucht ein »Hasch mich, ich bin der Frühling«-Spiel anzuzetteln, was von Anton jäh unterbrochen wird. Als er den vorbeirennenden Hund erwischt, wirft er ihn auf die Seite und schnappt ihm über die Schnauze.

Der Terrier liegt jetzt zum ersten Mal ruhig da und wartet. Wenn er eine Pfote bewegt, knurrt Anton, und der junge Hund fällt wieder in seine Starre zurück.

Ich bin verblüfft, dass auch Anton den Eindringling erzieht, denn ich glaubte bis jetzt, das sei ausschließlich die Aufgabe eines Leithundes. Wanja jedoch liegt schon wieder dösend in der Sonne und wirkt froh, diese lästige Aufgabe losgeworden zu sein.

Bambino bringt neue Unruhe in die Situation und beginnt den am Boden liegenden Terrier zum Spielen zu animieren. Er kläfft und springt aufgeregt hin und her.

Laska erhebt sich langsam und legt sich ruhig vor ihn hin.

Bambino fährt sich mit der Zunge über das Maul und geht weg.

Der Terrier hat sich auf den Rücken gedreht und blickt mit schief gelegtem Kopf hinauf zu Anton. Dieser würdigt ihn keines Blickes. Der Terrier beginnt leise zu fiepen und verfolgt die Wirkung dieses äußerst nervigen Lautes mit den Augen.

Anton steht über ihm und starrt geradeaus in die Luft.

Das Fiepen wird stärker. Das Fiepen erreicht Terrorlautstärke.

Ich überlege, ins Haus zu gehen, um meine Ohren und Nerven zu schonen, aber das Schauspiel ist viel zu interessant. Im Unterschied zu mir bleiben Wanja und Anton völlig entspannt, solange sich der Hund nicht bewegt.

Als sich der Terrier auf den Bauch dreht, knurrt Anton in einem sehr tiefen Ton.

Sofort bewegt sich der junge Hund nicht mehr, aber sein Fiepen wechselt jetzt in ein hohes Kläffen, das ohrenbetäubend ist. Sein Kopf geht dabei vor und zurück, ansonsten jedoch rührt er sich nicht.

Ich blicke Wanja bittend an, in der Hoffnung, er könnte diesem Treiben, das zumindest mich langsam wahnsinnig macht, ein Ende bereiten. Er blinzelt jedoch nur in die Sonne und scheint meine Stimmung nicht zu teilen.

Irgendwann »wufft« der kleine Kerl noch ein paarmal, legt den Kopf ab und schläft völlig erschöpft ein. Anton tritt zur Seite und legt sich daneben, um ebenfalls auszuruhen. Ich gebe meinen Plan auf, den Tisch zu Ende zu schleifen, denn ich will die herrliche Ruhe nicht gefährden, und lege mich zu Wanja auf den Boden.

Nach einer halben Stunde erwacht der Terrier. Er sieht mich auf dem Boden liegen, schießt begeistert nach vorn und springt mich an.

Wanja wechselt so blitzschnell aus seiner tiefenentspannten Lage in einen Sprung auf den Hund, dass ich erschrecke. Er gibt ein kurzes tiefes Knurren von sich und wirft sich gegen den Terrier. Danach legt er sich sofort wieder entspannt neben mich.

Der junge Hund blickt verdutzt, schüttelt sich und setzt sich hin. Wie eine Statue hält er diese Position sicher zehn Minuten. Dann wechselt er sehr vorsichtig und langsam in die Bauchlage, legt den Kopf ab und bewegt sich nicht mehr.

Nach einer weiteren Viertelstunde steht Wanja auf, schüttelt sich, streckt sich ausgiebig und verlässt den Hof in Richtung Haus.

Der junge Terrier hebt den Kopf und verfolgt aufmerksam die Szene. Er blickt zu Anton, doch der kümmert sich inzwischen um ein Loch, das Bambino vor ein paar Tagen zu buddeln begonnen hat. Der kleine Terrier erhebt sich, vergewissert sich nach allen Seiten und macht probeweise ein paar Schritte über den Hof. Er beginnt zu schnüffeln und das Gelände zu erkunden.

Wanja kommt wieder in den Hof und schnüffelt am Hinterteil des jungen Hundes.

Begeistert über diese Kontaktaufnahme will sich auch der Kleine bei Wanja »erkundigen«. Als er sich Wanjas Hinterseite nähert, hebt dieser die Lefzen bis zum Anschlag – und dieses Mal versteht der Terrier sofort. Er widmet sich mit großer Geschäftigkeit seinen Erkundungen auf dem Hof, und als er dabei wieder an Wanja vorbeimuss, macht er einen respektvollen Bogen um ihn.

Am Abend bringe ich den Hund zu Nura und Kolja zurück.

»Du Vieh, du Treuloser!«, empfängt ihn die sehr temperamentvolle Nura und drischt ihm sofort auf den Kopf.

Ich will etwas in der Art sagen wie: »Nura, nicht doch! Dann hat er doch gar keinen Grund mehr zurückzukommen, wenn du ihn schlägst«, muss der Wahrheit halber aber erwähnen, dass zu dieser Zeit, als ich Russisch schon ganz gut verstehe, jedoch noch immer schlecht spreche, der Satz wohl eher lautet: »Nura, nicht! Wie soll er kommen? Wenn du machst bumm, bumm?!« Dabei haue ich mit der Faust durch die Luft.

»Aber er war den ganzen Tag weg, der Zigeuner!«

Der Hund rennt mit eingeklemmtem Schwanz unter den Küchenofen und bleibt verschwunden, während Nura mir Milch bringt. Natürlich tut er mir leid, der kleine Kerl, besonders wenn ich an unseren Flussspaziergang denke, den wir heute Abend zusammen machten, und wie glücklich er dabei schien. Er rannte über die Felder und kläffte beim Verfolgen einer Spur in sehr hellen kurzen Tönen. Sein Blick wirkte wie der eines Junkies im Drogenrausch. Die anderen Hunde begannen nach kurzer Zeit ihm zu folgen, weil er sich sehr erfolgreich im Aufspüren kleinerer Tiere zeigte. Das Menü fiel an diesem Abend dank des Terriers recht üppig aus.

Am nächsten Morgen sitze ich vor meinem Haus, als etwas über die hohe Wiese genau auf mich zukriecht. Ich habe zu dieser Zeit eine Schlangenphobie, und mir bricht der kalte Schweiß aus. Ich bin sehr erleichtert, als ich sehe, dass das näher kommende Wesen Fell besitzt.

Es ist der kleine Terrier, der sich sehr unterwürfig und vorsichtig anschleicht. Als er Wanja sieht, bleibt er sofort sitzen und wartet.

Bambino springt auf und fordert den kleinen Kerl zum Spiel auf. Der Terrier macht zwei Schritte nach vorn, vergewissert sich noch einmal mit einem Blick zu Wanja, dass keine Konsequenzen folgen, und beginnt dann mit Bambino über die Wiese zu toben. Ich bringe es nicht übers Herz, den kleinen Hund sofort wieder nach Hause zu bringen.

Eine Stunde später kommt Nura. Sie hat einen Besen in der Hand und jagt ihrem Hund damit hinterher. Sie stößt Verwünschungen aus, die mir damals bis auf »Hol dich der Teufel« unbekannt sind, und fuchtelt mit dem buschigen Ende des Besens in der Luft. Weil sie den flüchtenden Terrier nicht erreicht, geht sie auf mich los.

»Du Hexe nimmst uns die Hunde hier weg. Was soll das denn? Gib mir meinen Hund wieder her.«

Ich bin über die Anrede der mir sonst so zugewandten Nura erschrocken, aber ich kenne ihre impulsive Art und hoffe, dass sie sich wieder beruhigen wird. »Nura, ich will deinen Hund doch gar nicht. Er ist noch jung und möchte einfach spielen, danach kommt er wieder nach Hause.«

»Ist nichts mit Spielen! Komm her, du Köter! Looos!«, schreit sie erzürnt.

Felix, der Stimmungsmacher und Fährtensucher

Der Terrier hat sich in meinen Hof geflüchtet und bleibt verschwunden.

Ein paar Abende noch bringe ich ihn zurück zu Nura. Da er jedes Mal mit Schlägen empfangen wird, entscheide ich mich irgendwann dagegen.

»Nura, entweder du schlägst ihn nicht mehr, oder ich bringe ihn nicht mehr her.«

Nura starrt nun eher hilflos auf den Hund und meint verdrossen: »Ich will ihn gar nicht mehr haben, nimm ihn wieder mit.«

So zieht Felix bei uns ein.

## Milyi

Ich bin mit den Hunden auf dem Rückweg von Demuschkina nach Lipowka, wir kommen von einer Kindergeburtstagsfeier bei Jura.

Kurz vor einem Bach steigt mir ein stark süßlicher, abscheulicher Gestank in die Nase. Ich habe ihn vorher noch nie gerochen, ahne aber sofort, was es ist. Kurz darauf sehe ich einen schwarz-braunen Hund, der einem Rottweilermischling ähnelt. Er liegt neben einem verendeten zweiten Hund und wirkt apathisch. Der tote Hund ist bereits stark verwest, und ich halte mir schützend die Hand vor die Nase.

Der noch lebende Hund ist bis auf die Knochen abgemagert. Ich werfe, ohne mich weiter zu nähern, ein Stück Geburtstagstorte vor ihn hin, das ich mit auf den Weg bekommen habe. Er schnuppert nicht einmal daran, sondern blickt mit vor Angst geweiteten Augen auf mich und die Hunde. Alle scheinen den Ernst der Lage zu spüren, denn sie warten ruhig. Keiner zeigt sich interessiert an dem sonst so begehrten Tortenstück. Selbst Felix und Bambino stehen still da, ohne auf den Hund loszustürmen.

Ich gehe versuchsweise einen weiteren Schritt auf den Hund zu und spüre, wie ich ihn in Not bringe, denn er möchte sowohl vor mir wegrennen als auch bei dem toten Hund bleiben. So läuft er einen Meter vor und wieder zurück, und ich gehe mit den Hunden schnell weiter, um ihn nicht zu ängstigen.

Am nächsten Tag mache ich mich allein auf den Weg. Der Hund hebt bei meinem Näherkommen die Nase und schnuppert noch lange in der Luft, wie um zu prüfen, ob ich auch wirklich allein bin. Die Torte ist verschwunden.

Ich werfe ihm ein Stück *Blin* (Eierkuchen) hin, den ich mit Konservenfleisch gefüllt habe. Der Duft steigt ihm in die Nase, und er robbt vorsichtig nach vorn, bis er den Happen erreicht hat. Er leckt ihn mehr auf, als dass er ihn frisst, und hält dann schüchtern nach weiteren Delikatessen Ausschau.

Ich werfe den nächsten Happen etwas dichter zu mir, und er wagt auch diese Strecke. Er kommt bis auf einen Meter heran, dann ist das Futter alle. Ich wasche mir die Hände im Bach und setze mich von ihm abgewandt auf einen Baumstamm. Eine halbe Stunde lang warte ich, ob er vielleicht näher kommt, dann halte ich den Leichengestank nicht mehr aus. Ich gehe und locke den Hund.

Er bleibt, wo er ist.

Am zweiten Tag, ich sitze wieder auf dem Stamm und schaue in eine andere Richtung, spüre ich seine Nase vorsichtig an meinem Handrücken. Ich drehe mich nicht um. Nach seiner Inspektion legt er sich wieder neben den toten Hund.

Am dritten Tag gehe ich mit den Hunden an der Stelle am Bach vorbei. Der Hund steht bei unserem Anblick auf und schaut erwartungsvoll. Ein ganz vorsichtiges Schwanzwedeln begleitet seinen Blick. Ich halte die Hunde hinter mir und strecke ihm mit der geöffneten Hand ein Ei hin.

Er reckt den Kopf und den Oberkörper so weit nach vorn,

wie es möglich ist, ohne dass er die Hinterpfoten vom Boden lösen muss. Diese halten ihn wie ein Anker auf seiner »Insel« fest.

Vorsichtig nimmt er das Ei und frisst diesmal nicht behutsam, sondern mit einer Gier, die deutlich zeigt, dass er großen Hunger hat.

Wir kehren um, und die Hunde schnüffeln, ob ich nicht noch ein weiteres Ei bei mir habe. Um mich herum heben sich abwechselnd Hundenasen in meine Richtung, und plötzlich nehme ich einen Kopf wahr, der nicht in das gewohnte Bild passt. Es ist der fremde Hund, der mitten im Rudel läuft, als hätte er schon immer dazugehört.

Nach einer Stunde Fußmarsch hat er offenbar seine Wesensverwandte entdeckt, denn er nähert sich, sehr vorsichtig mit dem Schwanz wedelnd, der Hyänenhündin Alma. Diese freut sich leider nicht über seinen Annäherungsversuch und hebt, wie immer, wenn sich ihr jemand aus der Gruppe nähert, die Lefzen, bellt schrill und bringt sich mit vor Schreck geweiteten Augen in einiger Entfernung in Sicherheit. Auch der Neue bekommt einen Schreck und bleibt irritiert stehen. Dann jedoch folgt er uns weiter.

Nach einer Woche hat er ein Hobby entdeckt: schmusen. Sobald sich eine Gelegenheit dazu bietet, lehnt er sich an mich oder an einen der Hunde.

Oft kann ich beobachten, wie er sich mit winzigen Schwanzwedlern dem Lager von Wanja nähert. Er geht niemals direkt, sondern immer in einem Bogen auf Wanja zu. Einen Meter vorher hält er an und leckt Wanja in der Luft

Milyi, Wanja und ich

die imaginären Lefzen. Das sieht sehr rührend und auch komisch aus.

Wanja blickt ihn dann starr an, was offenbar so viel heißt wie: »Verkrümel dich, ich will gerade alleine liegen.« In diesem Fall trollt sich der Neue sofort. Oder aber Wanja schaut weg, was einer Einladung gleichkommen muss, denn dann betritt der Hund sehr vorsichtig Wanjas Lager. Er legt sich neben ihn, atmet tief aus und blickt mit seinem grundguten Blick selig in die Runde.

Ich nenne ihn *Milyi* (Lieber).

## Baba

Ich muss eine Tournee absagen, weil ich noch keine Lösung für die Betreuung der Hunde gefunden habe.

Neben der Arbeit bei den Dorfbewohnern verbringe ich meine Zeit mit dem Fertigen weiterer Holzskulpturen, die in der Form indianischer Totempfähle meinen Garten bewohnen.

Eine Gestalt erhält als Pupille eine Schraube, die man vor- und zurückbewegen kann. Ich habe sie als Scherz für die Kinder aus Demuschkina angebracht.

Eines Morgens höre ich ein Klappern. Ich blicke aus dem Fenster und sehe in meinem Garten Baba Tonja, die mit kindlicher Begeisterung in ihrem alten Gesicht die Schraube vor- und zurückbewegt. Dabei sieht sie sich ab und zu um, offenbar aus Angst, entdeckt zu werden.

Kurz darauf klopft sie an meine Tür.

»Maja, ich bringe dir zwei Eier«, sagt sie und schaut zu meiner Küchenbank. Dort liegen alle Schätze, die ich von den Babuschkas für meine Arbeit oder auch einfach so erhalten habe. Im Frühjahr sind das eingemachte Gurken, Tomaten, Pilze, Kartoffeln, Kompott und frische Eier.

Tonja begutachtet die Schätze, und ihr Blick bleibt an den drei Eiern hängen, die Galja mir zwei Tage zuvor gegeben hat.

»Von wem sind denn die DREI Eier?!«, fragt sie angriffslustig, auf die Überzahl zu ihrer eigenen Gabe anspielend.

Ich konzentriere mich, um jetzt keinen Fehler zu machen.

Zwei Skulpturen in meinem Garten

»Äh, also das ist je ein Ei von mehreren«, antworte ich und versuche so, diplomatisch zu sein.

Tonja rümpft missmutig die Nase, gibt mir ihre zwei Eier und geht.

Nach einigen Stunden klopft es wieder.

Tonja steht vor mir und hält mir zwei weitere Eier entgegen. Ich wehre ab, denn ich weiß ja, wie rar diese sind. »Tonja, zwei Eier sind doch schon genug gewesen. Was bringst du denn noch zwei?«, frage ich.

Tonja drückt mir die Eier entschieden in die Hand und sagt: »Das ist so in Ordnung!«

Damit Tonjas Ordnung wiederhergestellt ist, nehme ich die Eier an mich.

Am Abend klopft es.

Galja, die mir drei Eier gegeben hat, steht vor der Tür. Ich bitte sie herein, laufe schnell vor ihr durch den Flur in die Küche und werfe ein Tuch über die vier Eier von Tonja. Sicher ist sicher.

Wer will schon einen Eierkrieg.

Wanja und Laska laufen auf dem Weg zum Fluss zu einer Stelle auf der Wiese und schnüffeln intensiv. Bei näherem Hinschauen entdecke ich einen kleinen Fellberg. Zuerst vermute ich, dass es sich dabei um ein totes Tier handelt, und rufe die beiden von dort weg.

Laska kommt zu mir, Wanja bleibt, wo er ist.

Ich rufe ihn energischer.

Er legt sich neben den Fellberg und schaut mich ruhig an.

Ich gehe zu ihm und sehe, dass sich das Fell bewegt. Ein kleiner, uralt wirkender Hund schaut mich an. Er hat überall offene Hautstellen und ist sehr schwach. Kurz geht mir durch den Sinn, dass er sich vielleicht zum Sterben hierher zurückgezogen hat und wir ihn nun dabei stören. Dennoch spricht Wanjas Verhalten dagegen und auch die Freude des kleinen Hundes, der sogleich vertrauensvoll mit dem Schwanz wedelt. Ich berühre ihn sanft, und er legt sich sofort auf den Rücken und streckt mir sein dünnes Bäuchlein entgegen.

Es ist eine Hündin. Sie hat ein schwarz-braunes Fell und wirkt wie eine Mischung aus Dackel und Spitz.

Ich nehme sie auf den Arm und klopfe bei den umliegenden Höfen. Wo ich auch nachfrage, niemand kennt die Hündin. Ich trage die alte Hundedame in mein Haus und warte, ob sich ein Besitzer meldet.

Ich wasche ihre offenen Stellen, salbe die Wunden und füttere sie. Was sie jedoch am meisten sucht, sind Streichel-

Die alte Baba

einheiten. Sie ist eine ganz zauberhafte alte Hundedame mit viel Charme und einem rührenden Bedürfnis nach sehr viel Nähe. Kaum ist sie kräftiger, beginnt sie, mir auf Schritt und Tritt hinterherzulaufen. Halte ich in meinem Tagwerk einmal inne, blickt sie mich sofort erwartungsvoll an, denn ich könnte ja kurz eine Hand und eine Minute frei haben, um sie zu streicheln. Natürlich tue ich das auch, weil ich die Hündin, wie der ganze Rest der Gruppe, sofort in mein Herz geschlossen habe.

Ich nenne sie *Baba* (Weib).

Niemand meldet sich. Niemand vermisst sie.

Baba wird schnell gesund, ihr Fell und ihre Haut erholen sich, ihr dünnes Bäuchlein füllt sich, ihre großen schwarzen Augen strahlen. Sie beginnt mit uns noch einmal ein neues altes Leben.

## Vertrauen

Auch mit mir gehen Veränderungen vor.

Ich spüre die sehr zarten Knospen eines für mich eher unbekannten Gefühls. Es heißt Vertrauen.

Die Vertrautheit, mit der die einander völlig fremden Hunde schon nach kurzer Zeit miteinander umgehen, die Zuneigung und Freundschaft, die mir die Dorfbewohner als Fremde zukommen lassen, die Bodenständigkeit der Menschen, die sich ihres Lebenssinnes völlig bewusst sind und die mir ein Gefühl davon vermitteln, »richtig zu sein«, all das trägt dazu bei, dass ich sehr vorsichtig versuche, erneut Vertrauen zu wagen.

Jeden Tag sitze ich nach der Erledigung meiner Aufgaben mit Baba Pascha zusammen. Pascha ist eine »nicht Hiesige«, wie meine Nachbarin mir erzählte. Sie wohnt erst seit sechzig Jahren in Lipowka, und wenn ich die Bauern frage, wo Pascha herkommt, erhalte ich die Auskunft: »Von hinter den Sümpfen.« Von Pascha erfahre ich, dass damit das fünfundzwanzig Kilometer entfernte Dorf Kadem gemeint ist. Pascha konnte keine Kinder bekommen und hat somit auch keine Enkelkinder. Ich habe meine Großmütter nicht kennenlernen können.

Wir adoptieren einander.

Auch in anderer Hinsicht ergänzen wir uns gut. Pascha hört schwer. Ich verstehe und spreche noch sehr schlecht das völlig ungewohnte Dorfrussisch.

Meine »Adoptivgroßmutter« Pascha und ich

*Daljeko* sagt zum Beispiel der Moskauer, wenn er etwas als »weit weg« bezeichnen möchte.

*Daljooooooooko* sagt der Lipowkaer.

Es braucht ein halbes Jahr, bis ich verstehe, dass ich alles nur so aussprechen muss wie die Menschen in meiner Heimatstadt Leipzig: Vokabel in den Mund nehmen, Kiefer hängen lassen und langsam herausschieben. Ich bin in einem russisch-sächsischen Dorf gelandet.

Als Pascha und ich uns in Unterhaltungen versuchen, sieht das am Anfang ungefähr so aus:

Pascha: »Was hast du heute getan? Warst du schon am Fluss?«

Ich: »Hä?«

Pascha steht auf, geht zu ihren Fenstern, zeigt in Richtung Fluss und dann auf mich.

Ich (begreifend): »Ah! Ich waren Fluss. Sehr schön.«

Pascha: »Hä?«

Ich (lauter und mit Handtrichter vor dem Mund): »Waren Fluss!!! Seeehr!!! Schön!!!«

Pascha versteht.

Pascha ist die Einzige im Dorf, die ihre Aussagen pantomimisch unterstützt, wenn ich sie nicht begreife. Bei ihr lerne ich »Lipowkaisch«. Die anderen Babuschkas stehen meinem Sprachproblem entweder hilflos, ratlos oder schreiend gegenüber. Einige sind der Meinung, dass sie der deutschen Sprache mächtig sind, weil sie vor sechzig, siebzig Jahren in der Schule etwas Deutsch gelernt haben.

»Eins, zwei, drei«, sagt Baba Tonja stets, wenn ich an ihrem Haus vorbeigehe. »Ja, ich kann Deutsche«, fügt sie stolz hinzu. Immer wenn ich Bauer Anton treffe, ruft er fröhlich »Gitler« und nickt mir aufmunternd zu. (Russen können kein »H« sprechen.) Er benutzt den Namen Hitlers nicht, um mich zu beschimpfen, wie ich anfangs meinte, sondern offenbar, weil es der einzige deutsche »Begriff« ist, den er noch kennt. Ein allgemein gebrauchtes deutsches Wort ist »kaputt«.

Sicher aufgrund dieser »Fremdsprachenkenntnisse« fragt mich Tonja einmal, warum ich denn so schlecht Russisch spreche.

»Na, ich muss es doch erst noch lernen«, antworte ich.

Tonja blickt mich ehrlich erstaunt an und fragt: »Aber wieso, kann denn nicht jeder Russisch?«

Ich muss gestehen, dass das tägliche Beisammensein mit Pascha von meiner Seite her nicht ganz freiwillig erfolgt ist. Es ist mir jedoch unmöglich, Pascha zu widerstehen.

»Nimm Platz, wir essen zusammen«, sagt sie zum Beispiel.

»Ich habe keinen Hunger und muss auch zu Hause noch etwas tun«, unternehme ich einen Abwehrversuch.

»Wenn du nichts isst, kannst du zu Hause auch nicht weiterarbeiten«, lautet ihre Antwort. (Das Essen ist mittlerweile bereits auf dem Teller gelandet.)

»Aber ich kann doch auch zu Hause essen«, wage ich einen erneuten Versuch.

»Du hast mir geholfen, also bekommst du von mir auch das Essen. Iss!«, sagt sie dann und schiebt mir eine Gabel hin.

Ich esse.

Nach mehreren Wochen Zwangsgemeinschaft beginne ich, die Treffen zu mögen, obwohl ich sonst eine Allergie gegen Zwänge und tägliche Wiederholungen habe. Ich liebe es, wenn Paschas alte Hand, die dennoch ganz kindlich aussieht, beim Erzählen auf meinem Knie liegt, vertrauensvoll wie ein kleines Vögelchen, das ein Nest gefunden hat.

Sie erzählt von ihrem Leben, fragt mich nach meinem Leben. Versucht, die ungewohnten Antworten zu verarbeiten. Zum Beispiel die Tatsache, dass ich nicht an Gott glaube, weil ich nicht so erzogen wurde, oder dass ich weder verheiratet bin noch Kinder habe. Und ich bin tief beeindruckt, wie tolerant sie trotz ihrer gegensätzlichen Ansichten diese Dinge hinnimmt und mir weiter mit großer Zuneigung begegnet.

Auch in anderen Lebensbereichen nehme ich Veränderungen in mir wahr.

Während ich an einzelnen Zeilen meiner Liedtexte tagelang herumfeilen kann, zeigt sich im realen Leben bei mir eher eine Vorliebe fürs Vorläufige und Eilige. Wenn ich zum Beispiel etwas repariere, muss es schnell gehen. Schon das Sich-beschäftigen-Müssen mit einem Problem im Hier und Jetzt bringt mich in Bedrängnis. Um es möglichst schnell wieder vom Hals zu haben, pfusche ich es eilig irgendwie hin. Eine Gardinenleiste, die ich nicht tief genug eingedübelt hatte, weil ich nicht noch einmal nachbohren wollte, fiel am nächsten Tag wieder ab. Seitdem habe ich eben keine Verdunklungsgardine mehr. Einen fehlenden Knopf habe ich mit so vielen Stichen angenäht, wie der eingefädelte Zwirn gerade hergab – und nicht mit der Anzahl Stiche, die nötig gewesen wären. Ich verlor ihn erneut.

Die Veränderung beginnt in meinem ersten Frühjahr in Lipowka.

Ich beschließe, Blumen vor meinem Haus anzupflanzen, um mich – auf der Bank sitzend – an ihnen zu erfreuen. Damit die Kühe die kommenden Sprösslinge nicht fressen, baue ich einen kleinen Zaun um das Beet. Ich entscheide mich für die schnellste Bauvariante, den Typ Koppelzaun. Dieser besteht aus Pfosten, die ich in jede Beetecke eingrabe, und dünnen Baumstämmen, die oben und unten quer zwischen den einzelnen Pfosten befestigt werden. Die Bauern kerben dazu mit einer Axt die dünnen Stämme so ein, dass sie genau um die Rundung des Pfostens passen. Dann werden die Stämme angenagelt.

Um mir die Mühe zu ersparen, insgesamt 16 Kerben zu schlagen, damit die Stämme gut anliegen, nagle ich die runden Stämme einfach, wie sie sind, gegen die runden Pfosten.

Das ergibt nur eine winzige Auflagefläche von vielleicht einem Zentimeter, aber der Nagel wird es schon zusammenhalten, denke ich.

Bauer Petja kommt vorbei. Kritisch betrachtet er mein Werk und fragt: »Warum hast du das denn nicht richtig gemacht?«

»Das mache ich später einmal. Jetzt habe ich keine Zeit dazu«, versuche ich mir mit schlechtem Gewissen das Thema vom Hals zu schaffen.

Verblüfft schaut er mich an: »Später? Für alles, was du nicht gleich richtig machst, hast du nie wieder Zeit.«

Da zu diesem Zeitpunkt noch ein Reflex aus früheren Zeiten in mir lebt, der bei Zurechtweisungen oder Belehrungen automatisch Widerstand in mir hervorruft, lasse ich den Zaun gerade so, wie er ist, nur um beweisen zu können, dass meine schlampige Konstruktion selbstverständlich halten wird.

Am Nachmittag pflanze ich die Blumensamen in die Erde.

Baba Nastja kommt vorbei und fragt: »Was pflanzt du denn da?«

»Blumen«, erwidere ich strahlend.

»Für was?«, fragt sie ratlos.

»Na, damit es schön aussieht!«, antworte ich, nun meinerseits ratlos über den offensichtlich nicht vorhandenen Schönheitssinn der Bauern.

Baba Nastja zeigt mit den Händen in alle Himmelsrichtungen und erwidert entrüstet: »Aber Schönheit ist hier doch überall!«

Mein Koppelzaun um das Blumenbeet

Bis zu dem Zeitpunkt, an dem die Blumen zu wachsen beginnen, fällt jeder der Stämme am Zaun einmal oder sogar mehrfach herunter. Ich befestige sie jeweils mit immer längeren Nägeln, die zum Schluss aus dem Stamm ragen, sodass ich die Spitze nach unten biegen kann.

Dann ist es endlich soweit. Die ersten Sprösslinge zeigen sich. Leider entdeckt dies auch eines Abends eine nach Hause wandernde Kuh. (Einige Kühe gehen in der Früh mit dem Kuhhirten los und finden am Abend von allein zurück.)

Ich stehe gerade am Küchenfenster und koche, als die Kuh auf meinen kleinen Koppelzaun zugeht und – ohne im Laufen auch nur innezuhalten – mit ihrer Brust wie mit einem Rammbock den oberen Stamm absprengt und dann beim Einsteigen in das Beet den unteren mit einem Tritt ihres Hinterhufes zerbricht. Schmatzend genießt sie die unerwarteten Leckerbissen. Ich renne schreiend mit dem

Schrubber in der Hand hinaus und stippe die Kuh mit dem Bürstenende in die Seite.

»Hej! Hau ab!«

Sie dreht mir ihr Hinterteil zu und kaut unbeeindruckt weiter.

Nachdem das kleine Beet völlig verwüstet und die Kuh verschwunden ist, setze ich mich auf das Bänkchen vor dem Haus und gebe auf.

Ich habe zwischenzeitlich mit der Reparatur des Zaunes sicher das Vierfache an Zeit zugebracht, als ich am Anfang für die richtige Bauweise gebraucht hätte. Ich reiße den Zaun, der die Schönheit schützen sollte, ab und im selben Atemzug auch meinen Gartenzaun, dessen Pfosten windschief und mit vielen Lücken in alle Richtungen zeigen.

Mit Vera baue ich einen neuen Zaun um meinen gesamten Garten, der geschätzte zweitausend Quadratmeter umfasst. Nach ungefähr fünfzig genagelten Querbalken kann ich bereits sehr flink mit einer Hand eine Kerbe mit der Axt schlagen, in die der Pfosten jeweils gut hineinpasst.

Ungefähr tausend Meter später habe ich gelernt, Freude an dieser Arbeit zu empfinden. Es ist wie mit allem: Was ich gut kann, erzeugt in mir ein Gefühl von Zufriedenheit. Und ehe ich etwas kann, muss ich üben.

In dieser Zeit sinkt das Ausmaß meiner Zigarettensucht von vierzig auf sieben Stück pro Tag, die ich vorwiegend abends rauche, wenn die Arbeit getan ist. Ich beginne zu spüren, dass es einen Zusammenhang gibt zwischen meiner inneren Leere, die ich mit Qualm fülle, und der Fülle, die in mir durch eine gelungene körperliche Arbeit entsteht.

Der Frühlingsfrost verschwindet. Warme Sonnenstrahlen halten Einzug. Ich erlebe den ersten Frühling in Lipowka. Wilde Blumen, die der Wind gepflanzt hat, schmücken Wiesen, Felder und Wegränder.

Ich muss lauthals lachen über mein von der Kuh gefressenes Blumenbeet.

# Sommer

## Hitze

Die Sommer in Lipowka sind genauso heiß, wie die Winter kalt sind.

Fünfundvierzig Grad sind hier keine Seltenheit. Der Regen fehlt. Sonnenglut flutet die Gärten und Felder. Die Bauern klagen über die Dürre, über Kopfschmerzen und die mühevolle Bewässerung des Gartens.

Zu den Brunnen, die sich alle dreihundert Meter auf den Wegen befinden, sind zwei Jahre zuvor Pumpen gekommen, die frisches Trinkwasser aus dem Nachbardorf Demuschkina führen. Die Pumpen werden elektrisch betrieben und sind täglich bis elf Uhr in Betrieb. Jedes Haus besitzt einen großen Wasserzuber, der sechs Eimer Wasser fasst, die für den Tag benötigt werden. Wer Brunnen und Pumpe direkt vor seinem Haus hat, hat Glück. Viele Babuschkas jedoch müssen bis zu dreihundert Meter mit der schweren Last zurücklegen. Zwei volle Eimer tragen hier von den Frauen nur noch die jüngeren, also die unter 70-Jährigen. Die älteren Frauen tragen zwei halb volle Eimer, und die ganz alten gehen mit zwei 3-Liter-Milchkännchen los.

Als ich Baba Olga, die fünfundneunzig Jahre alt ist, das

Dorfbrunnen auf dem Weg

erste Mal anbiete, ihr doch schnell den Zuber zu füllen, damit sie nicht 30-mal mit dem Milchkännchen die Strecke laufen muss, wehrt sie entsetzt und entschieden ab: »Nein, nein. Das kann ich noch selbst!«

Ein paar Stunden später gehe ich wieder an ihrem Haus vorbei. Sie winkt aus dem Fenster und ruft stolz: »Ich habe den ganzen Zuber voll.« Mir wird klar, dass ich sie mit meinem übereilten Hilfsangebot um genau diesen Stolz gebracht hätte. Es ist hier nicht so wichtig, wie lange jemand für etwas braucht, sondern dass er es überhaupt noch schafft.

Alte dürfen hier langsam sein.

Im Sommer muss nun nicht nur Wasser für das Haus, sondern auch noch für den Garten herangetragen werden. Vieles verdorrt, weil die meisten Menschen die zusätzliche

Wanja und ich mit dem geborgten Schwarzen

Schlepperei nicht bewerkstelligen können. Hält die Dürre an, sind auch die Felder mit der Ernte in Gefahr.

Die Gespräche drehen sich im Sommer vorwiegend um das Wetter, das Wachsen der Kartoffeln, der Tomaten und Gurken und um die Gesundheit der Tiere und deren Arbeitsleistung. Die Hühner legen in der Hitze schlecht. Kühe und Pferde werden von riesigen Bremsen gepeinigt.

Der klapprige Schwarze von Kolja hat überall entzündete Hautstellen. Jeden Dienstag kommt zu seinen alltäglichen Aufgaben noch ein zusätzlicher schwerer Arbeitseinsatz dazu.

Das Brot für das ganze Dorf wird von den Bäuerinnen Walja und Dina in der ehemaligen Mühle im Wald gebacken. Diese Mühle ist für viele Einwohner Lipowkas sehr weit entfernt, und so bringt Bauer Kolja mit dem Schwarzen die gesamte Fuhre zum ehemaligen Laden ins Dorf. Dieser ist zentral gelegen und für alle besser zu erreichen als die Mühle.

Die Babuschkas tragen an diesen Tagen frische weiße Kopftücher, und einige wenige, wie die Dorfälteste Baba Luba, haben Ohrringe angelegt. Es ist der Tag, an dem sich auch Dorfbewohner treffen, die sich ansonsten nicht mehr sehen, weil das Dorf sich über viele Kilometer erstreckt. Früher traf man sich bei der gemeinsamen Arbeit in der Kolchose und zu den zahlreichen Festen im Dorf. Geburtstage, Taufen, Hochzeiten, kirchliche Feiertage und jahreszeitliche Feste gaben genügend Anlässe zur Geselligkeit. Heute reicht die Kraft der verbliebenen Alten gerade noch für ihre Arbeit, und man trifft sich nur noch zum gemeinsamen Fernsehen oder beim Brotverkauf. Da ist man dankbar für alle Neuigkeiten, die es auszutauschen gibt.

Auch die Ankunft Koljas, der den Nachnamen des amtierenden russischen Präsidenten – Jelzin – trägt, wird als Ereignis gesehen.

Die Babuschkas warten mitunter zwei Stunden auf den Pferdekarren. Sie stehen entspannt an die Wände des großen, leeren Ladens gelehnt, kauen Sonnenblumenkerne, deren Schalen sie lässig auf den Boden spucken, plaudern und scherzen.

Dann ist es so weit. Auftritt Kolja.

»*Brrr, mal'tschik!*« (»Brrr, Junge!«) Es klappert vor dem Laden. Der Karren hält. In die Babuschkas kommt Bewegung.

»Na, mal sehen, was die Regierung uns heute bringt«, sagt Baba Galja lachend.

Alle schmunzeln.

Kolja Jelzin kommt in den Laden.

»Na, was hast du dem russischen Volk heute zu bieten?«, ruft Baba Vera.

Kolja ist die Wiederholung dieser immer gleichen Szene offenbar sehr peinlich, und er fährt sich hilflos durch sein verstrubbeltes Haar. »Frauen, an das Brot. *Dawai*«, sagt er, um abzulenken, und meint damit, dass man eine Kette von drinnen nach draußen bilden solle.

Während dies geschieht, wird Kolja weiter geneckt.

»Wenn du nicht immer so betrunken wärst, würde Russland vielleicht wieder stark werden.«

Kolja wird rot wie ein Schuljunge, was die alten Frauen erst richtig in Form bringt.

»Ein Zar müsste wieder her. Willst du nicht Zar werden, Kolja?«

Er winkt ab. »Ist ja gut, gebt Ruhe, Frauen.«

Die Frauen kichern.

Ich bekomme tatsächlich einen Eindruck davon, wie es hier zuging, als die alten Frauen noch strahlende junge Dorfschönheiten waren. Für Sekunden tauchen diese in ihrem Lachen auf.

In der Dürreperiode scheitert die Brotzufuhr jedoch an dem Schwarzen, der – gepeinigt von der Hitze, den Bremsen und dem tiefen Sand, durch den er den schweren Holzkarren ziehen muss – schon in aller Frühe das Weite sucht. Bereits drei Dienstage hintereinander mussten sich alle Bewohner auf den langen Weg in den Wald machen, weil der Schwarze verschwunden war.

Am vierten Dienstag komme ich zeitgleich mit meiner Nachbarin Galja vor dem Laden an.

»Ist der Schwarze weggelaufen?«, ruft sie bereits von Weitem ein paar schwatzenden Babuschkas zu.

»Ja!«, rufen diese zurück.

»Gut«, sagt Galja, macht kehrt und läuft zur ehemaligen Mühle in den Wald, um wie alle anderen das Brot dort abzuholen.

Auch ich laufe hinterher. Nachdem ich mich jedoch bereits drei Dienstage zurückgehalten habe, frage ich Galja nun: »Aber warum kann man denn nicht dafür sorgen, dass das Pferd NICHT wegläuft?«

Galja sieht mich erstaunt an und antwortet: *»Nu, eto sud'ba!«* (»Na, das ist doch Schicksal!«)

Tatsächlich nehme auch ich immer mehr diese innere Haltung ein, die es mir leichter macht (hier) zu leben. Dieses Dasein inmitten einer fremden Mentalität ist ein wenig so, wie in eine Leihbibliothek zu gehen. Ich nehme in mich auf, was ich gebrauchen kann, und lasse da, was nicht zu mir gehört.

Auch die Hunde dösen in der Hitze unter dem Haus oder in tiefen, selbst gebuddelten Mulden. Selbst Bambino und Felix tollen nur morgens und abends umher. In der Mittagszeit hebt sich keine Pfote.

Die einzige Ausnahme bildet ein fremder oder nur selten vorbeilaufender Hund. Aus friedlichem Schlummer, aus dem Tiefschlaf, aus komatösen Hitzezuständen schlägt derjenige Alarm, der den Eindringling zuerst bemerkt hat.

Sofort schließen sich alle anderen an. Man kann sehr gut beobachten, dass die zuletzt Erwachten eigentlich gar nicht wissen, warum sie bellen. Es bedarf einer gewissen Zeit der Orientierung, ehe alle aus einem gemeinsamen Grund heraus anschlagen.

Jeder der Hunde äußert sich auf seine Weise. Während Wanja tief und dunkel bellt und sehr gerade, mit hochaufgerichtetem Schwanz vor dem Haus oder im Hof steht, wird der fremde Hund von Laska nur fixiert. Anton bellt in einem hohlen, ja man kann sagen rein informativen Ton, Husar bellt aufgeregt, weil alle bellen, Alma schweigt in ihrem Busch, Milyi bellt eifrig aus einem Gefühl der Zusammengehörigkeit heraus und daher ohne jede Schärfe, Baba bellt hoch und, so scheint es, eher vom Aufruhr im Rudel genervt als von dem vorbeilaufenden Hund. Felix und Bambino springen wie die Verrückten um den Eindringling herum und attackieren ihn mit Scheinangriffen.

Während Wanja und Laska sich sofort wieder entspannt hinlegen, sobald der Hund vorbei ist, Anton noch ein paarmal »hinterherwufft«, Husar froh scheint, dass die Aktion vorbei ist, und Baba sich eine neue Kuhle gräbt, scheinen Felix und Bambino ihr eigenes Spektakel so zu genießen, dass es ihnen völlig egal ist, wie der Eindringling selbst sich verhält. Auch wenn dieser mit eingeklemmtem Schwanz, angelegten Ohren, weggedrehtem Kopf, geduckt und sich über die Schnauze leckend vorbeischleicht, drehen die beiden so auf, als stünde eine Attacke bevor. Felix bellt hysterisch, umkreist den Hund, stößt mit dem Kopf nach vorn, ohne ihn zu berühren, und ist bemüht, dem vermeintlichen Angreifer sein Gebell für immer in den Gehörgang zu pflanzen. Bambino absolviert ein paar wilde Runden um den Fremden und bellt freudig über die Abwechslung und die eigene Bedeutung als lebende Alarmanlage.

Der größte Fehler, den der andere Hund in diesem Moment machen kann, besteht darin zu flüchten. Für Felix und Bambino gibt es nichts Wunderbareres als ein davonlaufendes Tier. Wenn es gerade kein Hase ist, tut es auch ein Hund. Gemeinsam nehmen sie die Verfolgung auf, schließen links und rechts an die Seiten des Fliehenden auf und schnappen in seine Hinterläufe, bis er zu Fall kommt.

Das Jagdspiel hat sich erst erledigt, wenn der Fremde sich nicht noch einmal dazu bringen lässt, schnell davonzulaufen, sondern langsam weitergeht.

Mit steil nach oben gerichteten Schwänzen und durchgedrückten Gelenken kehren die beiden zum Rudel zurück. Würden sie Indianergeschichten kennen, brächten sie sicher einen Skalp in Form eines Haarbüschels herbei, um ihn in die Runde zu werfen. Die anderen Hunde jedoch dösen längst wieder oder widmen sich anderen Interessen, und niemand verfolgt das Gebaren der Halbstarken.

Wenn Felix keine Aufmerksamkeit bekommt, diese jedoch dringend möchte, bevorzugt er ein hohes nervtötendes Bellen. Bambino beginnt dann, ihn mit einem Jaulen zu begleiten, und fühlt sich beim Ausstoßen dieses Tones offenbar so wohl, dass er diesen »gurgelt«, solange es geht: »Huwauauaua, huwauwauwau, huwauauaua!« Wenn daraufhin keiner der anderen Hunde reagiert, versuchen sie die Aufmerksamkeit durch ein wildes Rennspiel zu erlangen – immer schön dicht an den anderen vorbei oder knapp über sie hinweg.

Felix als Unruhestifter

Entweder lassen sich Anton oder Milyi davon anstecken und spielen mit, oder einer der Hunde schaut streng in die Richtung der Junghunde. Auch ein strenger Blick scheint manchmal besser als gar keine Aufmerksamkeit, denn die beiden drehen dann mitunter noch mehr auf. Ich bewundere immer wieder die Nerven und die Geduld des restlichen Rudels, das völlig entspannt bleibt, während die beiden Halbstarken Unruhe verbreiten. Einige Hunde verlagern ihren Platz dann zwar unters Haus, tun dies aber völlig selbstverständlich und wie ein echter Russe: schicksalsergeben.

## Gemeinsame Spiele

Das für die Hunde schönste gemeinsame Spiel heißt: Müll ausbuddeln. Die Müllentsorgung in Lipowka erfolgt in eine *Jama* (Grube), die man selbst aushebt und – wenn sie voll ist – zuschüttet, um eine neue Müllstelle anzulegen. So weiß man nie, wo der Vormieter des Hauses seine Gruben hatte.

Auch war vor der Perestroika der Müll ein anderer als jetzt, da es zu dieser Zeit noch eine Versorgung mit Produkten aus dem Lipowkaer Laden gab. Durch diese Waren fielen Plastikverpackungen sowie Konservendosen zur Entsorgung an.

Heute verpackt man selbst hergestellte Dinge zum Transport in *Banki* (Einweckgläser, die bis zu fünf Liter fassen), in Körbe, Taschen und Tücher. Es fällt also nur Müll an, wenn man Kleidung, Möbel oder Farbdosen (die man für das Streichen der Fensterrahmen benötigt) entsorgt.

Einmal hielt eine deutsche Freundin der Sängerin Lena Kamburowa einen Vortrag über die Folgen der Müllentsorgung in Lipowka und ihre Schädigung des Bodens. Lena, die sicher einer der ersten Menschen war, die sich damals (Anfang der Neunzigerjahre) in Russland über gesunde Ernährung und Ökologie Gedanken machte, schleppte daraufhin bei einem Spaziergang einen Müllsack mit sich.

Irgendwann fragte ich irritiert, was sie denn mit dem Müll vorhabe.

»Ich trage ihn aus dem Dorf hinaus!«, lautete die schlichte Antwort.

Anton kommt eines Morgens in den Hof gelaufen, und ein roter Stoffzipfel hängt aus seinem Maul, den er offensichtlich irgendwo ausgebuddelt hat. Er hat den Kopf sehr steil aufgerichtet. Wenn er Arme hätte, würde er den Fetzen sicherlich wie eine Fahne hochhalten. »Seht mal, was ich hier für eine tolle Sache habe«, scheint er sagen zu wollen.

Er muss nicht lange Parade laufen. Bambino hat ihn und seinen Schatz sofort entdeckt. Er läuft ein paar Schritte neben Anton und versucht, eine Ecke des Zipfels zu fassen. Sein Vorhaben scheitert daran, dass Anton genau in diesem Moment den Kopf wegdreht, nur um dann sogleich wieder lockend in Bambinos Richtung zu schauen.

Bambino wechselt die Taktik und versucht, Anton zu einem Rennspiel zu animieren. Anton jedoch ist viel zu erfahren, um auf diesen Trick hereinzufallen. Er gibt weiter gut auf seinen Stoffzipfel acht und trägt ihn wie ein kostbares Ausstellungsstück im Hof herum.

Tatsächlich erregt er damit bei allen Hunden außer der alten Baba und der scheuen Alma Interesse. Wanja verfolgt Anton im Liegen sehr aufmerksam mit den Augen. Laska hat sich hingestellt und starrt auf das Ding in Antons Maul, als warte sie darauf, dass es irgendwann einfach zu Boden fällt. Milyi läuft vorsichtig hinter Anton her und schnüffelt mit erhobener Nase, ob das Objekt seine Identität vielleicht auf diese Weise preisgibt.

Felix, der gerade nicht im Hof war, kommt hereingelaufen und erstarrt sofort zum Fragezeichen. Er hat ein gutes Gespür für laufende Aktionen. Er verschafft sich kurz einen Überblick, indem er der Blickrichtung der anderen Hunde folgt, und stürzt dann wie von der Tarantel gestochen auf Anton zu – er hat den Stofffetzen in seinem Maul erblickt. Mit schrillem Bellen jagt er um Antons Maul herum und versucht ihm den Schatz zu entreißen.

Jetzt kommt Tempo in die Sache. Bei dem äußerst flinken und hartnäckigen Felix kann Anton nicht einfach nur den Kopf wegdrehen. Er versucht sich durch Flucht in Sicherheit zu bringen, doch der Terrier attackiert ihn spielerisch von allen Seiten.

Schließlich bekommt Felix tatsächlich einen Zipfel des Zipfels zu fassen und tackert augenblicklich einen Zahn in ihn hinein, um mit aller Kraft daran zu reißen. Er fasst so lange nach, bis die beiden Rüden Maul an Maul zusammengewachsen scheinen und das rote Ding nicht mehr zu sehen ist. Mit einem weiteren Ruck ergattert Felix die Trophäe. Anton läuft noch ein paar Meter hinter dem davonrennenden Felix her und legt sich dann in den Sand.

Mir fällt auf, wie sehr die Hunde unterscheiden zwischen der Verteidigung von etwas, das man gerade ernsthaft als eigenen Besitz beansprucht, und einer Sache, die man selbst zum Spiel anbietet.

Kaut Anton, ohne einen der anderen Hunde anzusehen, auf einem Stock, und Bambino beginnt ihn zu umschleichen, hebt er warnend die Lefze. Diesen Stock würde er nicht kampflos hergeben. Wirft er denselben Stock jedoch »in die Runde«, um einen der Hunde zum Spiel aufzufordern, überlässt er ihn auch einem anderen, wenn dieser schneller ist.

Dasselbe Verhalten zeigen auch die übrigen. Bis auf Felix. Ihm scheint einfach aus Prinzip alles zu gehören. Er kann sich keinesfalls beruhigen, wenn ein anderer ihm sein Spielzeug abjagt.

Dass auch die anderen Hunde in Erfahrung bringen können, worum es sich bei dem roten Schatz handelt, ist nur der Tatsache zu verdanken, dass Felix seine Aufmerksamkeit schnell wieder etwas anderem zuwendet, das Unterhaltung versprechen könnte. Als ein fremder Hund in der Nähe bellt, schießt er sofort aus dem Hof nach draußen. Der Stofffetzen, der vielleicht einmal zu einer Schürze gehörte, bleibt zurück. Das ist Bambinos Chance, die er, ohne zu zögern, nutzt. Er schnappt sich den roten Zipfel und schüttelt ihn mit Wonne.

Im Laufe des Tages sehe ich, wie sich jeder Hund mit dem roten Stofffetzen beschäftigt. Er wird von Laska behutsam abgeleckt, von Wanja getragen, von Milyi ausgiebig untersucht und von Husar mit der Nase gestupst. So eine Müllentdeckung ist jedes Mal ein Ereignis.

Ein weiteres gemeinsames Spiel nenne ich Hügeltanz, in Anlehnung an das Gesellschaftsspiel »Stuhltanz« (oder »Die Reise nach Jerusalem«).

Die Landschaft Lipowkas ist eine Ebene. Vera sagte einmal zu einer Petersburger Künstlerin, die sie von Lipowka begeistern wollte: »Du musst unbedingt einmal dorthin kommen. Die Landschaft ist herrlich. Da siehst du nichts!« Dabei wischte sie energisch in vertikaler Linie mit dem Arm durch die Luft. Sie hat dabei jedoch nicht an die wenigen kleinen Hügel gedacht, die sich sanft in die Landschaft einfügen.

Laufen wir über die Wiesen, spurtet Milyi oft mit großer Begeisterung auf eine solche Erhebung hinauf und hält von dort aus die Nase in den Wind. Häufig sind es Anton, Bambino und Husar, die dann ebenfalls auf den Hügel wollen, um herauszufinden, was es dort Tolles zu sehen gibt.

Bevor die anderen ihn erreichen können, senkt Milyi den Oberkörper nach unten, reckt den Hintern nach oben und versucht so, die Besetzung des Hügels durch Körperblockaden spielerisch zu verteidigen. Er wirft sich gegen die »Angreifer« und hat spätestens dann verloren, wenn er – an vorderster Front kämpfend – nicht mitbekommt, dass hinter ihm schon ein anderer Hund den Hügel besteigt. Die Spielpositionen wechseln, jetzt verteidigt der jeweils andere sein Hoheitsgebiet. Es geht hin und her, und alle sind mit viel Begeisterung bei der Sache.

Am schönsten ist es für mich, mit den Hunden schwimmen zu gehen. Ich selbst habe mich im Wasser schon immer fast wohler gefühlt als an Land und halte mich im Sommer dreimal täglich darin auf.

Nachdem Wanja nach einigen Tagen verstanden hat, dass ich immer von einer kleinen Landzunge aus um eine Flussbiegung bis zu einer Bucht und zurück schwimme, begleitet er mich das erste Stück, geht dann auf der anderen Seite des Flusses ans Ufer, legt sich in die Sonne und hat von dort einen ausgezeichneten Überblick über meine Schwimmbahn. Auf dem Rückweg begleitet er mich dann wieder den letzten Teil der Strecke.

Felix jedoch, der im Wasser eine echte Plage ist, schwimmt auch nach Jahren noch hektisch platschend neben mir und versucht dabei immer wieder, auf mich draufzuschwimmen. Ob er dabei mich oder sich selbst retten will, bleibt ungeklärt. Ich binde ihn irgendwann an einem Baum fest, um wieder ohne Kratzer und ungestört schwimmen zu können.

Anton, Bambino, Husar und Laska sind begeisterte Schwimmer. Ich bin immer wieder erstaunt, wie schnell sie sind. Ich bin eine gute Schwimmerin, dennoch erreichen wir alle dasselbe Tempo. Milyi schwimmt eher selten ein Stück mit uns mit, und Baba und Alma liegen stets nur im schattigen hohen Schneidegras. Wieder zurück am Ufer, toben Bambino, Felix, Anton, Milyi und Laska sehr gern durch das flache Wasser. Es wird ordentlich gespritzt, ins Wasser gebissen, sich gehascht und gefangen und dann in der Sonne ausgeruht.

In einem weiteren Hundespiel, dem »Kampf ums Loch«, geht es darum, ein Loch, das gerade einer der Hunde übertrieben eifrig und ständig um sich blickend gräbt, selbst in Besitz zu nehmen und darin weiterzugraben. Es erfordert viel Kreativität, sich dazu immer wieder Taktiken zu überlegen, die verhindern, dass die anderen das Loch in Beschlag nehmen.

Wanja beteiligt sich nicht an diesen Spielen. Stattdessen liegt er gelassen im Sand und blickt mit dem ihm eigenen halb schläfrigen Ausdruck über die Szene. Es gibt jedoch eine Sache, die auch in ihm die Freude am Spiel weckt. Das ist ein alter Fußball, der nur noch halb aufgeblasen ist. Wenn ich dagegentrete und ihn ordentlich fliegen lasse,

Wanja mit Ball

springt Wanja ausgelassen wie ein junger Hund hinterher, um ihn wieder einzufangen und ihn zu mir zu bringen. Ich habe ihm dieses Zurückbringen nicht beigebracht. Er tut es von ganz allein.

# Die Künstler kommen

Im Sommer kommen die Künstler nach Lipowka.

Es sind russische Bekannte von Vera, die sie einmal nach Lipowka eingeladen hatte und die – begeistert von diesem Ort – jeweils ein heruntergekommenes Häuschen kauften, um den Sommer darin zu verbringen. Durch sie wird mir klar, dass der besondere Zauber dieses Ortes nicht nur eine Deutsche berühren kann.

Abends wird getrunken, gesungen und diskutiert – in dieser Reihenfolge. Es werden kleine Ausstellungen organisiert und andere Unternehmungen. Ich freue mich, mitunter dabei zu sein und dann wieder in mein Leben mit den Hunden und den Babuschkas zurückzukehren. (Ich bin ein Einzelkind, und meine Betriebstemperatur verträgt sich nicht mit allzu vielen Menschen, wenn ich entspannen will. Ich bevorzuge eher die gemeinsamen Abende mit Vera und das Beisammensein mit den einzelnen Babuschkas.)

Zu den Treffen mit den Künstlern kommt jedes Mal auch eine kräftige Frau mit einer hohen, schrillen Stimme, die alle mit ihren Problemen zu beschäftigen weiß. Ich habe sie nie ein Wort über einen anderen Menschen als sich selbst sagen hören. Niemand mag sie, und alle hoffen darauf, dass sie es nicht mitbekommt, wenn eine Zusammenkunft stattfindet. (Man muss dazu wissen, dass Russen nicht nur auf Einladung kommen.) Ertönt ihre Stimme dennoch zuverlässig während eines Treffens, wird sie begrüßt wie ein lang vermisster Gast. Ich bin jedes Mal verblüfft über diese gastfreundliche Geste, die der inneren Haltung der Runde nicht entspricht.

Als sich der Geburtstag der Dichterin Marina Zwetajewa jährt, lade ich zu diesem Anlass einige der Künstler zu mir ein: eine Sängerin, zwei Liedermacherinnen, eine Malerin, einen Maler und eine Dichterin, die mir sympathisch sind. Ich war zuvor zwei Tage im Dorf unterwegs, um genügend Eier, Gemüse und Selbstgebrannten zu organisieren. Ich habe gekocht und das Haus festlich mit Wildblumen geschmückt.

Wir sind in einer schönen Stimmung und singen in der Küche gerade Lieder nach Texten von Marina Zwetajewa, als eine schrille Stimme ertönt. Der rotgefärbte Schopf des ungeliebten Gastes erscheint vor meinem Fenster.

Ich gehe zu der Frau hinaus und frage, was sie möchte.

Sie blickt mich irritiert an. »Na, ihr feiert doch.«

»Ja«, antworte ich.

»Gut«, sagt sie und geht an mir vorbei, um in mein Haus zu laufen.

Ich überhole sie und sage so entschieden, wie ich – als harmoniebedürftiges Wesen, das ich damals bin – es kann: »Ich habe nur eine ganz kleine Runde eingeladen und möchte keine weiteren Gäste an diesem Tag. Nimm es mir nicht übel.«

Sie greift sich in die Haare und schaut mir zum ersten Mal seit unserem Aufeinandertreffen direkt in die Augen, wie um sich zu vergewissern, dass sie sich nicht verhört hat.

»Ein anderes Mal«, sage ich, um die Situation zu entschärfen.

Sie macht brüsk kehrt und läuft zurück zu ihrem Haus.

Ich komme in der Erwartung in die Küche, alle wären sehr erleichtert, dass dieses Mal ein Treffen ohne den unerwünschten Gast stattfinden kann. Schockierte Blicke. Niemand sagt etwas. Nach einiger Zeit bemerkt die Malerin: »So etwas kannst du nicht machen. Das tut man hier nicht. Man schickt niemanden weg. Das verbietet die Gastfreundschaft.«

Ich bin ratlos. Wir sitzen hier und feiern den Geburtstag einer Dichterin, die von den meisten Russen wegen ihrer unabdingbaren Kompromisslosigkeit geschätzt wird, und ich darf nicht einmal einen Menschen wegschicken, den ich nicht eingeladen habe und mit dem ich mich und die anderen sich nicht wohlfühlen. Die Stimmung ist verdorben – auf beiden Seiten.

Beim nächsten Wodka ein paar Tage später ist alles vergessen, wie immer, wenn es ein Problem gab. Alle toasten mir freundlich zu. Auch die Frau, die ich weggeschickt hatte, hebt das Glas in meine Richtung. Diese für mich ungewohnte Form der Konfliktbewältigung lasse ich in der »Leihbibliothek des Lebens« stehen. Ich werde mich damit bis zum Schluss fremd fühlen in Russland.

Elena Kamburowa, eine der Künstlerinnen, die mich bei der Organisation meiner Konzerte unterstützt hat, ist Anfang der Neunzigerjahre die beliebteste Sängerin Russlands. Auch in Lipowka kennt man sie aus dem Rundfunk und den zwei TV-Geräten, die es im Dorf gibt. Lena hat auf der Bühne die Intensität und Wirkung einer Edith Piaf, besitzt jedoch nach meinem Empfinden eine andere Ausdrucksvielfalt. Während Edith Piaf sterben muss, um zu singen, singt Kamburowa, um zu leben. Im realen Leben ist sie eine Frau von großer Güte und mitunter rührender Naivität. Auch sie hat sich ein Haus in Lipowka gekauft, in das sie jeden Sommer und zum Jahreswechsel kommt.

Eines Nachmittags sitze ich vor meinem Haus und trinke Tee, die Hunde liegen auf dem Weg, da sehe ich von Weitem etwas Großes, Schwankendes auf uns zukommen. Mein Blick schärft sich, und ich sehe Lena Kamburowa auf einem Fahrrad durch den tiefen Sand kurven. (Aufgrund des Sandes fährt niemand im Dorf Fahrrad.) Das Rad schlingert von links nach rechts, neigt sich mehrfach bedrohlich zur Seite, rutscht weg, doch Lena fängt es immer wieder ab, um dann erneut an Fahrt zu gewinnen. Sie fährt auf mein Haus zu und fällt plötzlich vor mir in den Sand.

Ich springe auf, um ihr zu Hilfe zu eilen. Sie ist schneller, rappelt sich hoch, schaut mich mit einem kindlich begeisterten Ausdruck an und sagt: »Ich lerne gerade Fahrradfahren. Nur bremsen kann ich nicht, aber man kann stattdessen umfallen, das geht auch.«

Wir trinken gemeinsam Tee, und als es Abend wird, hören wir den Hunden zu. Ich bedauere bis heute, dass ich nur die Gesänge der Babuschkas auf Band aufgenommen habe und nicht auch die Heulkonzerte der Hunde.

»Huuu«, »huuujjj«, »huhhhu« – jeder meiner Hunde bringt einen anderen Ton ein, um sich von dem abendlichen Geheul der anderen Hunde in Lipowka abzugrenzen. Bambino wirft sich als Heldentenor in die Brust, Felix improvisiert einen Chor in vielen Tonlagen, Laska heult wie ein Wolf, Wanja »schlürft« die Töne, Anton heult mit

Wanjas Kopf auf meinem Rücken

Vibrato, Husar heult ganz leise, Alma schweigt, Baba bringt ein paar heisere Zwischentöne ein und Milyi wälzt sich häufig begleitend dazu im Sand.

Beinahe jeden Abend zünde ich ein Feuer im Hof an, und auf zwei der Hunde scheint es immer dieselbe hypnotisierende Wirkung zu haben wie auf mich. Milyi und Baba starren dann zusammen mit mir in die Flammen. Wanja platziert, wenn ich bäuchlings liege, seinen Kopf auf meinem Rücken.

Laska liegt neben Wanja. Milyi hat sich neben mir auf den Rücken gerollt, blickt ins Feuer und lässt sich von mir den Bauch kraulen. Bambino dreht sich ebenfalls oft auf den Rücken und schmatzt. Die alte Baba liegt vor mir, besser gesagt fast unter mir, und starrt ebenfalls in die Flammen. Anton liegt in seiner Kuhle. Alma in ihrem Busch.

Felix ist nicht bei uns im Hof. Er hat eine wichtige Aufgabe. Er rettet gerade unser Leben, indem er auf dem Weg vor dem Haus rein prophylaktisch in die Nacht hinein bellt.

Husar, der sich zu anderen Tageszeiten immer bei uns aufhält, hat für den späten Abend erstaunlicherweise andere Pläne.

## Husar und die innere Uhr

Husar beginnt sich trotz seiner innigen Liebe zu Anton nun auch für das zu interessieren, was die anderen tun. Nagt Bambino zum Beispiel einen Stock kaputt (eine seiner Lieblingsbeschäftigungen), stellt er sich vor ihn hin und betrachtet mit einem Ausdruck absoluter Ratlosigkeit lange diesen Vorgang.

Bambino fühlt sich durch diese unverhoffte Aufmerksamkeit, die er offenbar als Bewunderung deutet, maximal angespornt und zerfetzt daraufhin mit Begeisterung alle Stöcke, die er in seinem Umkreis finden kann. Mitunter wirft er den Stock ein wenig von sich weg und schaut dann in eine andere Richtung, um Husar zu ermuntern, sich den Stock zu schnappen – natürlich nur, um zeigen zu können, dass er selbst schneller sein wird. Husar jedoch scheint es völlig gleichgültig zu sein, ob Bambino den Stock im Maul hat oder nicht. Was genau ihn am Stöcke kauenden Bambino eigentlich interessiert, lässt sich nicht wirklich ausmachen.

Baba ist neben Felix unsere beste Fährtensucherin. Während Felix jedoch über die Felder hetzt und in schrillen Tönen »jippt«, wie ich sein abgehackt klingendes Bellen bezeichne, schnüffelt Baba gemütlich vor sich hin. Husar läuft mitunter neben ihr, ohne Anton aus den Augen zu verlieren, und schnüffelt mit. Auch hier gewinne ich den Eindruck, dass er zwar nicht wirklich weiß, wonach er sucht, das alles aber für eine interessante Sache hält.

Auch wenn Bambino und Felix mit Leidenschaft herumtoben und spielen, scheint dem jungen Schäferhund irgendwo im Hinterstübchen etwas zu dämmern. Flitzt einer der Rüden an ihm vorbei, geht er mitunter instinktiv in eine Spielaufforderung, weiß dann jedoch mit seinem eigenen Impuls anscheinend nichts mehr anzufangen und setzt sich ruhig wieder hin.

Etwas jedoch gibt es, das Husar ganz genau kennt und das er ungemein wichtig nimmt: die Zeit zum Schlafengehen.

Jeden Abend um 21 Uhr (plus minus fünfzehn Minuten) geht er auf seinen Schlafplatz unter das Haus. Er kann gerade mit uns im Hof liegen oder an Anton gekuschelt sein – geht es auf 21 Uhr zu, rappelt er sich hoch und verkriecht sich in seine Schlafmulde.

Wir feiern am Fluss Veras Geburtstag. Cesária Évora (bis heute neben Maria Tănase meine Lieblingssängerin) lässt ihre Stimme aus einem batteriebetriebenen Kassettenradio ertönen. Der Vollmond beleuchtet neonlichtartig die Landschaft, wir braten Kartoffeln am Feuer und trinken Baba Lubas Selbstgebrannten. Alle Hunde liegen so dicht wie möglich an der potentiellen Futterquelle und warten, ob etwas übrig bleibt. Auch Husar hat gerade noch aufmerksam auf meine Hände geblickt, die gerade eine Kartoffel zubereiten, als er plötzlich aufsteht und verschwindet. Zwei Sekunden später piept das Radio, und eine Nachrichtensprecherin verkündet: Es ist 21 Uhr.

Als wir gegen Mitternacht nach Hause kommen, schaue ich unter das Haus und sehe in die verschlafenen Augen von Husar. Er ist tatsächlich die zwei Kilometer vom Fluss alleine nach Hause gelaufen, um pünktlich schlafen gehen zu können.

## Aufgaben

Meine Vorstellung von einem Leithund entsprach bisher der allgemein üblichen Annahme, dass dieser für alles verantwortlich ist. Er allein muss alle Entscheidungen treffen, er muss zur Jagd »blasen«, die Jagd anführen, er darf zuerst an die Beute gehen und fressen, er geht immer vornweg, zuerst durch jede Tür, und überhaupt hat er im Rudel »das Sagen«. Es ist wie so oft mit bestimmten Vorstellungen: Man hat sie von anderen übernommen, und diese übernahmen sie ebenfalls schon von anderen, und irgendwann überprüft niemand mehr, woher diese Vorstellungen stammen und ob sie überhaupt stimmen.

Im realen Leben beobachte ich ein Zusammenspiel von Fertigkeiten einzelner Hunde, ähnlich der Aufgabenverteilungen unter den Bauern im Dorf. So wird Baba Luba als Dorfälteste bei wichtigen Dingen um Rat oder eine Entscheidung gebeten, aber natürlich ist sie nicht auch noch zuständig für das Brot, den Honig, die Körbe, die Filzstiefel, die Glaubensfragen und die medizinische Versorgung. Für alles gibt es im Dorf Spezialisten. Wird ein Bauer krank, übernimmt ein anderer seine Aufgaben.

Eine ähnliche Arbeitsteilung erlebe ich bei den Hunden. Während Wanja tatsächlich in allen wichtigen Situationen die Entscheidungen allein trifft, beteiligen sich an der Erziehung von Felix und Bambino fast alle Hunde (außer Alma und Husar). Dabei werden niemals Dinge aus Prinzip getan, sondern immer so, wie es die jeweilige Situation verlangt.

An einem Bahngleis zum Beispiel, das wir einmal in der Woche überqueren, wenn wir nach Demuschkina gehen, lässt Wanja die Hunde nicht jedes Mal aus Prinzip anhalten, so wie wir Menschen es am Straßenrand mit »Sitz« oder »Warte« von unseren Hunden verlangen.

Wanja, Anton und Laska spitzen schon zuvor die Ohren, verlangsamen ihr Tempo jedoch nicht und gehen völlig entspannt weiter, solange sie nichts wahrnehmen, was Gefahr bedeuten könnte. Ist aber ein Zug zu hören, bleiben sie stehen oder entscheiden sich dafür, noch zügig über das Gleis zu laufen – je nach Entfernung des Zuges. Dies ist möglich, weil sie die anderen jederzeit stoppen könnten, falls Gefahr drohen würde.

Einmal, als der Zug bereits zu hören ist, toben die beiden Junghunde gefährlich nah am Gleis. Wanja schießt nach vorn, läuft mit einem Knurren genau zwischen den beiden hindurch und trennt sie auf diese Weise. Danach entfernt er sich, und die beiden folgen ihm. Diese Form zu agieren kann ich bei allen »Erziehungsversuchen« beobachten. Die souveränen Hunde mischen sich nur ein, wenn unmittelbar Gefahr droht oder zu viel Unruhe entsteht. Ansonsten können die jungen Hunde die Welt erkunden, herumtoben und auch einmal allen auf die Nerven fallen.

Die erzieherisch wirkenden Hunde reagieren mit einem »Stopp« und einer Konsequenz, wenn das Stopp nicht gereicht hat – und dies auf ihre eigene, ganz individuelle Art. Bei Wanja reicht meist ein Blick. Jeder Hund weiß, dass eine Konsequenz folgen würde. Laska hebt neben einem ernsten Blick mitunter auch nachdrücklich die Lefze. Anton schränkt die Jungspunde eher in ihrer Bewegung ein, indem er sie mit seiner Breitseite abfängt. Baba »kreischt« kurz auf (und entblößt dabei beide Zahnreihen), wenn sie im Spiel von den beiden überrannt wird, und schnappt mit einer – für ihre Sanftmut erstaunlichen – Entschiedenheit hinter ihnen her. Milyi bringt sich normalerweise unter dem Haus in Sicherheit, weiß sich aber bei Bedrängnis zu wehren, indem er knurrend warnt und notfalls auch einmal kurz zuschnappt.

Nur Husar blickt ratlos, wenn die Junghunde an ihm vorbei- oder über ihn hinwegfegen. Körperlich ist Husar allen anderen überlegen. Aus ihm ist ein großer, stattlicher Kerl geworden, was ihm selbst oder dem Rudel jedoch nur indirekt hilft. Als Anton und ich einmal um eine Ecke biegen, hinter der ein Hund steht, bricht dieser in hysterisches Bellen aus, als er Anton sieht. Einen Augenblick später taucht Husar auf. Der fremde Hund will Anton gerade attackieren, hält jedoch mitten in der Bewegung inne, als er Husar erblickt. Er macht blitzschnell kehrt und rennt davon. Husar erzeugt (zumindest bei einer Erstbegegnung) noch mehrfach diese Wirkung. Hinzu kommt, dass er weder droht noch beschwichtigt. Seine ausdruckslose Art erinnert mich an die Haushälterin eines Hitchcock-Films, die wie aus dem Boden geschossen plötzlich dasteht und einfach regungslos starrt. Diese Figur war mir immer unheimlicher als der Mörder selbst. Husar ist so ein »Erschrecker« und trägt daher ganz unbewusst zur Deeskalation einiger Situationen bei.

Unterwegs halten sich Anton und Husar vorwiegend vorne auf, und Anton informiert das Rudel, wenn etwas in Sichtweite kommt und eine Entscheidung getroffen werden muss. (Husar macht meinem Empfinden nach einfach mit.)

Mitunter jedoch, wenn Anton auf dem Boden etwas zum Schnüffeln gefunden hat und dadurch zurückbleibt, hat sofort ein anderer wie Milyi oder Laska die Lage im Blick. Wanja begutachtet kurz, was der Späher meldet, und trifft eine Entscheidung: weitergehen oder ausweichen – und auf welche Weise.

Bei friedlichen Dorfhunden, die nur lautstark auf ihr Territorium aufmerksam machen, entscheidet er sich meist dafür, ruhig vorbeizulaufen, demonstrativ wegzuschauen, sich über die Schnauze zu lecken oder auch Felix in Schach zu halten, wenn der die Lage kläffend und nach vorn schießend anheizt.

An Dorfhunden, mit denen wir schon schlechte Erfahrungen gemacht haben, geht Wanja mit deutlichem Abstand am äußersten Rand des Weges zügig vorbei. Obwohl meine Hunde immer in der Überzahl gegenüber den einzelnen Revierwächtern sind und Wanja allein schon oft kräftiger ist als sie, trägt er zur Deeskalation einer Situation bei, wann immer es möglich ist.

Auch Bambino leistet auf seine Weise oft einen guten Beitrag in brenzligen Situationen. Der inzwischen erwachsene Hund hat nichts von seinem Spieltrieb und seiner Fröhlichkeit verloren.

Kommen andere Hunde in Sicht, die Bambino toll findet, weiß er nicht mehr ein noch aus vor Freude. Er rast dann in sicherer Entfernung auf und ab, wie um zu testen, ob der andere seine Freude zu teilen bereit ist. Ich habe oft erlebt, dass Hunde mit gehobenen Lefzen oder hysterisch bellend auf uns zukamen, dann verdutzt auf den Hund blickten, der grinsend von einer Spielaufforderung in die nächste sprang, und letztlich mit Bambino spielten.

Laska ist »die rechte Pfote« Wanjas, die im Hintergrund still und souverän die »Feinkorrektur« vornimmt, die Wanja mitunter vernachlässigt, wenn ihm der Anlass zu nichtig erscheint. Sie beendet aufkeimende Unruhe sofort und mit einem strengen Blick. Laska achtet auf Ruhe und Harmonie.

Andere Hunde im Rudel, die sonst keine Entscheidung für die Gruppe treffen dürfen, sind dafür wichtige Mitglieder bei der Jagd.

# Auf der Jagd

Es gibt exzellente Fährtenleser wie Felix und Baba, die durch das Anzeigen eines wahrgenommenen Geruchs den Startschuss zur Jagd geben. Es gibt begabte Treiber wie Alma, Husar und Anton, die das aufgescheuchte Wild blitzschnell in ihre Mitte nehmen und es geschickt auf die Hunde zutreiben, die es zu Fall bringen und töten. Das sind häufig Wanja, Laska und Milyi.

Immer wieder jedoch bilden sich neue Konstellationen und Teams – je nach Ausgangslage und Erfolgsaussichten.

Jeder der Hunde scheint inzwischen die Signale der anderen zu kennen. So wie alle wissen, dass Felix einen Geruch in der Nase hat, wenn er leise zu »jippen« beginnt und losrennt, werden alle aufmerksam, sobald die alte Baba mit hoch in die Luft gereckter Nase aufgeregt tippelt. Sie schießt nie sofort los, sondern überprüft die Lage eine Weile – mit der Nase in der Luft. Hat sie sich dann für eine Richtung entschieden, sind die anderen oft schon dorthin unterwegs.

Die Hunde jagen vorwiegend Wühlmäuse, Ratten, Feldhamster, Hasen und Frischlinge (wenn diese ohne Aufsicht der Mutter sind). Einmal erwischen sie auch eine Gans, einen Biber und ein Rehkitz. Die Hunde, die die Jagd vollenden, töten meist durch einen einzigen, sehr kraftvollen Biss in die Kehle oder in den Nacken. Am häufigsten sehe ich dabei Wanja, Anton und Milyi.

Wenn die Hunde ein Tier aufgespürt haben, werden sie sehr still und langsam und versuchen sich der Beute unbemerkt bis auf eine geringe Distanz zu nähern. Wie auf einen

Husar wird zum Raubtier

gemeinsamen Startschuss hin schießen sie dann plötzlich nach vorn und erwischen das Tier entweder sofort oder folgen ihm, wenn es flieht.

Gelingt es nach einigen hundert Metern keinem der Hunde, das Tier zu erreichen, ihm den Weg abzuschneiden oder es einzukesseln, brechen sie die Jagd ab. Bis auf Felix, der noch immer wild »jippend« und weit abgeschlagen hinter der Beute herrennt und sinnlos seine Energie verpulvert.

Bambino ist bis heute der Einzige im Rudel, der nie eine Jagd beginnt oder in spezieller Form daran teilnimmt. Er ist mit dabei und rennt planlos hin und her, das ist alles.

Einmal quert ein Hase, den die anderen gerade hetzen, genau seinen Weg. Er läuft ihm praktisch fast an der Schnauze vorbei. Bambino blickt mit großen Augen auf das hoppelnde Wesen und geht dann in eine Spielaufforderung, während der Hase bereits zweihundert Meter weiter ist.

So wenig Husar auch vom ganz normalen Leben zu verstehen scheint, bei der Jagd agiert er ruhig und konzentriert. Die sonst so scheue Alma kann bei einem Beutetier plötzlich und ohne zu zögern zupacken. Wanja ist während der Jagd Mitwirkender und kein Führender. Entscheidungen trifft immer der Hund, der gerade am Zug ist.

Als ich Milyi das erste Mal ein kleines Rehkitz töten sehe, fällt es mir sehr schwer, in ihm weiterhin den sanften Hund zu sehen, als der er sonst in Erscheinung tritt. Für mich ist es eine völlig neue Erfahrung, dass die Art, wie sich der Jagdinstinkt äußert, keinen Charakterzug darstellt, sondern nur ein natürliches Verhalten in einer ganz bestimmten Situation.

Ich muss sehr schlucken, als ich dies zu begreifen beginne. Meine romantischen Vorstellungen von einem »lieben Hund« fallen in sich zusammen. Die Jagdszenen mit den Hunden, die an meiner Seite liebevolle Wesen und zugleich Raubtiere sind, katapultieren mich sehr schnell in die Wirklichkeit des Überleben-Müssens.

## Das Schwein

Das Schwein lebt vom Frühjahr bis zum Winter, wird zum Jahreswechsel geschlachtet und mit den Nachbarn geteilt. Es wird mit so viel Salz gepökelt, dass es zumindest für meinen Gaumen absolut ungenießbar bleibt, auch wenn ich es tagelang immer wieder in frisches Wasser einlege. Im nächsten Jahr füttert ein anderer Nachbar ein anderes Jungschwein, und auch dies wird nach einem Jahr geteilt. So reicht ein einziges Schwein für etwa acht Haushalte.

Im Winter, kurz vor der Schlachtung, lebt das Schwein in einem kleinen Hohlraum hinter dem Küchenofen, weil es im Stall erfrieren würde. Es rächt sich im Voraus für die Schlachtung mit einem lautstarken nächtlichen Grunzen und Quieken. Alle Bauern mit einem Schwein klagen über massive Schlafprobleme.

Zu Besuch bei meinen Eltern in Deutschland gebe ich ein Vermögen für viele Packungen Oropax aus und verteile sie – mitsamt einer genauen Gebrauchsanweisung – im Dorf.

Ein paar Tage später zeigt man mir, sehr zufrieden, wie das Oropax verwendet wurde. Es dient jetzt in den Häusern als Fensterkitt und dichtet den Rahmen der im Winter zusätzlich eingefügten Fensterscheibe ab.

Ich selbst kenne Schweine zu diesem Zeitpunkt nur aus meiner Kindheit, vom Bauernhof der Verwandten. Sie waren meine besten Freunde. Ich saß viele Sommer im Schweinestall und erzählte den geduldigen Zuhörern von meinen mir sehr groß erscheinenden Sorgen. Es war eine schöne Zeit. Seitdem liebe ich Schweine.

Nicht weniger als Hunde.

Ich lerne Baba Paschas Schwein kennen. Es steht in einem winzigen Verschlag in der Scheune.

»Aber es hat ja nicht einmal ein Fenster«, rufe ich schockiert.

*»Wot okno!«* (»Da ist das Fenster!«), erwidert Pascha und zeigt auf eine Ritze im Holz.

Ich bin fassungslos.

»Das Schwein darf sich nicht bewegen, weil es sehr schnell dick werden soll«, erklärt Pascha und deutet auf den winzigen Verschlag.

Das Schwein geht mir nicht aus dem Kopf.

In der Nacht schleiche ich mich zu Paschas Scheune. Es ist 3 Uhr. Die einzige Zeit, in der jeder Lipowkaer zu schlafen scheint. Alle Fenster sind dunkel.

Ich will dem Schwein das Tollste bieten, was es je erlebt hat: Feld. Wiese. Auslauf. Die Welt.

Ich öffne den Verschlag, und das Schwein wuchtet an mir vorbei. Durch die Scheunentür. Auf das vom Vollmond beschienene Feld. Es grunzt, schnüffelt, gräbt und schaufelt mit der Schnauze in der Erde. Ich bin glücklich. Ich könnte heulen vor Glück. Das arme Schwein lernt endlich die Welt kennen.

Es verlässt das Feld.

Ich beginne nachzudenken.

Ich versuche das Schwein zurückzutreiben. Selten habe ich mich so unsichtbar gefühlt wie bei diesem Schwein.

Ich klopfe, rufe, schreie, schiebe.

Das Schwein scheint durch mich hindurchzulaufen.

Nach zwanzig Minuten bin ich schweißgebadet. Ich habe Pascha und ihren Nachbarn das Fleisch für das ganze nächste Jahr genommen. Ich laufe, so schnell ich kann, zu Vera, die tief und fest schläft. Es ist mittlerweile vier Uhr morgens.

»Vera …« Ich klopfe an die Fensterscheibe ihres Einzimmerhäuschens. »Veeera …«, flüstere ich angespannt.

Vera öffnet verschlafen das Fenster. »Äääh?«

»Vera, bitte hilf mir. Ich muss das Schwein wieder einfangen!«

Vera öffnet kurz die Augen. »Ein Schwein?«

»Das Schwein von Pascha, du weißt schon, das ohne Fenster«, raune ich.

Vera ist wach. »Was für ein Fenster?«

»Paschas Schwein! Ich habe es freigelassen. Es sollte einmal die Welt kennenlernen«, flüstere ich panisch.

Ich erkenne an Veras ungläubigem Blick, dass sie mich verstanden hat.

Ein paar Minuten später suchen wir zusammen das Schwein. Wir finden es im Garten von Paschas Nachbarin Tasja. Es erntet gerade Gemüse. Das ist unser Glück – wäre es auf dem Feld geblieben, hätten wir keine Chance gegen seinen nun erwachten Freiheitsdrang gehabt.

Veras Idee, einen Besen und eine Mistforke mitzunehmen, erweist sich als unglaublich sinnvoll. Wir versuchen, das Schwein damit in Richtung Scheune zu drängen. Falls Sie noch nie ein Schwein kennengelernt haben: Es gibt kaum ein autarkeres Wesen!

Es wehrt sich, quiekt schrill oder ignoriert uns stoisch und ist im Übrigen flink und wendig.

Voller Angst haben wir stets die umliegenden Fenster im Blick, die erstaunlicherweise dunkel bleiben. Wir sind einem Schwächeanfall nahe, als wir das Schwein endlich in den Verschlag zurückgetrieben haben.

Mir geht es nicht gut. Jemandem die Welt zu zeigen ist das eine, das andere ist, sie ihm wieder zu nehmen.

Ich schlafe bis 11 Uhr. Die elektrische Pumpe am Wegrand, deren Trinkwasser vom Nachbardorf zu uns geleitet wird, ist bereits geschlossen. Ich borge mir bei Nachbar Wasja einen Eimer Wasser. Er blickt mich interessiert an.

»Ihr habt Paschas Schwein eingefangen. Das ist sehr gut.«

»Woher weißt du das denn?«, frage ich ängstlich.

»Das ganze Dorf spricht davon«, erwidert er treuherzig und fügt hinzu: »Da hat wohl Pascha den Stall aufgelassen. Ohne euch hätte sie jetzt kein Schwein mehr.«

Ich könnte vor Scham in den Boden versinken.

## Der Tag, an dem Baba Lubas Haus erzitterte

Baba Luba, die Dorfälteste – und man muss auch sagen Dorfschönste –, hat Geburtstag. Vera und ich sind eingeladen. Sicher ein Jahr hat es gedauert, bis Baba Luba ein direktes Wort an mich richtete. Vorher saß ich bei allen Besuchen stumm neben Vera und betrachtete fasziniert das dunkle, schöne Gesicht der alten Frau.

Luba ist eine wichtige Person im Dorf. Vielleicht die Wichtigste. Sie trifft Entscheidungen, die im Interesse aller getroffen werden müssen. Sie liest aus den Karten die Zukunft, sie kreiert die Lipowka-Lieder, sie stellt den besten Selbstgebrannten (*Samogon*) her und trinkt diesen auch gern bei entsprechenden Anlässen. Ein Anlass dafür ist immer Besuch.

Das Charisma und die Ausstrahlung von Baba Luba lerne ich gleich bei unserer ersten Begegnung kennen. Vera klopft an ihre Haustür und stellt mich Baba Luba vor. Baba Luba würdigt mich keines Blickes und führt uns in ihr Haus. Sie klagt ein wenig über die Hitze, die Trockenheit und den im Winter weggelaufenen Hund. (Baba Luba gilt im Dorf als hundefreundlich, weil sie noch immer von ihrem letzten Hund spricht.) Ich werde zwar weiter ignoriert, doch nach wenigen Minuten steht auch vor mir ein Glas. Der *Samogon* wird eingefüllt. Es ist Mittag.

Ich halte abwehrend beide Hände vor mich und beteuere: »Um diese Zeit kann ich noch nicht trinken! Vielen Dank. Gern ein anderes Mal.«

Baba Luba,
die Dorfälteste

Baba Luba nimmt mein Glas, schiebt es sehr dicht an mich heran und sagt, ohne mich anzublicken: »*Pej!*« (»Trink/Sauf!«) Ihr Ton ist weder laut noch aggressiv. Dennoch liegt eine Bestimmtheit darin, dass ich Anfang 30-Jährige, die sich bisher jeder Konvention und Bevormundung verweigerte, sofort zum Glas greife und den Inhalt eilig hinunterkippe.

Als Vera und ich schon lange nicht mehr geradeaus schauen können, sitzt Baba Luba noch immer mit großer Würde aufrecht am Tisch.

Ein Jahr vergeht, und eines Tages wird meine Funktion als schmückendes Beiwerk bei Veras Besuchen aufgehoben. Luba verschwindet plötzlich in ihrer Vorratskammer, kehrt mit selbst gestrickten Schafwollsocken zurück und schenkt auch mir ein Paar. »Hier Mädchen, da sollst du nicht frieren.«

Es ist das erste Mal, dass sie mich direkt ansieht.

Der Ritterschlag jedoch erfolgt erst zwei Jahre später. Wie jeden Sommer sind die Künstler da. Sie stehen gegen Mittag auf, wenn der Lipowkaer nach seiner ersten Arbeitsschicht eine Pause einlegt. Sie gehen nachts ins Bett, wenn die Bauern längst schlafen. Sie laufen durch den Ort und die Landschaft und rufen: »Sieh mal! Schau mal hier! Guck doch bloß mal dort!« Sie bieten Geld für Nahrungsmittel anstatt Arbeit. (Geld braucht in einem Selbstversorgerdorf wie Lipowka niemand.) Sie kennen keine Kleidung in Dreckstufe I, II und III, sie interessieren sich nicht für das Wetter, die Ernte, die Tiere. Sie sind in der Sommerfrische.

Ich stehe mit Baba Luba auf dem Weg vor ihrem Haus. Drei Künstler laufen vorbei. Sie grüßen, Baba Luba nickt.

Als sie an uns vorbei sind, sagt Luba zu mir: »Maja, das sind Städter. Sie benehmen sich anders als wir.«

Ich gehe nach Hause, als hätte ich das Bundesverdienstkreuz empfangen.

Heute hat Luba also Geburtstag. Unsere Rucksäcke sind innen mit einem unverschlossenen *Banka* (Einweckglas) ausgestattet. Ohne diese Vorrichtung zur Wodka-Entsorgung hätten wir einige Feste nicht oder nur mit einer Alkoholvergiftung überlebt. So ausgerüstet freuen wir uns auf den Abend, denn die 85-jährige Baba Luba und ihre drei Töchter singen bei solchen Anlässen ausgiebig und schön. Baba Luba dichtet die Lieder selbst und komponiert eine Melodie dazu. Alle im Dorf kennen und singen diese Lieder.

Einmal fragt sie mich, was ich arbeite.

»Ich schreibe und singe Lieder«, antworte ich wahrheitsgemäß.

Sie schüttelt den Kopf und sagt: »Nein, was du arbeitest, wollte ich wissen.«

Ich schließe die Hunde im Hof ein und gehe mit Vera los. Ich fühle mich leicht und frei, einmal so ganz ohne die Hundeschar. Wir albern herum wie junge Mädchen, und unsere Jahre scheint die gute Laune gefressen zu haben.

In diese Fröhlichkeit fällt plötzlich, kurz vor Lubas Haus, ein ebenso frohes Hundegebell ein. Wir drehen uns um und sehen, wie eine riesige bellende Staubwolke auf uns zukommt. Alle sind hübsch beisammen: Wanja, Laska, Alma, Husar, Anton, Bambino, Felix, Milyi und Baba. Später werde ich entdecken, dass unter meiner Hoftür ein Loch für diese Flucht gegraben wurde. Jetzt aber sind wir ratlos, was wir mit den Hunden tun sollen. Der Weg zu Baba Luba ist weit, und zurück zu meinem Haus wären es fast vierzig Minuten Fußweg.

Unser Glück ist, dass Baba Luba keinen eigenen Hund mehr hat und die nächsten Nachbarn weit entfernt wohnen. So wird es keinen Ärger mit ansässigen Hunden geben.

Ich gehe mit Vera ins Haus und sehe durch das Fenster, wie die Hunde draußen abwartend stehen bleiben. Eine bunte Festgemeinschaft ist versammelt. Einige Bauern und Bäuerinnen aus dem Dorf, die Töchter von Baba Luba, und auch der Sohn aus Moskau hat sich über die Flüsse gewagt.

»*Veruscha, Majetschka, dawai!* Ihr habt schon drei Prosits verpasst«, ruft Körbemacher Petja.

Sofort müssen wir das Versäumte nachholen und bekommen ein Glas randvoll mit *Samogon* eingeschenkt. Der Vorteil von Wodka gegenüber Selbstgebranntem ist, dass der auf dem Etikett angegebene Prozentgehalt zwar hoch, aber verlässlich ist und dass er nicht schmeckt. Der Selbstgebrannte von Baba Luba jedoch schmeckt leider sehr gut, und sein stets schwankender Prozentgehalt ist in der Lage, am nächsten Morgen alles – von einem klaren Kopf bis zu einem furchtbaren Kater – zu erzeugen. Vera und ich nutzen jede sich bietende Gelegenheit, um die Hälfte eines jeden Glases in das im Rucksack versteckte Einweckglas zu leeren.

Baba Luba stellt ein neues Lied vor. In zehn Strophen geht es darum, dass sie einen Brief an einen Geliebten geschrieben hat und nie eine Antwort darauf erhielt. Ihr Warten beschreibt sie im Refrain mit dem Bild einer Rose, die langsam zu welken beginnt. Der Anblick der singenden 85-jährigen, schönen Frau ist sehr berührend. Alle anwesenden Babuschkas hören atemlos zu.

Das Lied ist zu Ende. Taschentücher werden gezückt.

Schnäuzend fragt Baba Dina: »Aber warum hat er denn nicht geantwortet?« Sie weint.

Was für ein Publikum, denke ich, selbst Liedermacherin. Was für ein Publikum.

In diesem Moment beginnt das Haus zu beben. Anfangs

Baba Luba singt mit ihren Töchtern: Mascha und Brotbäckerin Walja

gleicht das Geräusch einem Zentner Kohlen, die in einen Keller geschüttet werden. Dann steigert es sich zu rappelndem Donner unter dem Fußboden, der die Gläser auf dem Tisch erzittern lässt. Alle springen schreiend auf und rennen hinaus. »Die Erde bebt! Die Erde bebt!«, schreit Mascha, die mittlere Tochter Lubas.

Als wir draußen sind, kommen auch die Hunde wieder unter dem Haus hervor, unter das sie gerade – lautstark – gekrochen sind. Es braucht seine Zeit, um allen Anwesenden den Grund für das »Erdbeben« klarzumachen. Dann jedoch blickt die Festgemeinschaft mit sichtbarer Erleichterung auf die Ursache der Naturkatastrophe. Auf den Schreck muss unbedingt ein weiterer *Samogon* getrunken werden.

»Wenn wir jetzt hineingehen, werden die Hunde wieder unter das Haus kriechen«, warnt Vera.

Drinnen richten fortan alle ihr Augenmerk nicht nur auf das nächste erhobene Glas, sondern auch auf den Fußboden. Gerade ist der Toast auf den Schreck gesprochen und der Selbstgebrannte getrunken, da rappelt es in derselben Weise wie zuvor. Alle Augen folgen den Erschütterungen des Bodens wie dem zuckenden Ende einer brennenden Zündschnur.

Den letzten Rappler kommentiert Wasja mit einem neuen Prosit: »Auf das Leben«, sagt er, und alle stimmen ihm erleichtert zu.

## Milyis Schatz

Ich bin auf Beerensuche im Wald. Die feuchtschwüle Luft ist voll von Mücken. Berührt mein Kopf einen Zweig, klatschen sie gegen mein Gesicht wie eine Handvoll Sand. Man wird unempfindlich dagegen im Laufe der Zeit. Es sind zu viele. Und die Mückenplage dauert zu lange. Die Hunde streunen in großen Bögen um mich herum, der Korb füllt sich langsam mit Beeren. Immer vollere Sträucher locken mich immer tiefer in den Wald.

Plötzlich kommt Milyi aufgeregt zu mir gerannt. Ich lausche, ob ihm etwas folgt, aber ich kann nichts hören. Ich streichle ihn und rede mit ruhiger Stimme, doch er beruhigt sich nicht und rennt so aufgebracht durch das Unterholz davon, wie er kam.

Kurze Zeit später kehrt er noch aufgeregter zurück. Er lehnt seinen großen Kopf gegen mein Bein und winselt in kurzen, leisen Tönen. Dann läuft er erneut los. Ich beschließe, ihm zu folgen. Milyi verschwindet immer wieder in rasantem Tempo, kommt jedoch auch immer wieder zurück. In dieser Pendelbewegung führt er mich weiter durch das Unterholz des Waldes. Ich hoffe, dass wir uns nicht verirren, möchte aber unbedingt herausfinden, was er mir sagen will.

Nach zehn Minuten sehe ich zwischen den Zweigen etwas Buntes blitzen. Milyi steht davor und winselt. Beim Näherkommen erkenne ich Baba Marfa, die mit schmalem Gesicht und blass vor Schmerzen auf dem Boden sitzt.

»Majetschka«, ruft sie mit dünner Stimme. »Dich schickt

Mit der geretteten Marfa

der liebe Gott. Ich habe mir den Fuß gebrochen und wäre hier gestorben.«

Sie ist fast dehydriert, und ich gebe ihr von den Beeren, damit sie Flüssigkeit aufnimmt. Es stellt sich heraus, dass sie seit zwei Tagen im Wald sitzt. Ich muss sie noch einmal allein lassen, um Kolja mit dem Pferdewagen zu holen.

Die Rettung spricht sich im Dorf herum wie ein Lauffeuer. Immer wieder klopft es an meiner Tür, und immer wieder muss ich erzählen, wie Milyi mich zu Marfa geführt hat. Alle betrachten ihn ausgiebig, und ich glaube, an diesem Tag geschieht etwas ganz Wunderbares: Die Dorfbewohner nehmen zum ersten Mal einen Hund wirklich wahr.

## Der Neue

Vera und ich suchen im Wald Pilze. Am liebsten mag ich die kleinen, die eine Staubwolke von sich geben, wenn man sie mit einem Stock berührt. Ich wende den Farn um, um sie zu entdecken. Ich kenne mich noch weniger mit Pilzen aus als Vera, und wir bringen den gesamten Korbinhalt anschließend zwecks Begutachtung zu einer Babuschka. Die Hunde stöbern im Unterholz, wir suchen in Gedanken versunken, da kracht es mehrmals, und irgendetwas nähert sich.

Plötzlich rast ein Wildschwein wie ein Dreschflegel in fünfzig Meter Entfernung an uns vorbei und zerteilt das Unterholz. Kurz darauf folgt ein großer Hund. Meine Hunde stehen reglos und starren auf die Tiere, die im nächsten Augenblick wieder im Unterholz abtauchen. Alle zittern vor Erregung, Felix und Bambino kläffen schrill, doch keiner rührt sich.

Das ungleiche Paar kehrt fast im selben Moment zurück, in dem es verschwunden ist. Diesmal jagt das Wildschwein den Hund. Der gibt ordentlich Fersengeld, und man sieht ihm an, dass er in Panik ist.

Beim erneuten Auftauchen der beiden schießen Wanja, Laska und Anton nach vorn, Husar und Milyi flankieren sie seitwärts, die anderen stehen noch immer zitternd und kläffend neben mir. Das Wildschwein bemerkt den Zuwachs, lässt sich jedoch nicht von der Jagd auf den Hund abbringen. Es erreicht ihn in einem rasant gelaufenen Bogen und rennt in ihn hinein. Der Hund quiekt laut auf und kippt um.

Meine Hunde haben das Wildschwein erreicht, und jetzt

zittere ich um sie. Der Keiler jedoch dreht plötzlich ab und verschwindet in das dichte Unterholz. Anton und Husar schießen hinterher, Wanja und Laska beschnüffeln den fremden Hund. Er bewegt sich. Am Hals hat er eine offene Wunde, die blutet.

Im Unterholz knackt es. Alle erstarren und schauen in die Richtung, aus der das Geräusch kam.

Vera taucht aus dem Dickicht des Waldes auf. »Was gibt es denn? Was ist passiert?« Ich schildere ihr den Vorfall.

Wir verbinden den Hund, der aussieht wie ein Malinoismischling, mit einem Küchentuch, das eigentlich die Pilze abdecken sollte. Als er sich aufrappelt und verdutzt auf die große Gemeinschaft schaut, scheuche ich alle Hunde zurück. Glücklicherweise ist er noch fähig zu laufen, denn es ist ein schweres Tier, und wir könnten ihn nicht so weit tragen.

Ich nehme ihn zur Wundversorgung mit zu mir ins Haus und pflege ihn ein paar Tage gesund. Er hat Glück gehabt, die Wunde heilt schnell. Als ich ihn nach draußen entlasse, setzt er sich neben Anton und Husar auf den Weg. Beide stehen auf und inspizieren ihn erneut gründlich. Der Neue lässt sich die Leibesvisitation feuchter Hundenasen ruhig gefallen und wedelt beschwichtigend mit dem Schwanz.

Bambino hat den Braten gerochen und kommt begeistert um die Ecke aus dem Hof geprescht. Er rennt schwanzwedelnd zu den Hunden und leckt abwechselnd die Lefzen des Neuen und die von Anton und Husar. Dann wirft er sich vor dem potentiellen neuen Spielgefährten in eine Spielaufforderung – er beugt sich nach vorn und richtet den Hintern steil auf. Der Neue blickt auf das Hundegezappel, hebt langsam die rechte Pfote, stupst in das Gezappel hinein und beobachtet gespannt, welche Wirkung es hat. Bambino springt wie von der Tarantel gestochen auf und wirft sich begeistert in jede nur denkbare Pose einer Spielaufforderung. Der Neue blickt interessiert auf Bambinos Verrenkungen und Hopser, und wäre er ein Mensch, würde ich ihm ein eher wissenschaftliches Interesse daran attestieren. Wenn der Neue nun meint, er hätte etwas Einzigartiges zu sehen bekommen, wird er im nächsten Moment eines Besseren belehrt.

In einem wilden Tempo kommt, laut kläffend, Felix herangeprescht. Er versinkt augenblicklich in einer dichten Staubwolke, die durch sein jähes Stehenbleiben entstanden ist. Obwohl dies der theatralischen Wirkung seines Einsatzes abträglich ist, kläfft er auch eingehüllt in die Staubwolke weiter. Der fremde Hund wendet seinen Blick nun dem Neuankömmling zu, was Bambinos Bemühungen um ihn verdoppelt. Er schnappt sich ein Stück Holz und flaniert damit auf und ab, als gelte es, eine Versteigerung in Schwung zu bringen. Felix wird in der Staubwolke langsam wieder sichtbar und tippelt mit steil aufgerichtetem Schwanz und durchgedrücktem Rücken wie ein Hahn vor seinen Hennen.

Der Neue schüttelt sich. Dann legt er sich zu Anton und Husar auf den Weg und beginnt zu dösen.

Der frustrierte Felix und der aufgekratzte Bambino schauen ihn zunächst verdutzt an und blicken dann suchend um sich. Als sich ihre Blicke treffen, stürzen sie zeitgleich los – zu einer wilden Hatz um das Haus.

Wasja, Bambino, Milyi, Wanja, Felix

Woher der Neue kommt, erfahre ich nie. Ich nenne ihn Wasja. Er ist ein unerschrockener Bursche, der aufmerksam alles um sich herum wahrnimmt und künftig zusammen mit Anton vorne im Rudel agiert.

## Der Kampf

Wirkliche Kämpfe hat es bisher weder zwischen meinen Hunden noch mit fremden Hunden gegeben – obwohl Felix bei solchen Begegnungen oft zurückbleibt, um sich noch weiter aufzuplustern, während die anderen längst weitergelaufen sind. Wanja überlässt Felix in einem solchen Fall gelassen seinem Schicksal, und die anderen folgen ihm. Nach kurzer Zeit schließt Felix wieder auf und hält Ausschau nach dem nächsten »Feind«.

In den Momenten, in denen er ein infrage kommendes Subjekt, beispielsweise einen sein Revier verteidigenden »Hausherrn« entdeckt, streckt er seinen Oberkörper nach vorn, stößt mit dem Kopf in Richtung des anderen Hundes und verfällt in sein ohrenbetäubendes Stakkatogebell. »Wu-u-u-hu!!! Wu-u-u-hu!« Die anderen im Rudel würdigen Felix bei diesen Aktionen keines Blickes. Alle außer ihm ziehen zügig an dem bellenden »Hausherrn« vorbei. Auch Bambino schließt sich ihm beim Raufen hier nicht an. Wenn der »Hausherr« auf seine Einladungen zu einem Rennspiel nicht reagiert, gibt er auf und folgt dem Rudel.

Einmal traut sich Felix jedoch offenbar zu weit nach vorn, und ein großer, bunt gescheckter Hund vor Tonjas Haus hat die Nase voll. Ich höre plötzlich statt des Gebells ein Quieken, und als ich mich umdrehe, sind beide Hunde bereits ein laut schreiendes, ineinander verstricktes Knäuel. Wanja, Anton, Laska und Milyi rennen, davon aufgeschreckt, sofort zum Ort des Geschehens und drängen den Gescheckten von dem am Boden liegenden Felix weg. Der »Hausherr« kehrt laut schnaufend zurück in seinen Hauseingang und legt sich mit einem Unmutsseufzer nieder. Felix schüttelt sich und schließt mit panisch geweiteten Augen wieder zu uns auf.

Der Schreck hält ihn jedoch nicht davon ab, bei jeder Hundebegegnung dieselbe Show abzuliefern. Das führt schließlich zu einer gefährlichen Situation, nach der sich Wanjas Verhalten ändert.

Ich gehe Milch holen und wähle einen Umweg über die Felder, um den drei wilden Gesellen auszuweichen, die auf dem Nachbarhof von Kolja leben. Ich kann nicht wissen, dass sie dieses Mal genau auf jenem Umweg unter einer großen Weide lagern. Unvermittelt schießen sie plötzlich auf den Trampelpfad und bauen sich vor uns auf. Stinksauer über die Störung ihres Schlummers und unser Eindringen in ihr Territorium bellen die zwei »kleineren Großen« hysterisch, der dritte Große knurrt und läuft ohne weitere Vorwarnung mit starrem Blick auf uns zu.

Wanja flieht im selben Moment im großen Bogen, die anderen flitzen hinterher. Nur Felix bleibt vor Ort und rennt dem Großen kläffend entgegen. Blitzschnell sind die zwei anderen an seiner Seite und kesseln ihn ein. Nun geht der Große auf ihn los, und Felix schreit wie ein junges Schwein vor der Schlachtung. In diesem Moment macht das ganze Rudel bis auf Alma, Baba und Husar kehrt. Wanja und Anton bilden die Spitze, Milyi und Wasja die zweite Reihe und Bambino mit Laska das Schlusslicht.

Unmittelbar nach ihrem Aufeinandertreffen sind die

Hunde ineinander verbissen. Es ist bei diesem Tempo unmöglich zu erkennen, was genau sich abspielt. Während Wanja, Anton, Wasja und der Große jedoch beinahe geräuschlos miteinander raufen, werden die Kämpfe zwischen den beiden anderen mit Laska, Bambino, Felix und Milyi von ohrenbetäubendem Lärm begleitet.

Ich bin so schockiert über diesen plötzlichen Angriff, dass ich anfangs nur einzelne Bilder wie Momentaufnahmen wahrnehme und erst mit der Zeit realisiere, was gerade geschieht. Ich schnappe mir einen auf dem Boden liegenden großen Stock und schaue hilflos umher. Was kann man mit einem Stock anfangen, wenn so viele Hunde kämpfen? Ich lasse ihn fallen und greife mir eine Handvoll Sand, die ich mit einem lauten »Hej!« in das Gesicht des Großen pfeffere. Er jault kurz auf, lässt Wanja los und reibt sein Gesicht auf dem Boden.

Dasselbe wiederhole ich bei dem großen Hundeknäuel, treffe jedoch auch Laska und Felix mit dem Sand. Als die beiden Gesellen, aufgeschreckt durch den Sand, bemerken, dass ihr Anführer nicht mehr kämpft, hören auch sie damit auf und laufen in das Gebüsch unter der Weide, aus dem sie kamen.

Ich schreie: »*Begi!*« (»Lauft!«), und gebe Fersengeld. Alle Hunde folgen.

Zu Hause stelle ich fest, dass wir fünf Verletzte haben.

Wanja hat eine große blutende Wunde am Rücken und einen Fangzahnabdruck an der Kehle. Er hatte offenbar großes Glück. Anton blutet an den Lefzen und humpelt. Laska leckt sich winselnd eine verletzte Vorderpfote. Felix versucht wie ein Verrückter, sich den Sand aus den Augen zu reiben, ausgerechnet er hat jedoch keine Verletzung davongetragen. Bambinos Ohr ist eingerissen. Wasja hat eine Bisswunde über einem Rippenbogen. Was für eine Bilanz aufgrund eines kleinen, verrückten Terriers – die blauen Flecken, die man den Hunden nicht ansieht, einmal nicht mitgezählt.

Ich hole meinen Freund Jura, den Arzt aus Demuschkina, und dank seiner Hilfe bleibt den Hunden zumindest eine Wundinfektion erspart.

Seit diesem Vorfall gehe ich nicht mehr zu Kolja Milch holen, um den drei Gesellen nicht noch einmal zu begegnen.

Auch Wanja ändert sein Verhalten. Treffen wir auf Hunde, mit denen wir immer gute Erfahrungen gemacht haben, überlässt Wanja Felix nach wie vor seinem Schicksal, wenn dieser (ungebrochen) Scheinangriffe startet. Begegnen wir jedoch selbstbewussten Hunden, mit denen es schon Ärger gab, höre ich Wanja nun leise knurren. Zuerst gehe ich davon aus, dass sich dieser Warnlaut an den fremden Hund richtet, bis Felix einmal bellend nach vorne will und Wanja ihn abfängt. Er unterbricht ihn so entschieden in seinem Vorstoß, dass kein Zweifel darin besteht, dass sein Knurren Felix und nicht dem fremden Hund als Warnung galt.

Diese Szene wiederholt sich bei weiteren Begegnungen. Noch mehrfach lässt Wanja seinem Knurren eine Konsequenz folgen. Er tut, was er sonst nie tut – er schnappt zu. Zwar hinterlässt er keinen Zahnabdruck, doch für einen Hund wie Wanja ist diese Maßnahme sehr ungewöhnlich.

Die drei Zottigen drohen, Wanja und ich deeskalieren bei einer anderen Begegnung

Tatsächlich kommen wir durch Wanjas Eingreifen fortan an Hunden vorbei, ohne Angst haben zu müssen, dass Felix Schaden anrichten könnte. Er »wufft« zwar noch immer alles an, was Hundebeine hat, bleibt aber bei seinem Rudel und geht nicht mehr nach vorne.

## Anders

Der Morgen, an dem ich ein weiteres Mal für mich entdecke, dass Hunde sich völlig anders verhalten als Menschen, beginnt wie immer.

Seit zwei Jahren laufe ich morgens und abends auf einem kleinen Pfad zum Fluss. Ich habe diesen Weg auch nachts schon zurückgelegt, und da in Lipowka keine Laternen stehen, gelingt das nur, wenn die Füße allein den Weg finden. Ich gehe also auch an diesem Morgen jenen Weg und denke nicht darüber nach. Zu sehr ist er zur Gewohnheit geworden.

Anton und Husar laufen vorne. Anton informiert uns zuverlässig, sobald eine Babuschka in Sichtweite kommt oder ein anderer Hund. Während er jedoch bei einem Menschen nur zwischen diesem und uns hin- und herschaut und bei einem fremden Hund bellend zum Rudel zurückkehrt, ist sein Bellen dieses Mal energisch, ja einfach anders. Wanja schaut kurz auf und wählt aus mir unerfindlichen Gründen augenblicklich einen großzügigen Umweg über die Felder. Er entscheidet sich gegen den Weg, den wir seit zwei Jahren laufen.

Stellen Sie sich vor, ich würde jetzt abbrechen und die Geschichte nicht zu Ende erzählen …

Auch ich will natürlich unbedingt wissen, warum Wanja diese Entscheidung getroffen hat. Ich gehe also wie gewohnt auf unserem Pfad weiter und entdecke schließlich etwa zweihundert Meter vor mir einen vom Blitz getroffenen Baum, der den Weg versperrt. Aha, denke ich und beginne zu begreifen. Er wollte sich erst einmal aus der Ferne ansehen, was da los ist.

Eine Überprüfung und Erklärung für Wanjas Entscheidung scheine jedoch nur ich zu brauchen. Die Hunde fahren, während sie den völlig ungewohnten Umweg laufen, einfach mit dem fort, was sie gerade getan haben: schnüffeln, spielen, weiterlaufen.

Ich bin wie vom Donner gerührt. So etwas kenne ich nicht. In der Zeit, als ich noch nicht künstlerisch arbeitete und in ostdeutschen Betrieben tätig war, habe ich niemals Menschen kennengelernt, die nicht hinter dem Rücken des Chefs diskutierten, wenn dieser eine nicht sofort nachzuvollziehende Entscheidung getroffen hatte. Die Hunde jedoch schauten nicht einmal zum Ort des Geschehens. Sie verließen sich einfach auf Wanja.

In mir wächst ein Staunen.

Es hat bis heute nicht aufgehört.

# Unterwegs

Vera hat in meinem zweiten Jahr in Lipowka Besuch von einer Dichterin aus Kiew – Galja. Galja geht stundenlang mit einem in die Ferne gerichteten Blick über die Felder, durch das Dorf, in den Wald spazieren.

»Ich konnte noch nie so gut Gedichte schreiben wie hier«, sagt sie, und in ihren hellgrünen Augen liegt ein wehmütiger Ausdruck, der fast jeden ihrer wenigen Sätze begleitet. Gern würde sich Galja ein kleines Haus kaufen und die Sommer hier verbringen. Sie ist jedoch, wie sich das für eine Dichterin gehört, arm wie eine Kirchenmaus.

Galja liebt die Hunde. Und die Hunde mögen sie. Selbst Wanja lässt sich, entgegen seiner sonstigen Art, gleich von ihr berühren. Mir kommt eine Idee.

»Galja, ich muss bald zu einer Tournee fahren. Möchtest du in dieser Zeit nicht in meinem Haus wohnen und mit den Hunden leben?«

Galja zieht bereits eine Woche vorher bei mir ein, damit sie unser Leben kennenlernen kann. Statt in die Natur zu gehen, sitzt sie jetzt im Hof oder vor dem Haus bei den Hunden und begleitet uns auf unseren Gängen durch das Dorf und zum Fluss. Ich bekomme fast ein schlechtes Gewissen, dass ich sie vom Arbeiten abhalte. Nur Galja scheint sich darum nicht im Geringsten zu sorgen. Wirkte sie sonst immer nur zur Hälfte anwesend und zur Hälfte im Reich der Dichter, ist sie jetzt sehr präsent und strahlt eine Lebensfreude aus, an die Vera und ich uns erst einmal gewöhnen müssen.

Ich gehe mit einem besseren Gefühl als beim ersten Mal von Lipowka weg, obwohl mir die Hunde jetzt schon fehlen. Vera kommt mit mir. Ohne sie wäre ich sicher mehrfach an den Umständen, die mich auf meinen Tourneen in Russland (1991 bis 1997) begleiteten, gescheitert.

So stranden wir zum Beispiel in einem Bus mitten in der Pampa, weil der Reifen geplatzt ist. Alle Männer stehen rauchend um den Reifen herum und diskutieren den Schaden. Keiner von ihnen unternimmt jedoch den Versuch, ihn zu reparieren. Irgendjemand holt stattdessen Wodka aus seinem Gepäck, und eine fröhliche Zusammenkunft beginnt, deren Ende für Vera und mich nicht absehbar ist.

»Bitte, können Sie uns sagen, wann der Bus repariert wird?«, frage ich.

»*Wsjo budet horoscho!*« (»Alles wird gut!«), lautet die bereits erwartete Antwort.

»*Wsjo sud'ba*« (»Das ist Schicksal«), versuche auch ich mich zu trösten.

Und tatsächlich. Nach zwei Stunden kommt ein weiterer Bus vorbei und bleibt stehen. Die Fahrer begrüßen sich freundschaftlich.

»*Nu, brat, tebe nuzhna pomostsch?*« (»Na, Bruder, brauchst du Hilfe?«), fragt der Dazugekommene.

Noch eine weitere Stunde lang wird ausführlich diskutiert, wie der Reifen kaputtgehen konnte und wie lange er dem Bus schon diente, und die Fahrgäste des zweiten Busses haben sich inzwischen zu der vom Wodka beschwingten fröhlichen Runde des ersten Busses gesellt.

Mein Konzert an diesem Tag verschiebt sich von 19:30 Uhr auf Mitternacht. Obwohl es zu dieser Zeit noch kein Handy gibt, um unsere Verspätung anzukündigen, erwarten uns die Konzertbesucher vollzählig und in guter Stimmung. Das ist Gottvertrauen, denke ich und beginne das Ganze als Abenteuer zu betrachten.

So gebe ich mein erstes ungeplantes Nachtkonzert.

Weiterhin muss ich zwei Konzerte im Freien stattfinden lassen, weil das Konzerthaus im ersten Fall abgebrannt ist und im zweiten Fall Einsturzgefahr besteht. Ich darf zur Neueröffnung einer Moskauer Kirche singen und bin, als das Konzert beginnt, auf einer Art »Baustellenklo« eingeschlossen, dessen Tür nicht mehr aufgeht. Ich lerne viele neue Orte kennen und an jedem neuen Ort neue Menschen und deren Freunde und die Freunde dieser Freunde. Meine Magenschleimhäute reagieren gereizt auf die Mengen an – mir durch ungeschriebene Freundschaftsgesetze aufgezwungenen – Wodka und auf die fetten und kohlehydratreichen Speisen. Ich fahre Tausende von Kilometern, und immer wenn ich frage, wie weit etwas entfernt ist, höre ich: »*Ne daljeko*!« (»Nicht weit!«)

Gewöhnt an einen ungestörten deutschen Konzertablauf habe ich mir bei meinen ersten Auftritten eine schöne ineinander übergehende Lied- und Szenenreihenfolge für mein Programm überlegt. (Zwischen den Liedern arbeitete ich von Anfang an auch bereits in Deutschland immer mit szenischen Darstellungen.)

In Deutschland kommt am Ende eines Liedes Applaus,

im damaligen Russland (ich kann nicht sagen, wie es heute ist) Applaus, Bravo- und (H)urrarufe sowie Blumen. Mitten in einem Konzert also stehen Besucher auf und kommen vor zur Bühne, um sich für ein Lied zu bedanken, das ihnen besonders gut gefallen hat.

Bei meinem ersten Konzert blicke ich irritiert auf zwei junge Leute, die gleich nach dem ersten Titel zum Bühnenrand kommen und mich anstrahlen. Ich blicke ratlos zu Vera, die in der ersten Reihe sitzt und mir mit einer leicht winkenden Handbewegung dezent bedeutet, dass ich zum Bühnenrand gehen müsse.

Umständlich lege ich meine Gitarre neben mir ab, gehe mit hochrotem Kopf nach vorn, die Hände der jungen Leute schütteln meine Hände, und es wird mir erklärt, was für sie das Besondere an dem gerade vorgetragenen Lied gewesen ist. Die ganze Zeit über rechne ich aufgrund der Unterbrechung mit Unruhe im Publikum. Alle jedoch schweigen.

Selbst Kinder sagen während eines Liederkonzertes oder einer Dichterlesung nicht einen Piep. Es macht auf mich einen gespenstischen Eindruck, mit welcher Hingabe und Konzentration die Kleinen entspannt neben ihren Eltern sitzen und zuhören.

Später kommen zu den Menschen mit den Blumen die Menschen mit den Kassettenrekordern dazu. Sie halten große und kleine Geräte vor der Bühne nach oben und haben den Aufnahmeknopf des Raummikrofons gedrückt. Stolz werden mir im Anschluss an mein Konzert die akustischen Highlights vorgespielt. In all dem Rauschen ist tatsächlich auch eine Stimme zu vernehmen. Leider hört sie sich nicht an wie meine.

Auf der Bühne

In den Kiosken, die zu diesem Zeitpunkt in den Städten die Hauptquelle jedes Einkaufs darstellen, weil es in den Läden nur sehr begrenzt etwas zu erwerben gibt, liegen regelmäßig »Raubkopien« von Konzerten in Kassettenform. Sie besitzen weder ein Cover noch eine Hülle. Sie sind in weißes Papier eingewickelt, das mit der jeweiligen Handschrift des »Räubers« beschriftet ist.

»Майке Новак« (»Maike Nowak«) lese ich eines Tages an einem Kiosk auf so einer Kassette. Dieses »Produkt« erfüllt mich mit so viel Stolz, dass ich die Kassette kaufe. Sie ist mir noch heute kostbarer als meine später in einem Moskauer Studio aufgenommene und in Köln produzierte, völlig rauschfreie CD.

Von der Presse werde ich als »Stern in der Nacht« bezeichnet und absolviere Rundfunkauftritte, in denen mein Russisch, ohne meine sonst so hilfreiche Gestik, einsam durch den Äther wankt und die Redakteure ihre an mich gestellten Fragen oft selbst beantworten.

Ich habe immer mehr Sehnsucht nach den Hunden und den einfachen Dingen des Lipowkaer Lebens. Nach meinen Kleidern in Dreckstufe I, II und III. Nach den morgendlichen Gängen zu den Babuschkas, dem Fluss – und nach mir. Nach vier Monaten Reisen ist meine Seele verwildert. Ich brauche dringend wieder eine Heimat und fahre mit klopfendem Herzen nach Hause. Vera bleibt für einige Zeit in Moskau in ihrer Wohnung. Sie gibt nun selbst Konzerte.

Ich fühle mich fremd, als ich in Lipowka den sandigen Weg entlanggehe. Ich gehöre nicht hierher mit all den Bühnenauftritten, der Schminke und den Bravorufen.

Dennoch will ich genau das. Hier sein.

Die erste Babuschka öffnet ihr Fenster. »Majetschka! Da bist du ja wieder. Komm herein. Ich habe etwas für dich.« Es ist das schiefe Haus der heiligen Natascha.

Ich hangle mich über den abschüssigen Fußboden in die Küche und komme mir dennoch geerdeter vor als auf all den blanken Bühnenböden der letzten Monate. Natascha gibt mir zwei frische Piroggen mit auf den Weg und bekreuzigt sich für mein Wohlergehen. Ich beginne anzukommen.

Kurz vor meinem Haus laufe ich trotz meines Gepäcks, so schnell ich kann. Die Vorfreude auf die Hunde ist groß. Ich klopfe an meine Küchentür, um Galja nicht zu erschrecken, öffne sie und blicke erwartungsvoll in den Raum.

Eine Babuschka am Fenster in Lipowka

Er ist leer.

Ich gehe in den Hof.

Felix, Wasja, Milyi, Baba und Bambino haben sich malerisch um Galja herum in der Sonne gruppiert. Niemand hat mein Kommen bemerkt. Tolle Wachhunde, denke ich.

Felix hebt zuerst den Kopf. Er springt wie von der Tarantel gestochen hoch und bellt vor Schreck oder in einer Art Übersprungshandlung. Die anderen fahren hoch. Alle blicken mich entgeistert an, ehe sie zu begreifen scheinen, dass ich es bin, die in der Tür steht. (Ich konnte auch Galja den Tag meiner Ankunft nicht ankündigen, weil das Telefon in Lipowka kaputt ist.)

Ein ohrenbetäubendes Gebell und Gewinsel hebt an. Die Hunde laufen auf mich zu, springen an mir hoch, ich gehe zu Boden und bedauere, nur zwei Hände zu haben für all die Felle. Galja kommt mir freudestrahlend entgegen. Mein Blick sucht Wanja, Anton, Husar, Alma und Laska.

»Wo ist Wanja, wo sind die anderen? Jagen?«, frage ich hoffnungsvoll.

Galja umarmt mich und bittet mich, Platz zu nehmen. Mir ist flau im Magen.

»Anton und Husar sind beim Nachbarn. Sie kommen jeden Tag zu Besuch, halten sich aber auch drüben auf.« Dabei weist sie in die Richtung von Bauer Wasjas Hof. »Alma ist zu Hause.« Sie zeigt zum Busch, in den ein wenig Bewegung gekommen ist. Tatsächlich ist es der Schwanz von Alma, der sich sehr vorsichtig im Wedeln übt.

»Wanja und Laska kommen immer wieder einmal vorbei. Die meiste Zeit jedoch scheinen sie im Wald zu sein. Sie streunen dort. Die Bauern sehen sie ab und zu. Ich kann nichts dafür. Sie haben sich so entschieden. Da konnte ich gar nichts machen. Drei Tage nachdem du fort warst, sind sie weggelaufen.«

»Wie haben denn die anderen darauf reagiert?«, frage ich und deute entsetzt auf die Hunde um mich herum.

»Ich glaube, Wasja hat sie geführt, seit Wanja weg ist. Das ging sehr gut.« Galja sieht meinen fassungslosen Blick und sagt tröstend: »Wanja kommt bestimmt wieder.«

»Wie denn? Ich habe ihm ja keine Postkarte geschrieben mit der Nachricht, dass ich zurückkehre«, antworte ich gereizt vor Enttäuschung. Mir laufen Tränen über das Gesicht, und ich bücke mich hinunter zu Bambino und Baba, die fast in mich hineinkriechen. Die kleine Baba leckt mir die Hände, Bambino das Gesicht.

Wir gehen hinüber zum Nachbarn, und schon von Weitem sehe ich Anton und Husar auf dem Weg liegen. Anton springt auf und stellt sich in Wachposition. Ich kann ihm

Husar und Anton, die Unzertrennlichen

ansehen, dass er mich auf die zweihundert Meter Distanz nicht gleich erkennt oder sich unsicher ist. Schließlich hat er nicht mit mir gerechnet.

»Anton, Husar«, rufe ich. Ein Ruck geht durch die beiden, und sie kommen schwanzwedelnd auf mich zu. Husar freut sich ausgelassen, und Anton gräbt seinen Kopf schnaufend in meine Achselhöhle.

Bis auf die alte Baba, die sehr wackelig auf den Beinen geworden ist, laufen wir alle zusammen zum Fluss und suchen Wanja und Laska. Erfolglos.

Sicher wird er nun im Wald bleiben, jetzt, wo er sich wieder für dieses Leben entschieden hat, denke ich resigniert. Wäre ich nur hiergeblieben – auch das geht mir durch den Kopf.

Ich schleiche mit einem riesigen schmerzenden Loch im Bauch nach Hause.

Bei meiner Rückkehr deutet Galja in den Hof und sagt: »Die Postkarte ist offenbar doch angekommen.«

Mein Verstand steht still, aus Angst, sie falsch verstanden zu haben. Im selben Moment vernehme ich ein leises Fiepen. Einen ganz vertrauten Ton. Ich renne in den Hof, und Wanja und Laska kommen mir entgegen.

Ich muss die Freude nicht beschreiben. Sie ist groß. Und feucht. Es sind nicht nur meine Tränen, sondern auch viele nasse Hunde-»Küsse«.

Wanja und Laska wirken weder mitgenommen noch verstört. Zum ersten Mal kommt mir der Gedanke, dass Wanja und Laska im Wald vielleicht sehr glücklich gewesen sind.

# Festessen

Wie immer, wenn ich von Orten komme, an denen man Lebensmittel kaufen kann, gibt es anschließend ein paar kleine Festessen.

Das mitgebrachte russische Konfekt, das ich bis heute liebe, ist für die Babuschkas, Galja und mich. Es hat die Größe eines deutschen Dominosteines, und seine Varianten reichen von mit Schokolade überzogenen Waffelschichten bis hin zu den leckersten Schokoladenfüllungen. Jedes Konfekt ist in Papier eingewickelt, das mit typisch russischen Motiven bedruckt ist.

Für jeden eine Handvoll reichen die Köstlichkeiten dann für eine Woche oder zwei – vorausgesetzt, wir wählen die sparsamste Form des Konfektessens.

Zum Nachmittagstee wird ein Konfekt behutsam ausgewickelt.

Daran gerochen.

Daran geleckt.

»Hmmm!« gemacht.

Eine winzige Ecke abgebissen.

Das Konfekt zurück auf den Teller gelegt.

Die Winzigkeit im Mund hin- und herbewegt und mit der Zunge berührt, bis nichts mehr davon übrig ist.

Danach wird feierlich ein Schluck Tee getrunken.

Das setzt sich so fort, bis nur noch ein kleines Stück Konfekt übrig ist. Dieses hebt man besonders lange auf, es wird erst zum letzten Schluck Tee in den Mund genommen.

Ein Festmahl eben.

Für die Hunde koche ich zum Festessen drei Töpfe Nudeln, die ich im Winter eingekauft habe, als man sie mit dem Auto über die zugefrorenen Flüsse transportieren konnte. Ich rühre das mitgebrachte Dosenfleisch hinein und gebe Öl dazu und Gemüse.

Da alle drängeln und schieben, als ich mit den Töpfen komme, begehe ich den Fehler und schütte zuerst denen einen Haufen ins Gras, die die größte Unruhe verbreiten, damit sie beschäftigt sind und ich die anderen Portionen in Ruhe verteilen kann. Dies führt jedoch dazu, dass die Ersten bereits wieder fertig sind, als die Letzten anfangen, und nun in der Hoffnung um die Fressenden herumschleichen, ein Krümel bliebe übrig.

Es geschieht jedoch nie, dass ein Hund einen anderen von seiner Portion vertreibt. Wer etwas frisst, besitzt es auch. Verhält sich einer der Hunde jedoch einmal so unvorsichtig wie Alma und rennt kurz von seinem Anteil weg (weil es im Dorf geknallt hat und ja außerhalb des Busches Lebensgefahr drohen könnte), ist es sehr wahrscheinlich, dass ein anderer meint, man wäre an der Speise nicht mehr interessiert. Dann verschwindet das Futter in Windeseile im Bauch dieses Hundes.

Bei künftigen Festessen verteile ich das Futter zuerst im Garten, während die Hunde im Hof warten, und lasse dann alle gemeinsam hinaus. Es kommt dann mitunter zu kleinen Drohgebärden, wenn zwei Hunde zufällig zur gleichen Zeit dieselbe Futterstelle erreichen. Diese Situation löst sich jedoch immer so auf, dass sich beide nach einem kurzen, mitunter jedoch auch ausführlichen Lefzenheben und/oder Starren das Futter friedlich teilen oder einer von ihnen auf eine andere Futterstelle ausweicht. Zu einer wirklichen Auseinandersetzung ist es in der Gruppe wegen des Futters nie gekommen.

# Wo ist Baba?

Seit Baba blind ist, nehme ich sie mit ins Haus, um für sie zu sorgen. Sie liegt dort die meiste Zeit auf einem kleinen Teppich neben meinem Bett, hat alle viere in die Luft gestreckt und schläft selig. Sie kommt nur noch selten zu Gängen nach draußen mit. Oft bleibt sie freiwillig im Haus und freut sich dann – mit ihrem kleinen Stummelschwänzchen wackelnd – wieder über unsere Heimkehr.

Eines Morgens spüre ich beim Aufwachen etwas Warmes, Weiches an meinen Füßen. Die kleine Baba hat sich einen neuen Schlafplatz unter meiner Bettdecke gesucht, wo sie nunmehr jede Nacht anzutreffen ist. Eine Woche lang teilen wir so unsere Träume.

Ihr Bedürfnis nach Nähe scheint mir auch am Tage noch zugenommen zu haben, denn sie bemüht sich, immer dicht bei mir zu bleiben, wenn ich im Haus bin. So wundert es mich sehr, als ich mit den anderen von den Babuschkas und vom Fluss nach Hause komme und Baba mir nicht wie sonst entgegenläuft. Ich suche sie und kann sie nirgendwo entdecken. Es bringt mich schier zur Verzweiflung, dass sich die Hündin, die ich im Haus zurückgelassen habe, in Luft aufgelöst zu haben scheint.

War sie vielleicht doch im Hof? Ich sehe das Bild deutlich vor mir: Baba liegt auf meinem Bett, und auf meine unausgesprochene Frage, ob sie mit uns kommen will (die ich ihr nur durch einen Blick stelle), antwortet sie deutlich, indem sie wegschaut und den Kopf ablegt.

Wo ist Baba?

Ich laufe zu Vera. Gemeinsam suchen wir die Hündin.

Drinnen.

Draußen.

Auch noch nachts.

Baba bleibt verschwunden.

Am nächsten Tag greife ich nach einem Hocker, vor dem die Wassereimer stehen, um ihn als Tritthilfe zu benutzen. Er hat sich irgendwo festgeklemmt, und ich kann ihn nicht anheben. Ich schiebe die Eimer weg und schaue unter den Hocker. Er hat in der Mitte zwei Querhölzer, die ihm Stabilität verleihen sollen. Darüber liegt Baba. Sie ist offenbar bei dem Versuch gestorben, über die Hölzer zu steigen, um eine Höhle hinter dem Hocker zu finden. Da ihr Körper bereits erstarrt ist, liegt er wie festgeklammert über den Hölzern.

Zitternd und weinend laufe ich durchs Dorf zu Vera. Vera bricht ebenfalls zusammen. Sie kann und will sich das Ganze erst gar nicht anschauen.

Wir laufen beide zu Petja, dem einzigen Bauern, der keinen Alkohol trinkt, erzählen, was vorgefallen ist, und bitten ihn, die tote Baba zu befreien. Petja hebt ratlos die Achseln, und man sieht ihm an, dass er nicht versteht, warum wir so außer uns sind.

»Aber was hat denn ein Hund im Haus zu suchen?«, ist die einzige Frage, die ihn beschäftigt.

Wir bitten ihn, den Hocker kaputtzusägen und Baba vorsichtig zu befreien, um sicherzugehen, dass er bei der Aktion nicht doch mehr Rücksicht auf die Unversehrtheit des Möbelstücks als auf die des Tieres nimmt. Später bringt er Baba in den Garten, wo wir gerade ein Grab ausheben, und fragt, wo er sie wegwerfen soll. Ich nehme ihm Baba kommentarlos aus dem Arm. In diesem Moment habe ich nicht einmal mehr die Kraft für Fassungslosigkeit.

Alle Hunde schnüffeln an Baba. Einige nur ganz kurz, andere lang und konzentriert. Im Gegensatz zu uns scheint sich für sie jedoch nichts zu verändern. Felix und Bambino, Wasja und Anton spielen zusammen. Wanja und Laska liegen nebeneinander in der Sonne und dösen. Husar blickt den spielenden Hunden zu. Alma hat sich ein wenig abseits gesetzt und schnüffelt auf dem Boden um sich herum. Milyi ist der Einzige, der drei Meter neben Baba liegt und immer wieder hinüberläuft, um an ihr zu schnüffeln.

Als ich Baba in die Erde lege, sehe ich in ihr kleines Gesicht. Das Schicksal hat ihr einen Sekundentod geschenkt, der ganz friedlich gewesen sein muss. Wenn es auch bei Hunden Engel gibt, dann gehörte Baba schon vor ihrem Tod zu ihnen.

# Die Überraschung

Eines Abends komme ich mit Vera vom Fluss. In der Ferne sehen wir plötzlich einen riesigen Lichtschein.

»*Pozhar!*« (»Ein Brand!«), ruft Vera und rennt los.

Obwohl ich die Vokabel nicht kenne, verstehe ich doch ihre Bedeutung und laufe hinterher. Wir stolpern beide über ein Feld zu Baba Olgas Haus, das bereits die Hälfte der Dorfbewohner zu löschen versucht. Es steht am Hauptweg, dem einzigen Weg, an dem die Häuser dicht aneinander aufgereiht sind. Würde sich das Feuer ausweiten, wären alle Nachbarhäuser in Gefahr.

Da gerade große Dürre herrscht, brennt das Holz wie Zunder. Es ist schrecklich, mit ansehen zu müssen, wie einem Menschen das Haus niederbrennt, in dem er schon sein ganzes Leben verbracht hat.

Eine Menschenkette führt vom hundert Meter entfernt liegenden Brunnen bis zum Haus. Einige löschen mit Wassereimern, andere schippen Sand vom Weg und vom Feld in ihre Eimer und versuchen, die Flammen damit zu ersticken. Vera stürzt zum Brunnen, um einen Großvater beim Wasserhochholen abzulösen, ich hebe verzweifelt die Hände, weil ich keinen Eimer habe.

»*Wedro?! Wedro?!*«, rufe ich, und ein vorbeihastender Großvater schreit mir, ohne stehen zu bleiben, zu: »*Ot ljubogo doma!*« (»Aus irgendeinem Haus!«)

Ich renne in die Nachbarhäuser, deren Türen alle offen stehen, und finde in der Küche des dritten noch einige Eimer. Mit dreien davon bewaffnet laufe ich zurück, mein Herz schlägt gegen meine Bauchwand vor Angst. Ich werfe einen Eimer für den nächsten Hinzukommenden auf den Boden und fülle die beiden anderen Eimer mit Sand, um diesen auf die Flammen zu kippen, die den rechten Hausflügel ergriffen haben. Selbst die ganz Alten legen ein enormes Tempo vor bei diesem Löschversuch, und die Menschen arbeiten zusammen wie die Zahnräder eines Uhrwerks.

Ich habe kein Zeitgefühl. Es mag sechzig Eimer später sein, als die letzten glimmenden Stellen verschwunden sind. Olgas Küche ist nicht mehr benutzbar, aber der Rest des Hauses ist gerettet. So erleichtert wir über dieses Ergebnis sind, so sehr steht doch auch der Schock in allen Gesichtern geschrieben.

An meiner Feuerstelle im Hof gebe ich jetzt spätabends penibel acht, dass keine Glut den Kreis der Steine verlässt und sie vollständig gelöscht ist, bevor ich schlafen gehe. Die Hunde lieben diese nächtliche Runde. Nachdem alle Heulkonzerte im Dorf verstummt sind, kommen auch sie zur Ruhe und legen sich – je nach Laune – etwas weiter weg oder ganz nah dazu.

Ich sitze mit dem Gesicht zum Feuer, streichle gerade das dicke Nackenfell von Wanja und die zarte Haut von Bambinos Bauch, da setzt sich ein weiterer Hund an meine Seite. In der festen Annahme, es wäre Anton, greife ich, ohne hinzuschauen, neben mich und in ein Fell, das ich nicht kenne. Meine Hand zuckt zurück, ich drehe mich zur Seite und sehe das bunt gescheckte Fell der scheuen Alma, die ich noch nie berühren durfte. Sie blickt nun ebenfalls ins Feuer und bleibt bei uns.

Nach drei Jahren gibt Alma ihr Leben im Busch auf.

Ich muss mich jeden Tag neu an dieses Geschenk gewöhnen, so kostbar ist es. Alma zeigt sich als sanfte Hündin mit einem Blick, der voll Weisheit zu sein scheint. Oft habe ich das Gefühl, wenn ich sehen würde, was sie sieht, könnte ich die Dinge besser verstehen.

## Geselligkeit

Während ein Fernsehgerät in Deutschland eher zur Isolation des Einzelnen beiträgt, sorgt es in Lipowka für allabendliche Geselligkeit. Da es nur zwei Apparate im Dorf gibt, trifft man sich regelmäßig zum gemeinsamen Fernsehen. Je nach Sympathie haben sich im Laufe der letzten Jahre zwei Gruppen gebildet: Eine Gruppe Babuschkas geht zu Baba Dusja, die andere zu Baba Luba. Männer sind nicht dabei.

In Deutschland und in Veras Wohnung in Moskau werde ich sofort fernsehsüchtig, weil ich das, was mich umgibt, überdecken will mit anderen Bildern. Hier habe ich nicht einen Tag das Bedürfnis fernzusehen. Ich lese, unterhalte mich, sitze am Feuer, gehe unter dem Flutlicht des Vollmondes schwimmen oder liege mit den Hunden zusammen (im Sommer mitunter auch die ganze Nacht) unter freiem Himmel.

Die Babuschkas jedoch sehen offenbar aus einem ganz anderen Grund fern als ich. Da sie nie hinaus in die Welt gekommen sind, kommt die Welt durch das Fernsehgerät zu ihnen. Sie machen sich fein dazu, denn schließlich trifft man sich, und das Ganze hat hier eine ähnliche Bedeutung wie bei uns ein Theaterbesuch.

Jeden Abend kommen die Großmütter, die zu Baba Dusja gehen, an meinem Haus vorbei. Ich sitze währenddessen meist auf der Bank und schaue mir den Sonnenuntergang an. Ihre Stöcke wirbeln den Sand des Weges auf, sodass sie bereits von Weitem als Staubwolke sichtbar werden. An die meisten Stöcke ist ein Tuch geknüpft, in dem ein Gastgeschenk liegt – ein Ei, eine Tomate, kleine Gurken, Kürbiskerne, getrockneter Fisch oder ein Eierkuchen.

Wenn die Großmütter mein Haus erreicht haben, macht es mir besonders Vergnügen zu sagen: »Na, Mädels, wohin geht's heute Abend?«

Die »Mädels« kichern absolut überzeugend und rufen zurück: »*W kinoteatr.*« (»Ins Kinotheater.«)

Eines Abends bringe ich Baba Luba Fische, die Vera geangelt hat. Ich klopfe an der Küchentür. Keine Antwort, außer dem sehr lauten Ton des Fernsehers. Ich öffne vorsichtig die Tür.

Ungefähr fünfzehn Babuschkas sitzen vor dem Fernsehapparat und starren wie hypnotisiert auf die sich bewegenden Bilder. Es läuft die allabendliche amerikanische Soap-Opera *Santa Barbara* (*California Clan*), die das weichgespülte Pendant zur Serie *Dallas* darstellt.

»Hallo«, rufe ich leise.

Keine Reaktion. Alle starren auf den Bildschirm und hören in ohrenbetäubender Lautstärke dem russischen Sprecher zu, der alleine den Text aller Schauspieler ins Russische übersetzt.

»Mein Vater hat Krebs«, sagt er in diesem Moment mit neutraler Stimme, und ein junger Schauspieler, der aus einem Modekatalog entsprungen scheint, fährt sich dazu übertrieben theatralisch durch das gut frisierte Haar.

»Oh, das ist ja furchtbar«, antwortet der Sprecher sich selbst, und eine attraktive Frau verzieht dazu das Gesicht zu einem Ausdruck, der sicher Betroffenheit darstellen soll.

An einem Springbrunnen tauchen weitere gut angezogene Schauspieler auf, und es erfordert einiges an Konzentration, nun mitzubekommen, wen der russische Sprecher gerade synchronisiert. Seine emotionslose Stimme und die Mischung aus Menschen mit edlen Körpern und schönen Gesichtern, gepaart mit allen Problemen, die ein Mensch von der Krebserkrankung bis hin zu einer Verwechslung bei der Geburt haben kann, wirkt offenbar nur auf mich sehr skurril.

Nachdem eine Krankenhausszene mit dem krebskranken Vater zu sehen war, blickt Baba Luba um sich und sagt: »Die Armen, haben die denn keine Dörfer, wo sie gesund werden können?«

Während der Kartoffelernte helfe ich zusammen mit Vera auf mehreren Feldern mit. Die Babuschkas plaudern aus ihrem Leben und erzählen von ihren Kindern.

Baba Dina muss gerade viel Unglück verkraften, und ich bin erstaunt, wie ruhig sie davon berichtet. Ihre Tochter wurde von ihrem Mann mit drei Kindern sitzen gelassen. Das Enkelchen ihrer zweiten Tochter hat Leukämie, und eine ihrer Schwestern ist gestorben. Erst als sie berichtet, dass nun auch das Millionenerbe futsch sei, keimt in mir ein Verdacht auf.

»Redest du gerade von deiner Familie?«, frage ich sie.

»Natürlich! Von meiner Tochter und von der Tochter in *Santa Barbara*«, sagt sie treuherzig.

# Die Post ist da!

Ein Ereignis im Dorf ist immer auch die Ankunft der Briefträgerin.

Da man von ihr nicht verlangen kann, täglich zwei Flüsse zu überqueren und achtzehn Kilometer zu Fuß hin- und zurückzugehen, kommt sie nur einmal im Monat. Bauer Iwan aus Demuschkina bringt sie mit seinem Ruderboot über den ersten Fluss. An unserem Fluss wartet dann Kolja mit dem Boot auf sie.

Sie bringt Briefe von den Kindern und längst überfällige Telegramme an mich und Vera. Auch ein paar Zeitungen sind dabei, die bei ihrem Eintreffen in Lipowka oft drei Wochen alt sind und die dann noch einmal drei Wochen brauchen, um durch das ganze Dorf zu gehen.

Weil die Briefträgerin auch die Rente für alle mit sich führt, wird sie von einem Polizisten begleitet. Dieser reicht der Briefträgerin bis zur Schulter und hat zwei Hasenzähne, die keck unter seiner Oberlippe hervorschauen. Am Gürtel trägt er eine Pistolentasche, und das ist auch das Einzige, was an ihm Furcht einflößend erscheint.

Olga, die Briefträgerin, ist ein Bild von einem »russischen Weib«, wie man es sich auf dem Land vorstellt. Sie hat ein breites, rotbackiges Gesicht, breite Hüften und einen großen, mütterlich wirkenden Busen. Sie ist sehr temperamentvoll, und wenn sie ihre Worte mit wilden Gesten begleitet, habe ich immer ein wenig Angst um das Polizisten-Männchen, an dem der eine oder andere Schwenk ihres Arms nur knapp vorbeisaust.

Neben der Post und der Rente sind die Neuigkeiten das Wichtigste, was die beiden den Bewohnern von Lipowka mitbringen. Olga berichtet Aktuelles aus der Frauenwelt, das Männchen hat Stoff für die Großväter. Dazu werden beide bewirtet. So endet der Besuch der Postzusteller immer erst nach ungefähr sechs Stunden gegen 18 Uhr. Dann wird das Polizisten-Männchen von der ebenfalls nicht mehr ganz nüchternen Olga »unter den Arm geklemmt« und der lange Heimweg angetreten.

# Herbst

## Die Blätter fallen

Die Jahre sind vergangen. Die Neubeginne des Frühlings veränderten mich. Die Wärme der Sommer füllten mich mit neuem Leben.

Es ist der Herbst, der mich in eine melancholische Stimmung bringt. Diese malerische Ankündigung der Vergänglichkeit löst Ängste in mir aus, die ihre Ursache in meiner Kindheit haben, in der mich verließ, was ich liebte.

Als sich Laska im Garten in ein Gebüsch zurückzieht, spüre ich, dass ich auch von ihr bald Abschied nehmen muss. Niemand weiß, wie alt Laska ist. Sie kann acht Jahre alt sein, aber auch zehn. Ich wage es nicht, die letzte Ruhe der Hündin zu stören, obwohl ich sehr gern zu ihr gehen würde, um sie zu berühren, um bei ihr zu sein. Ich sehe jedoch an Wanja, dass Abstand nötig ist – er wacht in respektvoller Distanz neben dem Busch.

Ich gehe nach Demuschkina und frage Jura, den Arzt, ob ich noch etwas für Laska tun kann. Er sieht mich erstaunt an und fragt: »Was soll man tun, wenn jemand gerade stirbt?« Ich spüre, wie recht er damit hat. Dennoch ist mir übel vor Traurigkeit.

Bambino und Felix dagegen toben herum wie immer. Wanja, Anton und Husar liegen häufig in der Nähe des Busches und heben ruhig schnüffelnd die Nasen.

Nach drei Tagen verschwindet Wanja im Busch. Als er wieder hervorkommt, schüttelt er sich und geht weg. Die anderen Hunde schauen nun ebenfalls nach. Laska hat sich zusammengerollt, und ein paar kleine gelbe Blätter liegen auf ihr wie Blumen. Sie ist offenbar ganz friedlich eingeschlafen. Sanft und ruhig, so wie sie lebte.

Nur ich finde keinen Frieden.

Erst jetzt begreife ich, dass mein Leben mit den Hunden, das mir so viele Neubeginne schenkte, auch genauso viele Abschiede bringen wird. Diese Gewissheit, auf den Tod eines geliebten Wesens warten zu müssen, setzt in mir alte Ängste frei.

Ich werde krank. Ich esse nicht mehr und schlafe viel.

Wanja liegt wie angewachsen neben mir. Die anderen Hunde werden von Vera betreut. Sie erzählt im Dorf, dass ich eine Magenverstimmung habe, um mein Wegbleiben zu erklären. Daraufhin kommen die Babuschkas und bringen mir Milch und gute Wünsche. Jeden Tag. Meine Patenkinder aus Demuschkina wandern achtzehn Kilometer (hin und zurück) und schippern mit einem Schlauchboot über die Flüsse. Sie bringen Medizin von ihrem Vater, Jura. Das rührt mich so sehr, dass ich nicht mehr wage, krank zu sein.

Ich stehe wieder auf.

Erst mein leckes Dach jedoch bringt mich wieder ins Leben zurück.

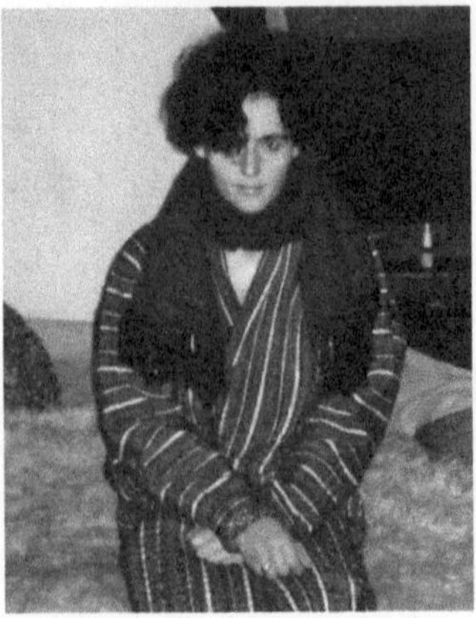

Ich bin krank

Laskas Tod hat das Reparaturvorhaben zum Erliegen gebracht. Der Herbstregen findet bereits Wege ins Haus. Ich sehe mir alle Dächer in Lipowka an und entscheide mich für die einfachste Variante. Dachpappe in sich überlappenden Reihen auflegen und mit einem Nagel, unter den ein ausgerissenes Stück Dachpappe gelegt wird, festnageln.

Vera und ich nageln fünf Tage. Die Dachpappe konnten wir Bauer Petja abkaufen. Er steht, während Vera und ich nageln, mit zwei weiteren Großvätern vor dem Haus und kommentiert die Anbringung seiner Pappe. Dabei greift er häufig in seine Tasche, dreht dort wie ein Zauberkünstler mit einer Hand Zeitungspapier um etwas Tabak, holt eine fertige Zigarette hervor, leckt einmal über den Rand des Papiers und zündet sie an.

Die Sängerin Lena Kamburowa, die noch nie einen Hammer in den Händen gehalten hat, kommt vorbei. Besorgt blickt sie zu uns nach oben, sieht unserem Geklopfe zu und ruft fürsorglich: »Ich höre euch seit Tagen arbeiten.

Schwingt den Hammer doch etwas langsamer. Ihr geht ja sonst völlig kaputt.« Dabei bewegt sie ihren Arm sehr langsam nach unten, um zu demonstrieren, auf welche Weise die Arbeit leichter wäre.

Nachdem das Dach neu gedeckt ist, fühle ich auch in mir neue Hoffnung.

## Endlich ein Held

Der Spätherbst verschenkt seine letzten Früchte. Wenn nichts mehr da ist, um eingemacht, eingelagert oder getrocknet zu werden, steht der Winter beinahe schon vor der Tür. Dann gilt es noch, letzte Holzreserven zu besorgen, die für die lange Kälteperiode nötig sind.

Ich fahre mit Kolja Holz schlagen – für ein paar Babuschkas und mich selbst. Er schlägt, ich lade mit ihm die Stämme auf den Karren. Die Hunde stromern im Unterholz herum. Plötzlich höre ich sie aufgeregt »jippern«, bellen und herumrennen. Irgendetwas haben sie in die Nase bekommen. Ich sehe sie zwischen den Bäumen hin und her schießen, bis für mich etwas nicht mehr in dieses Bild gehört.

Ein Keiler hängt an Milyis Fersen.

Wanja und Wasja rennen dem Wildschwein hinterher und bellen wie wahnsinnig. Der Keiler dreht sich zu ihnen um, und Milyi nutzt diesen Moment, um zu entkommen. Wanja und Wasja ergreifen ebenfalls die Flucht. (Ich bin mir bis heute sicher, dass sie gebellt haben, um den Keiler abzulenken, denn die beiden haben sonst in einer solchen Situation noch nie gebellt, sondern immer nur hoch konzentriert agiert.)

Anton, Husar und Bambino bringen sich auf dem Karren in Sicherheit und kläffen sich heiser. Nur Felix bleibt in der Gefahrenzone wie ein Berserker und schickt sein längst erwachsenes, aber noch immer hohes Gebell in den Wald.

»Felix, Felix!« Ich rufe ihn in der Angst, der Keiler könnte zurückkehren.

Felix jedoch scheint taub vor Wut. Als Wanja mit dem Keiler im Rücken aus dem Dickicht hervorbricht, springt Felix nicht zur Seite, sondern auf das Wildschwein zu. Er hängt sich an seinen Hals und lässt sich mitschleifen.

Der Keiler läuft noch ein paar Meter hinter Wanja her, und in dem Moment, in dem er ihn fast erreicht hat, bleibt er stehen, um den Ballast loszuwerden. Er schüttelt sich und wirft sich auf den Boden. Felix lässt los, bellt dem Keiler aufgebracht ins Gesicht und dann noch ein letztes Mal, als der ihn erwischt.

Es ist ein helleres Quieken, anders als sonst.

Wanja, Wasja, Anton und Milyi stürzen sich bei diesem Laut wie verabredet gemeinsam auf den Keiler, der endlich die Flucht ergreift.

Blut breitet sich über dem Herbstlaub aus.

Ich knie mich mit eiskalt gewordenem Herzen zu dem kleinen Kerl hinunter, dessen linke Seite aufgerissen ist. Ich halte seinen Kopf, er atmet schwer und leckt sich über die Schnauze, bevor sein Blick bricht und sein Kopf zur Seite rutscht.

Obwohl ich mir sicher bin, dass es im Sinne des kleinen Terriers war, einmal ein Held sein zu können (schließlich rettete er Wanja höchstwahrscheinlich das Leben), hätten wir alle gerne den Hund behalten, der kein Held gewesen ist. Dafür aber ein fröhliches kleines Kerlchen, das lebenslänglich in einer Aufgeregtheit gefangen war, die uns und auch Felix selbst mitunter zum Wahnsinn trieb.

Nie werde ich vergessen, wie Felix sich beherrschen musste, um ein einziges Mal neben Wanja auf dessen Schlafplatz im Hof zu gelangen. Wanja ließ einen Hund nur dann neben sich liegen, wenn er dazu Lust hatte und der betreffende Hund sich ihm respektvoll und ruhig näherte. Laska, Milyi und Baba lagen oft eng an ihn gekuschelt, nur Felix wollte es nicht gelingen, diesen begehrten Platz zu erobern.

Er versuchte es immer wieder. Oft stakste er auf steifen Beinen in einem ehrerbietigen kleinen Bogen auf Wanja zu. Unterwürfig duckte er den Kopf und leckte Wanja aus 30 Zentimeter Distanz die imaginären Lefzen. Nur durch diese Bewegung jedoch schien der ganze Hund sofort wieder »in Betrieb« zu geraten, und sein kurzer Schwanz begann förmlich zu rattern. Wanja sah ihn dann sehr direkt an, was offenbar heißen sollte: »Danke, du kannst abdampfen.« Felix jedenfalls trollte sich daraufhin eilig.

Einmal jedoch gelang es Felix, mehrere Minuten stocksteif vor Wanja stehen zu bleiben. Dieser hatte den Kopf abgelegt und beobachtete Felix nur aus den Augenwinkeln. Der kleine Terrier hob vorsichtig ein Pfötchen, welches – ebenso reglos wie der Rest des Körpers – noch eine Weile in der Luft hing, bevor er dann mit einem einzigen Satz neben Wanja sprang und dort sofort wieder erstarrte.

Ganz langsam ließ er sich neben ihm nieder. Er schien zu wissen, dass er bei einer einzigen zu schnell ausgeführten Bewegung sofort wieder von diesem begehrten Platz vertrieben würde. Mit verklärtem Blick schaute er geradeaus und schlief dann – vielleicht vor Erschöpfung nach der ungewohnten eigenen Beherrschung – neben Wanja ein. Erst im Schlaf geriet ihm dann leider wieder seine Ruhelosigkeit in die Pfoten, sie bewegten sich wie ein ganzer Flohzirkus.

Ich liebte Wanja dafür, dass er den kleinen Kerl nicht von seiner Lagerstatt vertrieb, um selbst zu schlafen (was ich sicher gemacht hätte, wenn der Unruhegeist in meinem Bett gewesen wäre), sondern einfach aufstand und sich einen anderen Platz suchte.

Ich beerdige Felix neben Baba und Laska, und das Leben wird sehr leise ohne ihn.

Bambino trauert um seinen Freund. Sein täglicher Spielkamerad, der Eine-Million-Ideen-Hund Felix, ist nicht mehr da. Bambino liegt apathisch da, läuft lustlos mit, wenn wir laufen, jagt nicht und hat einen Blick, der neu ist an ihm. Seine braunen Augen wirken leer und traurig.

Ich öffne eine Dose Fleisch, die im Keller für Notfälle wartet, hole ihn allein in die Küche und stelle sie vor ihn hin. Er schnuppert nicht einmal daran und geht weg. Ich rede ihm gut zu, versuche, ihn aus der Hand zu füttern. Er frisst nichts. Erst am vierten Tag beginnt er wieder, etwas zu sich zu nehmen.

Nur langsam kehren Bambinos Lebensgeister und seine Fröhlichkeit zurück. Es dauert Wochen, bis der alte Bambino wieder mit uns lebt.

Ich wusste nicht, dass Hunde so intensiv trauern können.

Auch die Art und Weise menschlicher Trauer in Lipowka trifft mich mit ungeahnter Wucht.

Der Mann der Brotbäckerin Walja, Baba Lubas Tochter, fällt während der Feldarbeit um. (Für Lipowkaer Verhältnisse war Pjotr ein noch junger Mann von siebenundsechzig Jahren, und es wird vermutet, dass er einen Hirnschlag erlitt.) Ich erfahre von diesem Vorfall durch laute Schreie, die so heftig und stetig sind, dass mir das Blut gefriert. Sie klingen nicht menschlich. Ich wage mich nur sehr vorsichtig aus dem Haus und versuche zu orten, woher und von wem sie stammen, und vor allem, welche Ursache sie haben. Bauer Wasja schwingt auf seiner Wiese gegenüber unter der grauenhaften Beschallung gleichmäßig und entspannt die Sense.

»Wasja, wer schreit denn da so schlimm?«, frage ich.

Er hält inne und zeigt in die Richtung des einen Kilometer entfernten Hofes von Walja. »Ihr Mann ist heute Mittag gestorben. Sie wird jetzt drei Tage schreien.«

»Woher weißt du das?«, frage ich fassungslos.

»Das machen die Frauen hier so«, antwortet Wasja und fährt mit seiner Arbeit fort.

Ich beginne mich langsam an die Schreie zu gewöhnen. Sie sind zu schmerzhaft für meine Ohren, um es nicht zu tun. Am zweiten Tag holt mich Vera zu einem der hier üblichen Kondolenzbesuche ab. Auch sie hält den Kopf gesenkt, als wir uns den Schreien nähern. »In der Stadt trauert man anders«, flüstert sie.

Das Bild, das sich uns bei unserem Eintreffen bietet, brennt sich fotografisch in mein Gedächtnis ein. Vor dem Haus stehen einige Dorfbewohner und plaudern. Mascha, eine Schwester Waljas, holt gerade Wasser am Brunnen. Dusja, die zweite Schwester Waljas, füllt Piroggen auf einen Teller auf der Tafel vor dem Haus. Aus dem Haus ist Gesang zu hören.

Walja selbst kniet auf dem Feld neben dem Haus und erntet Kartoffeln. Sie wirft ein paar Kartoffeln in den Korb und vollführt dann ein paar schunkelnde Bewegungen, die von unfassbar lauten Schreien begleitet werden. Als sie uns sieht, nickt sie und zeigt auf das Haus, ohne mit dem Schreien innezuhalten.

Diese Form der Schmerzäußerung erstaunt mich zutiefst.

Im Haus stehen Dorfbewohner um den Wohnzimmertisch herum und beten. Pjotr liegt aufgebahrt zwischen brennenden Kerzen. Alle nicken uns freundlich zu, als wir eintreten, dann beten, singen und klagen die Anwesenden weiter.

Ich habe noch nie einen toten Menschen gesehen. Pjotr ähnelt einer Wachsfigur. Er sieht sehr würdig aus. Es ist das erste Mal, dass ich ihn nüchtern sehe. Dennoch wird mir nach zehn Minuten übel von dem süßlichen Leichengeruch, dem Anblick des toten Bauern und der Intensität der Trauer. Es gibt nun zwei Möglichkeiten: Entweder ich gehe sofort wieder hinaus, oder ich setze mich. Beides scheint unmöglich – Ersteres aus Pietät, Letzteres, weil alle anderen stehen. Ich entscheide mich für eine Stütze und lehne mich mit dem Rücken gegen den Ofen.

»Mädchen, du bist ja ganz bleich!«, ruft Baba Mascha plötzlich.

»Was hat sie denn?«

»Sie muss an die frische Luft.«

»Die Arme.«

Sätze, die ich im allgemeinen Stimmengewirr höre.

Ich werde hinausgebracht und auf eine Bank gesetzt.

Ich bin völlig überrascht, dass hier inmitten der Trauer das Leben stattfinden darf.

Noch ein weiterer Vorfall dieser Art ereignet sich an diesem Tag. Bei mir ist gerade eine deutsche Freundin zu Besuch, die sehr gut Russisch spricht. Wir essen Abendbrot. Es klopft.

Ein Kind steht vor der Tür – ein ungewohnter Anblick in Lipowka – und sagt: »Guten Tag, ich bin der Enkel von Babuschka Walja. Sie schickt mich, weil ich heute auf dem Weg zum Fluss eine Uhr gefunden habe. Sie sagt, die gehöre sicher der deutschen Frau.« (Damit ist mein Besuch gemeint.)

Tatsächlich hat meine Freundin ihre Uhr verloren. Sie strahlt, als sie die Uhr sieht, und bricht dann in Weinen aus: »Dass ausgerechnet deine Oma sich heute über jemanden Gedanken macht, der eine Uhr verloren hat …«

Sie kann sich darüber gar nicht beruhigen, und am vierten Tag gehen wir zu Walja, um uns zu bedanken. Die Schreie haben am dritten Abend aufgehört. Walja kommt uns entgegen und sagt in ihrer direkten Art: »Na, habt ihr so viel Zeug in Deutschland, dass ihr's verlieren könnt?«, und lacht dabei.

Als Alma eines Morgens tot in ihrem Busch liegt, versuche auch ich zu weinen. Mein Weinen aber ist lautlos, und die Tränen strömen aus mir heraus wie eine nicht versiegen wollende Quelle, ohne dass mir leichter wird. Ich bekomme Tränensäcke unter den Augen, und meine Nase ist dauergerötet. Es ist nicht nur die Trauer um Alma, die mich weinen lässt. Mich erfüllt eine schreckliche Angst vor all den Abschieden, die ich noch vor mir habe.

Ein paar Nächte nach Almas Tod habe ich einen Traum. Ich sitze am Feuer, und Alma setzt sich mir genau gegenüber. Sie schaut mich an und sagt mit warmer menschlicher Stimme: »Ich schenke dir noch einmal drei Tage mit mir.« Im Traum verleben wir Zeit miteinander. Ich weiß, dass diese nur geborgt ist, dennoch bin ich ganz unbeschwert und unendlich dankbar, diese Zugabe geschenkt zu bekommen.

Am Morgen wache ich auf, sehe die noch lebenden Hunde und weiß, dass es gilt, mich an jeder Stunde mit ihnen zu erfreuen und sie und mich nicht mit einer Trauer zu beschweren, die erst noch kommen wird. Meine Mutter sagt immer: »Gehe erst durch die Tür, wenn du vor ihr stehst.«

Alma, die scheue Hündin, die sich am Ende ihres Lebens doch noch zu uns gesellte und Vertrauen fasste, öffnet mir im Traum eine Tür. Zum Leben.

# Winter

## Milyi und die Liebe

Zum Jahreswechsel kommen die Kinder und Enkelkinder der Babuschkas über die vereisten Flüsse gefahren. Dann verbringen oft bis zu vierzehn Personen viele Tage zusammen in dem einzigen Zimmer der Häuser.

Eine Familie aus einem benachbarten, jedoch sonst durch die Flüsse nur schwer zu erreichenden Dorf hat eine Pudelmischlingshündin mitgebracht, zu der vielleicht ein Dackel sein Erbgut beigesteuert hat. Sie ist zu lang für ihre Größe von vielleicht vierzig Zentimetern, hat wirre dunkelgraue Locken und erinnert alles in allem an einen Mopp, der bereits sehr oft verwendet wurde. Wie ein Turnierpferd hebt sie eine Vorderpfote zuerst in die Höhe, bevor sie sie nach vorn bewegt. Das verleiht ihr einen eleganten Ausdruck, der so gar nicht zu ihrem sonst so verschrobenen Aussehen passt.

Das erste Mal begegnen wir ihr vor Honigmacher Petjas Haus. Während ich über ihren skurrilen Anblick lachen muss, beginnt Milyi sofort Verrenkungen aufzuführen, die einfach rührend sind. Er kriecht mit steil in die Luft gerecktem Hinterteil und einer Wange auf dem Boden vor der Hündin auf und ab und winselt, als hätte er das verloren geglaubte Paradies wiedergefunden.

Die Pudeldame würdigt ihn lediglich eines sehr kurzen Blickes und schnüffelt am Wegrand. Milyi verstärkt seine Werbung und beginnt, ihr Maul zu lecken.

Die Pudeldame lässt sich mit seltsam zur Seite gedrehten Augäpfeln die Liebkosung gefallen. Milyi fühlt sich davon offenbar ermutigt und springt freudig um sie herum.

Plötzlich geht ein Ruck durch die Pudeldame. Sie springt steif wie ein Ziegenbock vor und zurück – und tatsächlich spielen die beiden nach kurzer Zeit wie junge Hunde zusammen.

Igor, der Sohn von Bauer Petja, tritt vor die Tür. Er ist ein wohlbeleibter Mann mit einer roten Nase und einem Dreifachkinn.

»Ist sie heiß?«, frage ich ihn, auf seine Hündin deutend.

»Gott bewahre.« Er hebt abwehrend beide Hände. »Sie ist die einzige Hündin im Dorf, dann wäre sie immer heiß. Sie ist …« Er macht eine Scherenbewegung mit dem Zeige- und Mittelfinger, was offenbar heißen soll, dass sie kastriert ist. Eine Kastration ist zu diesem Zeitpunkt in der Gegend noch sehr selten. Fast immer werden die weiblichen Welpen aus einem Wurf getötet, weil niemand eine Hündin haben möchte, die ständig Junge bekommt. Den Aufwand, eine Hündin kastrieren zu lassen, macht sich hier niemand.

Während die anderen Dorfhunde auch diese Zeit des Jahres bei Minusgraden von bis zu fünfundvierzig Grad Celsius draußen in ihrer Hundehütte verbringen, lasse ich meine Hunde mit ins Haus.

Anton, Husar und Wasja mögen es, im Flur zu bleiben.

Wanja und ich

Ihnen ist es mit ihrem dicken Fell offenbar zu warm in der Wohnstube. Die anderen liegen im Zimmer, und ich liebe die Wintermonate allein für dieses gemütliche Beisammensein.

Als ich am Abend nach der Pudelbegegnung die Hunde hereinrufe, fehlt Milyi.

Ich finde ihn genau dort, wo ich ihn vermutet habe. Er steht vor der Tür von Petjas Haus und fiept leise. Da die Pudeldame keine »Hiesige« und das Draußensein nicht gewöhnt ist, darf sie im Flur des Hauses nächtigen.

»Milyi, mein Lieber. Komm mit nach Hause, du kannst morgen wieder herkommen«, sage ich. Ein allzu menschlicher Überzeugungsversuch.

Milyi wedelt beschwichtigend mit dem Schwanz, stellt jedoch weder sein Fiepen noch das Starren auf die Haustür ein.

Es gelingt mir nicht, ihn zu locken, und ich hoffe darauf, dass die Kälte ihn nachts nach Hause treiben wird. In den nächsten Tagen scheint es jedoch nur der Hunger zu sein, der uns hin und wieder Besuch von Milyi beschert.

Wenn die Flüsse gefroren sind, kommen die Lkws nach Lipowka. Sie beliefern die Dörfer mit Säcken voller Hirse, Reis, Zucker, Mehl, Salz und kleiner Nudeln. Dazu gibt es auch Extras wie Konserven, Kekse, billiges Konfekt, Schokolade und Wodka.

Jeder der Bauern deckt sich im Laufe des Winters für das kommende Jahr ein. Eingelagert werden vorwiegend Säcke mit Hirse, Zucker, Mehl und Salz. Der Genuss von Nudeln und Reis ist hier eher unüblich, denn das Grundnahrungsmittel stellen die eigenen Kartoffeln, die so viel Schweiß gekostet haben, dar. Konfekt und Konserven bleiben häufig auf dem Wagen. Obwohl sich die Bauern diesen »Luxus« durch ihre über das Jahr gesparte Rente leisten könnten, nehmen sie ihn nur selten in Anspruch. Zu sehr ist man an die Nahrungsmittel aus eigener Ernte gewöhnt. Der Wodka jedoch findet guten Absatz bei den Großvätern. Auch die Babuschkas kaufen ihn – als Bezahlung für die Hilfe der Männer beim Schafe hüten oder Holz schlagen.

Wüssten die Bauern, dass ich im Winter regelmäßig Fisch- und Fleischkonserven sowie Nudeln und Öl für die Hunde kaufe, die nicht genügend Nahrung finden, würden sie mich sicher für verrückt erklären. Daher schiebe ich die Bewirtung der Kinder aus Demuschkina und anderer Besucher vor, um meine Großeinkäufe zu begründen.

1996 liegen die ersten teuren Schokoriegel aus westdeutscher Produktion auf der Ladefläche der Lkws. Sie werden begutachtet, aber nicht gekauft. Nachdem im Fernsehen schon seit Jahren die Welt von *Santa Barbara* bestaunt wird, hätte ich angenommen, man würde zumindest einmal davon kosten wollen. Ich frage Baba Nastja, die gerade einen deutschen Schokoriegel betrachtet, warum sie »unsere« Süßigkeiten nicht will. Sie hebt die Hände vor sich in die Höhe, als wolle sie Teufelswerk abwehren, und antwortet: »Um Gottes willen, so etwas brauchen wir hier nicht.«

In meinem ersten Winter in Lipowka gehe ich mit Vera in den tief verschneiten Wald. Es ist schweißtreibend, sich durch den mehr als kniehohen Schnee zu kämpfen, aber die Poesie des Waldes ist so überwältigend, dass sich das Schwitzen lohnt. Jeder, der den russischen Märchenfilm *Väterchen Frost – Abenteuer im Zauberwald* gesehen hat, weiß, wovon ich rede. Dick mit Puderzucker überzogene Bäume, übersät von Milliarden Sonnendiamanten, tiefe Stille, hin und wieder das Rauschen einer kleinen Baum-Schneelawine und die Spuren der Waldtiere auf dem Schneeteppich.

Auf unserem Ausflug treffen wir eine Forstbrigade beim Holz schlagen. Einer der Männer, die mit Motorsägen die Bäume fällen, ruft: »Hallo, Mädchen, wollt ihr, dass euch die Wölfe fressen? Kommt lieber zu uns.«

Vera und ich vermuten dahinter eine leicht durchschaubare Anmache, winken spitz lachend ab und kämpfen uns weiter durch den Schnee.

Nach ungefähr fünfzig Metern beginnen wie auf Bestellung mehrere Wölfe zu heulen. Das Heulen klingt in unseren Ohren sehr nah. Wir bleiben beide wie festgefroren stehen und blicken uns an. Dann schauen wir hinüber zu den Waldarbeitern. Diese arbeiten scheinbar ungerührt weiter, beobachten uns jedoch vermutlich aus den Augenwinkeln. Ohne uns abzusprechen, machen wir im selben Moment kehrt und stapfen durch den hohen Schnee zu den Männern zurück.

»Na, Mädchen, wollt ihr mit anpacken?«, scherzt einer von ihnen gutmütig.

Wir bekommen warmen Tee und Wodka angeboten und werden dann mit einem Jeep zurück in das Dorf gefahren.

Milyi kommt jetzt nicht einmal mehr zum Fressen zu mir. Er verbringt die Tage mit seiner Pudeldame und die Nächte vor ihrem Haus. Er ist dünn geworden. Ich werfe ihm Futter hin, auf das sich die Hündin stürzt. Ich gebe ihm Futter aus der Hand, das er ohne rechte Leidenschaft frisst. Es scheint nichts außer Liebe in ihn hineinzupassen.

Eines Morgens steht Igor, der Besitzer der Pudeldame, vor meiner Tür.

»Sperr mal deinen Köter ein, wir fahren zurück in unser Dorf.« Er zeigt auf Milyi, der neben der Hündin steht und mit dem Schwanz wedelt, als er mich sieht.

Ich locke ihn ins Haus. Vertrauensvoll kommt er auf mich zu. Als ich die Tür schließen will, rennt er panisch zurück zur Pudeldame.

Ich hebe verzweifelt die Arme. »Meiner wird ohne deine nicht hierbleiben«, sage ich.

Wir blicken gemeinsam auf das Paar.

»Na ja, meine Hündin spielt ja auch wirklich gern mit deinem Hund. Die verstehen sich tatsächlich gut«, räumt Igor ein. »Soll er einfach mitkommen.«

In mir spüre ich im selben Moment zwei Regungen: Freude und Schmerz. Ich schaue auf den sanften Milyi, sehe, wie wohl er sich mit der Hündin fühlt, und denke: Ich muss froh sein, dass er auf diese Weise geht.

Aus Liebe.

## Deutsche Medizin

1995, gegen Ende des Bosnienkrieges, verhilft mir der Zufall zu einem Transport von Medikamenten nach Russland.

Ich bin in Deutschland zu Besuch bei meinen Eltern und Freunden. Eine Freundin hilft gerade für ein paar Tage beim Sortieren abgelaufener Medikamente, die für das Kriegsgebiet gesammelt werden. Es sind Tabletten und Heilmittel jeglicher Art, die nur deshalb vom Verbraucher entsorgt werden sollen, damit er neue Medikamente kauft – ihre Wirkung haben sie auch nach ihrer Ablauffrist nicht eingebüßt.

Eine Woche lang beteilige ich mich an der Arbeit, und wir sortieren in einer bis unter die Decke mit Medikamenten gefüllten Wohnung die Päckchen nach gesundheitlichem Nutzen. Dazu lesen wir unzählige Beipackzettel und tragen jedes Medikament akribisch in Listen für den Zoll ein.

Während ich ein Medikament gegen Herzrhythmusstörungen in den Händen halte, erzähle ich dem ärztlichen Leiter der Aktion und den anderen Helfern von der erst 50-jährigen Bäuerin Olga aus Demuschkina, die seit Monaten wegen dieses Herzproblems im Krankenhaus liegt. Sie kann nicht behandelt werden, weil es keine Medikamente gibt. Bereits mehrfach wurde sie aus der Klinik entlassen, um bei ihrer Familie sein zu können. Doch die ansonsten kerngesunde Olga hält es dort nicht einen Tag aus, ohne zu arbeiten. Wenn sie aber länger als eine halbe Stunde arbeitet, kippt sie um. Durch diese plötzlichen Ohnmachten zog sie sich bereits mehrere Verletzungen zu. Mit den Tabletten, die ich in den Händen halte und die, weil sie (angeblich) abgelaufen sind, in Deutschland weggeworfen werden, könnte Olga ein normales Leben führen.

Weil mittlerweile alle betroffen und aufmerksam zuhören, berichte ich auch von der alten Marfa, die Magenkrebs hat. Sie ist in ihr Haus nach Lipowka zurückgekehrt, da es im Krankenhaus keine Medikamente gibt, die ihre Schmerzen lindern könnten, und sie lieber zu Hause sterben möchte.

Es wird beschlossen, dass ich ein paar Säcke voll Medikamente mitnehmen kann, wenn Jura, der ärztliche Leiter des Krankenhauses in Demuschkina, die missliche Situation per Fax bestätigt.

In einem kleinen Lkw, gefahren von einem russischen Freund, werden die Medikamente von Berlin nach Demuschkina transportiert. Auch Kleidung, Spielzeug, Bettwäsche und Schuhe, die Freunde über das Jahr gesammelt haben, sind mit an Bord. Ein Optiker spendet einen Koffer voll alter Lesebrillen, die den Alten wieder den Genuss des Lesens ermöglichen werden. Eine halbe Stunde nach Ankunft des Lkws ist fast das ganze 300-köpfige Dorf versammelt.

Bei meiner ersten Begegnung mit Juras elf Kindern im Jahr 1991 besaßen nur vier von ihnen Schuhe, die nicht kaputt waren. Die anderen liefen in Provisorien aus altem Schuhwerk und Lappen umher, wenn es zum Barfußlaufen zu kalt wurde. Die Kinder besaßen nur selbst gebasteltes Spielzeug, ausgebesserte Bettwäsche und Kleidung, die bereits schon von den älteren Geschwistern geflickt getragen worden war.

Wie sicher überall auf der Welt, wo kein Überfluss herrscht, erlebe ich auch bei Juras Kindern keine Klagen, sondern fröhliche Gesichter. Das Entsetzen über diese Zustände war allein auf meiner Seite.

Den Menschen hier sind völlig andere Dinge wichtig. So erlebe ich in der 13-köpfigen Familie von Tamara und Jura einen großen Zusammenhalt und eine nährende Wärme, die für mich, nach dem was die Kinder bereits erlebt haben, an ein Wunder grenzt. Vier der adoptierten Kinder sind Waisen aus dem Transnistrien-Konflikt (Auseinandersetzungen zwischen der Republik Moldau und dem Regime im östlichen Teil Moldawiens Anfang der 1990er-Jahre). Andere kommen aus verwahrlosten Elternhäusern. Einige von ihnen haben bereits im Alter von sechs bis neun auf der Straße gelebt, um den Schlägen der betrunkenen Eltern zu entgehen, oder kommen aus Heimen.

Einmal erzählte mir der damals zehnjährige Andrej, der Junge, der wegen seiner Lockenpracht auch Puschkin genannt wird, wie er als Vierjähriger im Heim täglich viele Stunden mit den anderen Kindern in einem Raum sitzen musste, mit dem Rücken an der Wand, die Arme vor der Brust verschränkt. Eine Aufseherin saß auf einem Stuhl in der Mitte und bestrafte jeden Laut, der einem Kindermund entfuhr, jede Kinderhand, die sich bewegte. Puschkin sprach auch nach seiner Adoption in Juras und Tamaras Familie ein Jahr lang kein Wort.

Während er mir davon erzählte, begann Tonja zu zittern. Auch sie kommt aus einem Heim.

Während die Sachen aus dem Lkw verteilt werden, gehe ich mit Jura in das Krankenhaus. Er überlässt mir einige Medikamente, die von den alten Bauern in meinem Dorf benötigt werden könnten. Es sind Mittel gegen Erkältungen, Grippe, Kopfschmerzen und Kreislaufschwäche sowie Heftpflaster, Verbände, Hexenschusspflaster, eine Salbe gegen Schmerzen und anderes mehr.

Dann erzählt er mir von seiner Tochter Tonja. »Du weißt ja, wie gut sie mit Tieren umgehen kann. Sie will Raubtierdompteurin werden. Im Zirkus«, sagt er, nicht ohne einen gewissen Stolz.

»Ach?«, erwidere ich, beeindruckt davon, dass ein Vater einen derart ungewöhnlichen Wunsch seines Kindes so ernst nimmt.

»Ja, und nächste Woche fahre ich mit ihr nach Moskau zum Staatszirkus, und Tonja stellt sich vor«, erzählt er weiter.

Ich bin so gerührt, dass ich aufstehe und ihn umarme. Jura sieht mich überrascht an. »Das ist ganz toll, dass du das für Tonja machst«, füge ich erklärend hinzu, und wir werden beide rot.

Als wir wieder auf den Platz kommen, auf dem der Lkw steht, sind alle Sachen verteilt – bis auf den Koffer mit den Lesebrillen und die Kleidungsstücke für die Babuschkas in Lipowka.

Wir wollen gerade dorthin aufbrechen, da kommt eine Mutter mit einem Säugling auf dem Arm zu uns gerannt. »Schaut, schaut!«, ruft sie aufgeregt.

Wir können den Grund ihrer Aufregung erst erkennen, als

sie vor uns steht. Immer wieder schiebt sie die Kuppe ihres kleinen Fingers in die winzige Tasche des deutschen Strampelanzuges, den ihr Baby jetzt trägt. »Schaut, eine Tasche. Für ein Baby!« Sie schreit es fast.

Während Jura das Sensationelle daran sofort zu begreifen scheint und vor Staunen den Mund öffnet, brauche ich ein wenig, um etwas für mich völlig Normales als ungewöhnlich einzuordnen. Ich hebe die Schultern. Jura bemerkt meine Ratlosigkeit. Er ruft einige Kinder heran, die auf dem Platz spielen. Er bittet sie, sich umzudrehen und mir ihre Rückseiten zu zeigen. Dann deutet er auf die Gesäßtaschen ihrer Hosen.

Sie sind aufgemalt. Stoff für Taschen zu verschwenden wäre ein Luxus.

In Lipowka richte ich eine kleine »Apotheke« ein.

Baba Olga klopft, um sich ein Pflaster für einen Schnitt an ihrem Finger zu holen. Ich will ihr gleich eine ganze Packung mitgeben, damit sie das Pflaster wechseln kann, wenn es nass geworden ist. Sie jedoch winkt ab, entfernt sich schnell und ruft mir über die Schulter zu: »Ich komme lieber morgen wieder.« Ich wundere mich, warum sie den weiten Weg auf sich nehmen will, anstatt sich selbst mit Pflastern zu versorgen.

Am nächsten Tag klopft es wieder, und sie hält mir ihren Finger entgegen wie ein Kind. Während ich ein neues Pflaster anlege, spüre ich, dass Olga einfach die Zuwendung zu genießen scheint, die sie sonst – wie fast alle allein lebenden Bäuerinnen und Bauern – nicht bekommt. Ich hole eine Hautcreme.

»Wenn wir die Wunde eincremen, dann ist das noch besser«, sage ich. Sie überlässt mir ihre alten Hände, und ihre Augen schließen sich.

Eines Morgens fehlt Wasja, der Neue, der seit einem halben Jahr mit uns lebt.

Ich folge seinen Pfotenabdrücken im Schnee. Mitunter tauchen neben dem Weg Spuren auf, die nicht von Tieren stammen. Man kann so etwas wie einen menschlichen Fußabdruck erkennen und seltsam anmutende Wühllöcher daneben.

Im ersten Winter verwirrten mich diese Schneegebilde. Aufgeklärt wurde ich, als ich mit zwei deutschen Freundinnen, die ich vom Bahnhof in Sassowo abgeholt hatte, mit Juri und seinem Jeep in Lipowka einfuhr. Juri bremste so plötzlich, dass wir alle nach vorn geschleudert wurden. Ein alter Mann lag mitten auf dem Weg. Die zwei Freundinnen, die noch nie in Russland gewesen waren, sahen entsetzt auf den fast zugeschneiten Menschen. Ihre Blicke verrieten ihre Befürchtung, es mit einer Leiche zu tun zu haben.

»Komm Bruder, du erfrierst. Aufstehen!«, rief Juri.

Der alte Bauer schlug um sich, wehrte sich dagegen, dass Juri ihn unterstützend unterfasste, und drehte sich auf die Seite. Er versuchte sich mit den Armen aufzustützen, sackte jedoch immer wieder zusammen. Dann begann er, sich zuerst mit den Beinen hochzustemmen, wobei sein Kopf im Schnee versank. So entstand ein »Wühlloch« neben seinen Fußabdrücken. Schließlich half Juri ihm doch noch hoch, und der Alte torkelte bedenklich schwankend davon.

»Liegen hier noch mehr auf dem Weg?«, fragte eine der deutschen Freundinnen, und ich sah ihr an, dass sie für ihren Besuch in Lipowka mit dem Schlimmsten rechnete.

Ich verliere Wasjas Spur (wenn es überhaupt seine gewesen ist) nach etwa fünfhundert Metern.

Vier Tage vergehen, ohne dass ich den Hund finde.

Am fünften Tag berichtet Bauer Petja von einem hellbraunen Hund, der tot und von anderen Tieren angefressen in einer Falle gefunden wurde. Ich gehe nicht nachschauen. Ich könnte den Anblick nicht ertragen und würde ihn nie mehr vergessen.

Was ich zum damaligen Zeitpunkt nicht weiß, ist, dass die Vorstellung von etwas sehr viel nachdrücklicher in der eigenen Fantasie leben kann als ein realer Anblick. Lange kämpfe ich darum, dass sich meine Vorstellung davon, wie sein Ende gewesen ist, nicht über die Bilder schiebt, die ich von ihm als gesundem und lebendigem Hund in mir trage.

Wasja hat nur kurz bei uns gelebt, aber er hinterließ mit seiner Ruhe, seiner Freundlichkeit und Lebensfreude einen bleibenden Eindruck.

Während ich für zwei Wochen zu Konzerten nach Moskau reise, zieht Vera bei mir ein, um für die Hunde zu sorgen. Ich weise sie noch einmal nachdrücklich darauf hin, dass sie während meiner Abwesenheit niemanden im Dorf mit Medikamenten versorgen soll, da sie die deutschen Beipackzettel nicht lesen kann. Allein Schmerztabletten lege ich bereit.

Als ich zurückkehre, sind alle wohlauf – dank der deutschen Medizin, wie ich höre.

»Schimpf nicht«, sagt Vera betreten, »ganz viele Babuschkas hatten eine böse Erkältung, aber ich habe die richtigen Medikamente dafür gefunden.« Sie blickt mich bedeutungsvoll an, bevor sie stolz hinzufügt: »Alle sind ganz schnell gesund geworden! Man spricht von einem Wunder!«

Ich hebe ergeben die Hände. Wer heilt, hat recht, denke ich und lasse mir nur pro forma die besagten Mittel zeigen. Vera präsentiert mir eine Verpackung. Ich kenne den Namen des Medikaments nicht und lese den Beipackzettel. Diesem entnehme ich, dass dieses Mittel tatsächlich eine Wundermedizin ist.

Es handelt sich um die Antibabypille.

# Bambinos Reise

Mein Leben im Winter mit den Hunden verläuft ähnlich wie das der Bauern. Es wird mächtig gefaulenzt. Der Winter ist die Zeit des Ausruhens.

Die Hunde gähnen im warmen Zimmer um die Wette, rappeln sich zwischendurch mit viel Getöse hoch, drehen sich etliche Male um die eigene Achse und lassen sich dann wieder fallen, um weiterzuschlafen. Ich schreibe neue Lieder, male und fresse Bücher in mich hinein. Vera und ich spielen Schach, obwohl wir beide nicht mehrmals hintereinander verlieren können, ohne uns ernsthaft zu streiten. Dennoch beginnen wir immer wieder mit neuer Begeisterung zu spielen.

Die Bauern tun, was im Warmen getan werden kann: Die Babuschkas spinnen Wolle, stricken Schafwollsocken, fertigen Flickenteppiche und nähen. Die Djeduschkas flicken ihre Fischernetze, die wie riesige Spinnennetze über alle Möbelstücke des Zimmers gespannt sind.

Ansonsten legt man sich – neben den alltäglichen Verrichtungen wie Wasser holen, kochen, heizen und Tiere versorgen – vor allem mit Vorliebe auf den warmen Küchenofen.

Der Winter hat eine andere Zeitrechnung als der Rest des Jahres. Nachbarn sehen sich tagelang nicht, gespenstische Leere herrscht auf den zugeschneiten Dorfwegen. Das Einzige, was sich bewegt, ist der Rauch, der aus den Schornsteinen kommt. Der Weg zum Wasser ist notdürftig niedergetrampelt. Die Wasserpumpen tragen dicke Wattejacken, deren Ärmel funktionslos abstehen.

Brunnen im Winter

Über den Jahreswechsel kommen immer ein paar Städter zum Feiern. Sie kaufen zu diesem Zweck eines der leer stehenden, fast verfallenen Häuser. Sobald es völlig heruntergekommen ist, wird ein neues Haus erworben. Beliebt sind sie bei den Bauern deshalb nicht. Geachtet wird hier nur jemand, der für sein Haus sorgt und es erhält. Viele intakte Häuser ergeben ein gutes Dorf.

Die Städter kaufen bei den Bauern Lebensmittel. Immer wieder versuchen sie vergeblich, auch Eier zu erwerben. Es scheint eine unausgesprochene Regel unter den Bauern zu sein, dass sie diese Rarität nicht verkaufen. Eier bekommt man nur aus Zuneigung geschenkt.

Vor einem dieser Städter-Häuser steht gerade ein Auto, ähnlich einem Pick-up – in russischer Ausführung. Vera und ich unterhalten uns mit Baba Luba, die in der Nachbarschaft wohnt.

»Die haben sich nicht einmal vorgestellt. Man weiß gar nicht, wo sie herkommen und was sie hier wollen«, sagt Baba Luba verärgert über die Respektlosigkeit.

Bambino läuft schnüffelnd um den Pick-up herum. Die Truppe Städter kommt aus dem Haus und steigt in den Wagen. Bambino hat die Nase Richtung Ladefläche erhoben. Im selben Moment springt er hinten auf.

»Bambiiino! Bambiiino!«, schreie ich.

Das Auto fährt los.

»Stooopp!!!«, rufen Vera und ich, laufen hinterher und fuchteln dabei wild mit den Armen.

Bambino blickt interessiert in die Fahrtrichtung und dreht sich nicht einmal um.

Völlig außer Puste geben wir die Verfolgung nach ein paar hundert Metern auf. Das Auto ist außer Sichtweite. Bambino auch. Wir sind fassungslos und können uns nicht erklären, warum er nicht in Panik geriet, als das Auto angelassen wurde, und sich nicht umblickte, als wir ihn riefen.

Niemand kann sagen, woher die Städter kamen im Winter 1996, meinem letzten Winter in Lipowka. Ich weiß weder, ob Bambino »aus Versehen« auf das Auto sprang, weil er nicht wusste, dass es gleich losfährt, oder ob er hinaufsprang, weil er Lust auf ein neues Abenteuer hatte. Auch wenn Letzteres eine sehr menschliche Interpretation seines Verhaltens sein mag – zuzutrauen wäre es ihm. Obwohl ich mir sicher bin, dass Bambino überall ein Zuhause finden kann, weil man ihn einfach mögen muss, macht mir die Ungewissheit um seinen Aufenthaltsort lange zu schaffen, und natürlich fehlt er mir sehr.

All die Abschiede erfüllen mich mit Trauer und lassen wenig Raum für andere Gefühle.

Ich rücke noch enger mit Wanja, Anton und Husar zusammen. Da Anton und Husar sich weigern, in die warme Stube zu kommen, sitze ich oft dick eingemummelt mit ihnen in der Sonne vor dem Haus.

Im Gegensatz zu den mir bekannten trüben Berliner Wintern scheint hier fast jeden Tag die Sonne – außer wenn es schneit. Das Glitzern über dem blütenweißen, unberührten Schnee ist wie der Glanz, der ein langes Fest überstrahlt.

Ich liebe die Winter in Lipowka.

Sie sind einzigartig. Still. Friedlich.

Sie reinigen die Seele. Solange man nicht trauert – oder wenn man anders trauern kann als ich.

Auch für Pascha scheinen der Winter und die lange Einsamkeit eine harte Geduldsprobe zu sein, obwohl ich mich bemühe, täglich bei ihr vorbeizuschauen. Ihre Nachbarn, das Ehepaar Anton und Tasja, sprechen mich an.

»Maja, kannst du nicht einmal mit ihr reden? Wir sind wirklich gute Nachbarn. Wir kochen im Winter oft für Pascha mit, und Anton bringt ihr das Feuerholz herein. Aber jetzt klopft sie mitten in der Nacht, und der von uns, der ihr aufmacht, muss mit auf ihren Ofen«, sagt Tasja.

»Auf ihren Ofen?«, frage ich, die Dimension dieser Aussage nicht ganz erfassend.

Wanja, Maja, Anton, Husar und Wasja im Winter

»Na so …«, erwidert Tasja und zieht mich am Ärmel. »Los, komm mit rüber. Schließlich seid ihr zu zweit, und ich bin allein«, imitiert sie den Kommandoton von Pascha.

»Wie, und du gehst dann mit auf ihren Ofen?«, frage ich Tasja ungläubig.

»Ja, man kann ja nicht Nein sagen zu ihr«, antwortet Anton vorwurfsvoll. »Kannst du nicht mal nachts bei ihr schlafen?«, fügt er dann bittend hinzu.

Ich schaue auf die beiden über 70-Jährigen und weiß nicht, ob ich die Hände über dem Kopf zusammenschlagen oder lachen soll. Die Vorstellung, wie Pascha sich nachts Gesellschaft organisiert, ist einfach zu komisch. Bei dem Gedanken daran, dass ich nun auf Paschas Ofen nächtigen soll, bleibt mir das Lachen jedoch im Hals stecken.

Ich muss dringend mit Pascha sprechen.

# Kälte

Die Angst, Wanja und die beiden anderen Hunde zu verlieren, ist für mich so unerträglich, dass irgendetwas in mir nicht nur diese Furcht, sondern auch die Hunde selbst aus meinem Gefühlsleben zu drängen scheint. Ich will Abstand zu meiner Angst gewinnen und gehe für eine Fünf-Wochen-Produktion nach Deutschland.

Ich trete unter einem Künstlernamen in der »Bar jeder Vernunft« in Berlin auf. Neben Presse-, Rundfunk- und TV-Terminen gibt es zwei Anfragen für Dokumentarfilme über mein (künstlerisches) Leben. Im Winter 1997 begleiten mich beide Filmteams unabhängig voneinander in meine Geburtsstadt Leipzig, zu Konzerten nach Moskau und nach Lipowka. (Das Team um den Regisseur Bernd Reufels dreht auch im Mai 1998 noch einmal in Lipowka.)

Wanja hat einige Probleme, die fremden Männer in meinem Haus zu dulden, kommt damit jedoch klar, solange sie ihn ignorieren und mir nicht zu nahe kommen. Anton und Husar weichen dem Trubel aus und kommen erst nach dem Dreh von meinem Nachbarn Wasja zurück.

Ich fahre zwei Monate nach den Dreharbeiten wieder nach Berlin, um weitere Konzerte zu geben, deren Verträge sich aus dem Gastspiel in der »Bar jeder Vernunft« entwickelt haben.

Während in Lipowka die wenigen Begegnungen mit Menschen und Tieren Raum in mir finden, hat meine Seele in Deutschland eine Möglichkeit gefunden, um der dortigen Reizüberflutung zu entgehen: Sie hält die Luft an. Schaufensterauslagen, Verkehr, Menschenmassen, angeleinte Hunde, Grünanlagen, die unberührte Natur ersetzen sollen, Häusermeere, hundert Joghurtsorten – ich atme nichts davon ein, ich nehme es nur wahr. Dadurch habe ich das Gefühl, unter einer Glocke zu leben. Ein angenehmer, aber lebloser Zustand.

Vera ruft mich an. Ihre Stimme klingt bereits bei der Begrüßung bedrückt und traurig. »Deine Baba Pascha ist gestorben«, sagt sie beinahe im Flüsterton.

Ich fühle mich plötzlich wie der Junge Kai im Märchen *Die Schneekönigin*. Während Kais Herz jedoch durch den Kuss der Schneekönig langsam zu Eis gefriert, »küssen« mich all die Abschiede.

Nach meinem frühen Weggang 1991 lerne ich nun mit einiger Verspätung den Westen kennen – zu einem Zeitpunkt, in dem nicht nur das ostdeutsche Lebensgefühl in mir steckt, sondern ich nun auch den Osten Russlands noch zusätzlich in mir trage. Mir erscheint alles fremd. Die Reklame, der Überfluss, das Unnötige, die Leere hinter dem, was zu viel ist. Ich bin in Lipowka ein Mensch geworden, der Kleidung in Dreckstufe I, II und III unterscheidet, am liebsten barfuß läuft, gerne mit den Händen arbeitet, es liebt, mit einfachen Menschen zusammen zu sein, jedes Wetter genießt und ohne Hunde nicht leben kann.

Ich verberge mich hinter einer Kunstfigur. Sie passt zu allem, was sich unter diesen Umständen fremd fühlt in mir, weil sie das Fremdeste darstellt, was ich darstellen kann – eine Diva: Adriana Lubowa.

Diese Figur gibt mir nicht nur die Möglichkeit, in diese Fremde zu passen, sondern auch, nichts mehr zu fühlen. Sie und Deutschland werden meine Betäubung gegen den Schmerz der Abschiede.

»Deine Baba Pascha ist gestorben.«

Pascha, mit der ich viele Jahre täglich zusammensaß. Die ihre Hände auf meinen Knien ruhen hatte, die mich herumkommandierte, die mich gegen jede Moralvorstellung akzeptierte. Die mich umsorgte, wie ich sie. Meine späte, langersehnte Großmutter.

Fahrig suche ich eine Lücke, eine Möglichkeit, zurückzureisen und ihr Grab zu besuchen. Es gibt sie nicht neben all den bereits geschlossenen Verträgen und den Menschen, die gerade mit mir arbeiten und von dieser Arbeit leben.

Ein paar Monate später halte ich mich wegen eines Konzerts gerade in München auf, als mich der Anruf einer Berliner Freundin erreicht. »Bitte, dreh jetzt nicht durch. Vera hat angerufen.« Langes Schweigen.

»Ja, und?«, drängle ich ängstlich.

»Also, es war ein unglücklicher Umstand.«

»Was ist passiert, jetzt sag bitte.«

Meine Freundin stößt hörbar die Luft aus und fährt fort: »Wanja ist erschossen worden. Er ist dem betrunkenen Kolja begegnet, und als dieser ihn anpöbelte, hat er geknurrt. Kolja ist auf ihn losgegangen und hat ihn treten wollen. Wanja schnappte nach ihm, um sich zu verteidigen. Kolja hat daraufhin sein Gewehr geholt und ihn erschossen.«

Es ist ein Schock, der das, was von meinem Herzen noch fühlbar war, in einer einzigen Sekunde gefrieren lässt.

Danach bin ich nicht mehr Adriana Lubowa und nicht mehr Maike Maja Nowak. Im Innern lebe ich in einer Schattenwelt, über der eine schwarze Wolke schwebt. Ich rauche inzwischen sechzig Zigaretten am Tag. Das Ziehen und Inhalieren ist wie ein Ersatz für das Atmen geworden.

Frei atmen kann ich nicht mehr.

Ich fahre nie wieder in mein Dorf, nach Lipowka.

Vera, die noch lebenden Babuschkas, Anton, Husar, mein Haus, meine Habseligkeiten, sie alle fallen einer Schockstarre zum Opfer, die mich in den nächsten zwei Jahren gefangen halten wird. Die Abschiede von all den Wesen, die mir ein neues Leben gaben, scheine ich nicht verwinden zu können.

Völlig betäubt erarbeite ich ein neues Programm: »Razzia im Paradies«. Es wird genauso statisch bleiben, wie ich mich innerlich fühle. Während das erste, »Lieder kurz nach dem Glück«, ein seelenvolles Programm war, scheint dieses jetzt nur noch mithilfe der Außenhülle von Adriana Lubowa zu »funktionieren«. Das ist alles.

Konzert folgt auf Konzert. Meine Musiker, mein Manager wissen nichts von meiner Verfassung. Ich kann sie nicht ins Vertrauen ziehen, weil nichts von dem, was ich in den letzten Jahren erlebt habe, ihnen vertraut sein kann. Und weil ich ihnen nie als ich selbst begegnete, sondern immer nur im Schutz einer Kunstfigur.

Nach zweieinhalb Jahren in Deutschland wache ich eines Morgens auf und kann nicht mehr aufstehen. Ich bin weder fähig, meine Arme zu bewegen noch meine Beine. Ich brauche eine Stunde, um an mein Telefon zu gelangen und den Notarzt zu rufen.

»Burn-out« lautet nach einem längeren Untersuchungsverfahren die Bezeichnung für meinen Zustand. Mir ist egal, wie man es nennt. Ich habe das Gefühl, in einer Wüste zu leben, ohne zu wissen, ob je wieder ein Grashalm nachwächst und wie er aussehen könnte.

Ich habe das Glück, eine gute Therapeutin kennenzulernen. Eine große Frau mit wildem grauem Haar, die für mich etwas von einer Erdenmutter hat. Bei ihr beginne ich eine Therapie. Sie bildet eine winzige Insel, auf der ich neu beginnen kann: zu stehen, zu leben, zu laufen und mich fortzubewegen.

Zeitgleich höre ich auf zu rauchen. Sechzig Zigaretten am Tag. Schluss, aus. Von jetzt auf gleich.

Ich ziehe in eine kleine Wohnung mit Gärtchen in Prenzlauer Berg und gebe nur zwei Menschen meine Adresse. Die Wohnung ist meine Höhle.

Ich habe einige Dinge aus Lipowka bei mir, die ich einer Freundin geschenkt hatte. Das Ortsschild, das der Vorbesitzer meines Hauses als »Flicken« auf den Fußboden genagelt hatte und das ich als »Souvenir« mit nach Berlin brachte, Fotos und Schafwollsocken. Die Freundin gibt mir die Sachen in einem Koffer mit den Worten zurück: »Du brauchst diese Dinge mehr als ich.« Auch das große Schachspiel mit den handgeschnitzten, Kopftuch tragenden Bäuerinnen, mit dem Vera und ich in Lipowka spielten, gehört dazu, da ich es mit auf die Tournee nach Deutschland genommen hatte.

Es ist eine zeitlose Zeit, in der ich versuche, jeden einzelnen Tag zu bestehen.

Als meine Geldreserven zu Ende gehen, suche ich nach einer Arbeit, um nicht beim Amt um Unterstützung bitten zu müssen. Ich nehme einen Halbtagsjob an, der mir finanziell nicht reicht, finde noch einen Job, der zweimal wöchentlich vier Stunden umfasst, und schließlich noch einen dritten mit ebenfalls zweimal vier Stunden wöchentlich. Ich hetze von einer Arbeitsstelle zur nächsten, verbringe die S-Bahn-Fahrten dösend und falle abends sofort in mein Bett. Durch die Erschöpfung jedoch kann ich endlich wieder richtig durchschlafen.

Ein Jahr lang besteht mein Leben nur aus Arbeit und Schlaf. Ich treffe mich weder mit Freunden, noch lerne ich neue Menschen kennen.

An den Wochenenden laufe ich durch den Wald. Es ist schwer, hier eine Ecke zu finden, in der nicht irgendwann wieder das Rauschen irgendeiner Autobahn zu hören ist.

Eine Stille, wie ich sie von Lipowka kenne, gibt es hier nicht.

# Frühling

## Erwachen

Es ist ein Freitagmorgen.

Ich warte an der S-Bahn. Ich muss zur Arbeit.

In meinem ersten Job hauswirtschafte ich – man kann auch putzen dazu sagen –, im zweiten gärtnere ich, im dritten Job unterrichte ich an einer Schule die Benutzung eines Grafikprogramms sowie eines Programms, mit dem man Websites erstellt. (Ich selbst habe mir diese Ausbildung wenige Monate nach meinem Burn-out als kreative Beschäftigung spendiert.) Es macht Spaß, anderen das beizubringen, was einem selber Freude macht. Meine Putz- und Gärtnerjobs sind körperlich sehr anstrengend, da sie oft hintereinanderliegen. Immerhin bekomme ich das »Fitnessprogramm«, wie ich es nenne, bezahlt und habe dabei einen freien Kopf zum Nachdenken. Zudem erinnert mich die Arbeit mit den Händen ein wenig an meine Zeit in Lipowka.

Freitag ist ein gnädiger Tag. Vier Stunden am Vormittag, dann Feierabend.

Ab Montag liegen drei Wochen Sommerurlaub vor mir. Ein Zeitraum, der mir auch Angst macht. Es ist freie Zeit, die gefüllt werden muss.

Das erste Mal nach eineinhalb Jahren.

Es ist der 2. Juli 2002.

Die Sonne bricht durch den Wolkenhimmel und findet in einem kleinen Strahl den Weg unter das S-Bahn-Dach, genau auf die Zeitanzeige.

Es ist Punkt 8 Uhr. Ich erinnere mich deshalb so genau daran, weil ich in diesem Moment aus meiner Starre erwache. Plötzlich weiß ich, dass ich heute Nachmittag ins Tierheim gehen, einen der drei Jobs kündigen und diese Zeit fortan mit einem Hund verbringen werde.

Mich euphorisiert dieser Entschluss so sehr, dass ich mit jeder Menge Adrenalin meine Arbeit erledige. Meine plötzliche Veränderung bleibt nicht unbemerkt. Ich sprühe vor Charme, und bei meiner Anfrage, ob ich einen Hund mit zur Arbeit bringen dürfe, stoße ich auf keinerlei Widerstände. Für mich ist das ein gutes Omen, falls ich überhaupt noch einen Rest Zweifel in mir trage.

Mit pochendem Herzen und weichen Knien betrete ich das Tierheim. Gleich wird sich entscheiden, mit wem ich künftig mein Leben teilen werde. Unter all den bellenden und aufgeregten Hunden, denen täglich unzählige Fremde in ihre »Schlafzimmer« schauen, sehe ich eine weiße Schäferhündin, die mich mit großen schwarzen Augen anblickt.

Die ist es, denke ich, einem ersten Impuls folgend.

Sie ist es nicht, teilt mir eine Mitarbeiterin des Tierheims mit, denn die Schäferhündin ist bereits vermittelt und wird morgen abgeholt.

Ich bin völlig überrascht. Ich war mir so sicher, dass »mein« Hund hier auf mich wartet, und jetzt ist er bereits adoptiert. Damit habe nicht gerechnet. Mir kommen Tränen der Enttäuschung.

»Was für'n Hund sollt's denn sein?«, ruft die Tierpflegerin mir hinterher, als ich mit hängenden Schultern davonschleichen will.

»Ein älterer, wanderfreudiger Hund«, sage ich leise. »Ich habe aber keinen gesehen, den ich außer der Schäferhündin will, und ich habe mir alle angesehen. Danke«, füge ich abwehrend hinzu und will gehen.

Sie schaut mich seltsam an und sagt: »Also einen älteren ham wir noch, aber wanderfreudig und überhaupt alles andere ... Ich denke nicht, dass Sie den wollen.« Sie winkt ab.

Es ist dieses Abwinken, dass sowohl das Schicksal des unbekannten Hundes besiegelt als auch das meine.

»Wo soll er denn sein?«, frage ich herausfordernd.

Sie führt mich zu einem Zwinger, in dem ich nur einen American-Staffordshire-Terrier sehe, den ich bereits kenne. Er wedelt freudig mit dem Schwanz, wirkt sehr jung, verspielt und mehr als wanderfreudig. Ich blicke ratlos zu der Frau.

Die Tierpflegerin weist auf eine Plüschhöhle in der Zwingerecke, in deren Eingang ich bei genauerem Hinsehen zwei kleine Lichter erkenne, die man als Augen deuten könnte. Sie macht ein paar lockende Geräusche und erklärt mir dann, warum der Hund nicht herauskommen wird: zehn Jahre Einzelhaft auf einem Balkon. Fast zum Skelett abgemagert. Ein Fall von »Animal Hoarding« – ein Hund und über vierzig Katzen, die in der zum Balkon gehörigen Einraumwohnung lebten. Der Hund hat Angst vor Menschen, Geräuschen, anderen Hunden. Allem. Seine Muskeln sind nicht ausgebildet, weil er nie Bewegung hatte. Laufen ist für ihn nicht möglich.

Sie entschuldigt sich gerade dafür, dass sie mich überhaupt zu dem Zwinger geführt hat, als ein schwarzer Kopf mit vor Angst geweiteten braunen Augen aus der Höhle schaut. Der Hund kriecht mit schrillen Fieptönen auf uns zu. Es ist nicht zu erkennen, was ihn dazu antreibt, denn man sieht, dass er sich fürchtet.

Nach seinen bisherigen schrecklichen Erfahrungen hat es das Tierheim mit dem Hund sehr gut gemeint. Aus dem beschriebenen Skelett ist eine dicke schwarze Fellwurst geworden, die durch die Anstrengung des mühsamen Kriechens um Luft ringt.

»Der Hund ist vermittelt, ich nehme ihn«, höre ich mich plötzlich sagen und schaue dabei sicher genauso verdattert drein wie die Frau.

Unterwegs nach Hause ist der Hund beunruhigend ruhig. Sein Blick weicht mir aus, und ich sehe, dass er vor Furcht so flach wie möglich atmet. Ich bekomme Angst vor meiner eigenen Courage.

Unsicher, ob ich diesem Hund wirklich helfen kann, lege ich ihn zu Hause auf meinem Wohnzimmerteppich ab. Sein Verhalten ändert sich augenblicklich. Er wälzt sich auf dem weichen Material wie ein frisch gebackener Millionär in 500-Euro-Scheinen. Vielleicht erinnert ihn der Teppich an ein schönes Erlebnis aus seiner Welpenzeit. Vielleicht weiß der Hund aber auch nur früher als ich, dass jetzt alles gut werden wird. Ich nenne ihn Viktor.

# Viktor und das Leben

Mein innerer Frühling mit Viktor ist eigentlich ein Sommer. Es ist heiß, und das Badewetter bringt mich auf die Idee, ihn beim Schwimmen wieder Muskeln aufbauen zu lassen. Drei Urlaubswochen lang fahren wir täglich mit dem Fahrrad und einem Anhänger zum Plötzensee.

Danach beginnt Viktor, wenn auch noch etwas wacklig auf den Beinen, zum ersten Mal die Welt zu entdecken.

Viele Ängste hat er bereits in kurzer Zeit überwinden können. Er zuckt nicht mehr vor Wiesen zurück, vor Autos, Fahrrädern oder vor vertrauten Menschen. Dennoch bekommt er weiter Panikattacken, sobald es knallt, wenn eine Sirene ertönt, ein Fremder auf ihn zukommt oder sich ein anderer Hund nähert.

Um mir viele Stunden mit einem Hundetrainer zu ersparen, investiere ich das Geld in ein Fernstudium zur Hundepsychologin an einem anerkannten Institut. Ich habe ja nun genug Freiraum im Kopf. Und ich will meinen Hund verstehen lernen.

Ich nutze alle Formen der Gegenkonditionierung und positiven Verstärkung, doch ein Durchbruch gelingt uns erst, als Viktor das Lernen lernt.

Ich sitze mit einem Klicker (Knackfrosch) vor ihm und versuche, ihm »Touch« beizubringen – er soll etwas mit der Nase berühren, wenn ich es ihm hinhalte. Sobald Viktor versehentlich mit der Nase an den Ball kommt, klicke ich mit dem Knackfrosch, und er bekommt ein Leckerchen. Oft tippt er ratlos gegen den Ball, den Klicker und meine Hand, weil er nicht versteht, was ich von ihm will. Sein Gehirn ist das Lernen nicht gewohnt. Das Spaßhaben. Erfolgserlebnisse.

In dem Hund leben noch immer Schrecken und Todesängste. Niemand weiß, wie oft er auf dem Balkon fast verhungert ist, bevor sich der Zivildienstleistende der psychisch kranken Frau wieder an ihn erinnerte, der ja auch noch vierzig Katzen zu versorgen hatte.

Beim Röntgen wird eine Pistolenkugel gefunden, die in Viktors Schultergelenk verkapselt ist. Niemand weiß, wie lange der Hund mit Schmerzen auf dem Balkon lag und um sein Leben kämpfte. Niemand kann sagen, wer geschossen hat. Ein Nachbar, dem der winselnde Hund zu laut war?

Es braucht ungefähr eine Woche, bis sich das Fragezeichen in Viktors Gesicht auflöst. Er versteht plötzlich, dass er nur genau das wiederholen muss, was er in dem Moment tut, in dem das Klicken zu hören ist. Von diesem Moment an bekommt das Ganze eine Eigendynamik. Ich habe und hatte wie jeder andere Hundebesitzer natürlich immer nur hochintelligente Hunde – bis auf Husar, zugegebenermaßen –, aber einen Hund wie Viktor gibt es dennoch nicht so häufig. Er lernt, jetzt, wo er das Lernen einmal gelernt hat, im Dreiminutentakt, und mir gehen schließlich die Ideen aus.

Er kennt alle Grundsignale, er kann alles Mögliche suchen, bringen, mit der Pfote auf einen Topf schlagen, die Wäsche aus der Waschmaschine holen und weitere Kunststücke, die ich nach und nach zu einer kleinen Kür verbinde, weil die einzelnen Elemente ihn nach kurzer Zeit unterfordern.

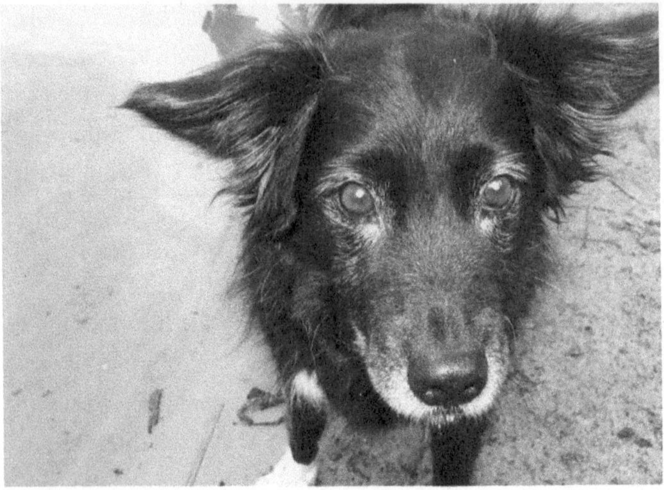

Viktor, der Sieger

Er wird der Oliver Kahn unter den Hunden und sichert meine Terrassentür, die das Tor darstellt, wenn ich mit seinem Lieblingsball darauf schieße. Meine Scheibe bleibt nicht nur heil, weil der Ball sehr weich ist, sondern auch, weil Viktor ein hervorragender Torwart ist. Mit zwölf Jahren beginnt er, Frisbeescheiben zu fangen, als hätte er nie etwas anderes getan, während ich noch das Werfen übe.

Viktor ist bereit zu leben.

Nachdem er durch das Schwimmen und die ungewohnte Bewegung abgespeckt und Muskeln aufgebaut hat, sieht man auch, was für ein Hund eigentlich in ihm steckt: Aus Viktor ist eine hübsche Mischung aus Border Collie und Spitz geworden. Schwarz, mit seidigem langem Fell und einem weißen Vorderpfötchen. Bis auf seine Panik vor knallenden Geräuschen, die von dem Pistolenschuss herrühren mag, hat Viktor alle Ängste verloren.

Er entdeckt, wie er mit Charme fremde Menschen zu Streicheleinheiten bewegen kann. So lässt sich zum Beispiel – schwanzwedelnd und lieb guckend – die Wartezeit neben mir in einer Menschenschlange vor dem Postschalter verkürzen.

Ich bedaure mitunter, kein Hund zu sein. Mir bleibt eine derartige Form der Kontaktaufnahme verwehrt. Dennoch habe ich durch Viktor in kürzester Zeit neue Menschen kennengelernt – Hundebesitzer, Hundeliebhaber und Nachbarn. Viktor ist eine Einladung für ein Gespräch. Ich lerne wieder etwas, was ich zuletzt bei den Babuschkas getan habe: plaudern. Ein solches Gespräch plätschert wie eine kleine Quelle dahin. Sie spendet kurz unbeschwerte Freude und versickert dann, ohne dass man es bedauert.

Jetzt, wo ich Viktor in die Welt geführt habe, führt er mich zurück zu ihr. Seine Lebensfreude steckt mich an. Ich beginne zu glauben, dass ich alles schaffen kann, weil auch er seine unglaubliche Vergangenheit besiegt hat.

Ebendieser schöne Moment jedoch ist auch der Punkt, an dem meine Angst vor dem Verlust eines geliebten Wesens zurückkehrt. Es ist die Angst, Viktor bald wieder verlieren zu können, weil er bereits ein so hohes Alter erreicht hat. Es gelingt mir nicht, jeden Tag mit ihm einfach zu genießen, sondern ich spüre immer ein Ziehen in der Magengegend, wenn es ganz besonders schön mit ihm ist. Als er an einem Sommertag in meinem Garten schreiende Laute von sich gibt und kollabierend zusammenbricht, nehme ich ihn auf den Arm und renne weinend zur Tierärztin. Ich schaffe es gerade noch, ihn in der Praxis abzulegen, dann breche auch ich zitternd zusammen. »Wespen- oder Bienenstich – eine allergische Reaktion«, beruhigt mich die Tierärztin und ist sichtlich verwirrt über meinen Zustand.

Auf *Arte* sehe ich eine Sendung über Therapiehunde in Frankreich. Im Jahr 2003 ist dieses Verfahren in Deutschland noch nicht sehr verbreitet. Das wäre genau der richtige Job für Viktor, denke ich, als ich die Arbeit mit Demenzkranken und einem Hund sehe. Was ich noch nicht weiß, ist, dass es auch genau die richtige Arbeit für mich sein wird.

Ich melde Viktor also mit zwölf Jahren telefonisch zur Therapiehundeprüfung in einem Verein für Therapiehunde an.

»Zu alt«, befindet die Vorsitzende.

»Viktor ist kerngesund«, sage ich.

Sie bleibt dabei. »Bis zu einem Alter von neun Jahren, das ist das höchste der Gefühle.«

An der Stimme der Vorsitzenden höre ich, dass auch sie keine junge Frau mehr zu sein scheint, und frage: »Entschuldigen Sie, wie alt sind Sie?«

»Was tut das zur Sache?«, empört sie sich.

Natürlich will ich darauf hinaus, dass auch ihr niemand vorschreibt, ihre Arbeit aufzugeben, nur weil sie vielleicht über sechzig ist und obwohl es ihr sehr viel bedeutet und sie es wunderbar macht. Ich verkneife mir jedoch einen Vorstoß in diese Richtung. Ich will ja für Viktor etwas erreichen.

»Wissen Sie, dem Hund sind elf Jahre genommen worden: zehn Jahre in Einzelhaft auf einem Balkon und ein Jahr im Tierheim. Er hat sich mit Kraft und Mut erst jetzt ein Leben erkämpft und beginnt nun gerade damit. Er ist in diesem Sinne ein Junghund, der nun tun möchte, was er sein ganzes bisheriges Leben verpasst hat. Vielleicht kann man ihn in diesem Falle zumindest zur Prüfung antreten lassen und vor Ort begutachten, ob er infrage kommt? Und wenn er nur für ein Jahr arbeiten kann, auch das würde sich lohnen.«

Viktors Geschichte rührt die Vorsitzende. Er darf zur Prüfung antreten.

Die Prüfung findet in einem Altenheim statt.

Ich muss Viktor dazu bringen, sich in einem Gang hinzulegen, und mich weit von ihm entfernen, er muss mit und ohne Leine bei Fuß laufen und »Sitz« und »Platz« machen. Wenn ihm jemand Leckerchen hinhält, darf er sie nicht ohne meine Erlaubnis nehmen, er muss es zulassen, dass ein Tierarzt und andere Leuten ihn überall berühren, und er muss eine Situation überstehen, als jemand hinter einer Ecke hervorschießt, an der er angebunden ist, und ihn massiv erschreckt. Er bewältigt alles mit Bravour, und seinem Blick entnehme ich, dass er auf die wirklich schwierigen Herausforderungen noch wartet.

Viktor besteht den Eignungstest mit »sehr gut«.

»Vorgestern hatten wir eine Anfrage aus dem Prenzlauer Berg vom Altenheim ›Haus am Park‹, da suchen sie händeringend nach einem Therapiehund.« Die Vorsitzende des Therapiehundevereins gibt mir einen Zettel, auf dem eine

Adresse und eine Telefonnummer stehen. Das Heim ist zehn Minuten zu Fuß von uns entfernt.

Viktor blüht bei der Arbeit mit den alten Menschen endgültig auf. Dass sich hier alles um ihn dreht, er Leckerchen erhält, viele Kunststücke vorführen kann, Neues lernt und für Geübtes Applaus bekommt, zeigt Wirkung. Er läuft in einem sehr schnellen Trab, wenn es zum »Haus am Park« geht, und mit stolz erhobenem Schwanz, wenn er wieder herauskommt.

Viktor ist jetzt berufstätig, und das zeigt er mit Selbstbewusstsein und Freude – ähnlich einem Menschen, der nach sehr langer Arbeitslosigkeit endlich wieder Anerkennung findet.

Auch für mich ist diese ehrenamtliche Arbeit eine Zeit der Gesundung. Die alten Menschen erinnern mich an meine russischen Bauern. Ich denke mir immer mehr Dinge aus, die den Bewohnern und Viktor Freude machen könnten.

Eine Übung in einer der Therapiestunden nenne ich »Casino«. »Achtung, Achtung! Die Lichter gehen an. Das Casino ist eröffnet. Wer hat die höchste Zahl. Wer gewinnt?«, sage ich dann, um Stimmung zu zaubern. »Herr B., Viktor würfelt zuerst für Sie. Achtung, jetzt geht es los!« Ich lege einen großen Schaumwürfel vor Viktor, und er haut mit der Pfote und seiner ihm eigenen Resolutheit den Würfel zur Seite. »Eine Vier! Eine Vier! Das ist gut, dann können Sie sich noch steigern, Herr B.«

Ein anderer Bewohner, der in seinem Rollstuhl eingeschlafen ist, erwacht von meinem Geschrei und hat wohl gerade noch »eine Vier« gehört, denn er hebt ruhig den Arm und sagt: »Ich möchte auch ein Bier.« Das Zusammensein mit den Alten ist wie das Leben selbst: tragisch, zärtlich, komisch, ernst.

Mit Viktor als Vortrupp gelingt es tatsächlich, Frau F. wieder zum Sprechen zu bringen, die seit zwei Jahren kein Wort mehr gesagt hat. Sie wird meine neue »Großmutter«. Wenn ich nach der Therapie mit ihr im Park spazieren gehe, blickt sie auf Viktor, dann auf mich, reibt sich über ihren dünnen Bauch und sagt mit glänzenden Kinderaugen: »Mmmhhh.«

Sie erzählt Kriminalromane, die sich ungefähr so anhören: »Eins, zwei, drei. Hanga, kira, lurrr, meng.« Ihr Blick wird dramatisch. »Wumma, wense, du, langse.« Ihre Hände fahren wild durch die Luft. »Frende küssen. Küssen, küssen. Hungeeer.« Dabei küsst sie mir den Handrücken wie die alte Nastja, und ich nehme sie in den Arm. Ich fühle mich in meine Zeit bei den Babuschkas zurückversetzt.

Durch eine Toreinfahrt nimmt Frau F. etwas wahr, das ihr Interesse erregt. Mit ausgestrecktem Zeigefinger geht sie zielstrebig in den Innenhof eines Häuserkomplexes. »Hungaaa, Liba, looo!!!« Sie deutet auf eine Schaukel und lacht mich an. Langsam setze ich mich auf die Schaukel und klopfe mir auf den Schoß. »Kommen Sie, kommen Sie.« Die dünne alte Frau schiebt sich wie ein Kind vorsichtig auf meinen Schoß. Nach ein paar kleinen Schauklern schreit sie begeistert auf.

Als wir den Hof verlassen, sehe ich aus den Augenwinkeln einen Farbtupfer in der Häuserfront. Ich drehe mich um. Eine Frau im selben Alter wie Frau F. schaut aus einem

Fenster der oberen Stockwerke. Ihr Blick zeigt eine Mischung aus Fassungslosigkeit und Faszination.

Da ich zu dieser Zeit noch keinen Führerschein habe, suche ich für Viktors und meine Rückkehr ins Leben auf dem Berliner Stadtplan nach immer neuen grünen Orten, die fast unberührt und mit der S-Bahn zu erreichen sind. Wir verlaufen uns nun regelmäßig in Wäldern, weil wir in die falsche Richtung gehen, auf Wegen, die nur zum Holzschlagen geebnet wurden und mitten im Unterholz enden oder in menschenleeren fremden Ortschaften, und ich fühle mich in meine Kinderzeit zurückversetzt bzw. in eine, die ich gerne gehabt hätte. Gemeinsam auf Abenteuersuche.

Viktor schnüffelt mit Begeisterung, zerlegt Stöcke und folgt Fährten. Ich konzentriere mich, wenn ich mich verlaufen habe, auf das Geräusch vorbeifahrender Autos – eine Straße oder Autobahn taucht irgendwann in jeder Landschaft in der Ferne auf.

Einmal kraxeln wir nach so einem nicht ganz freiwilligen vierstündigen Waldaufenthalt einen Hang hinauf und landen an einer Tankstelle. Ein etwa 50-Jähriger in stilechter Fahrradmontur, die eng an dem aus der Form geratenen Leib anliegt, steht neben seinem Rennrad und betrachtet eine Karte. Als er mich und Viktor sieht, öffnet sich sein Mund. (Später auf der Toilette sehe ich, dass sich in meinem Gesicht Dreck und Schweiß vermischt haben.)

Froh, einen Menschen zu treffen, der eine Karte bei sich hat, frage ich strahlend: »Guten Tag, können Sie mir bitte sagen, wo wir sind?«

Der Mann faltet hastig die Karte zusammen und schaut weg.

Verwirrt gehe ich in die Tankstelle und frage dort nach. Mit einer Auskunft, einer Schüssel Wasser für Viktor und einem Eis komme ich wieder hinaus. Als nur noch ein kleiner Rest Eis am Stiel ist, halte ich ihn Viktor hin. Der Fahrradfahrer sieht fassungslos zu, wie Viktor mit fast aus den Höhlen springenden Augen das Eis abschleckt. Dann wendet er sich angewidert ab.

Für mich hingegen ist die Gemeinschaft mit Viktor nach dem überstandenen Abenteuer ein Moment der Vollkommenheit und des Glücks.

# Der Neuanfang

Nach drei Jahren ehrenamtlicher Arbeit fragt mich der Leiter des Heims »Haus am Park«, ob ich nicht auch andere Hunde zu Therapiehunden ausbilden möchte. Sie hätten ja schließlich eine große eingezäunte Wiese hinter dem Heim, die ungenutzt sei.

Das Angebot kommt völlig überraschend, dennoch weiß ich bereits zwei Tage später, dass ich es annehmen werde. »Kann ich neben den Therapiehunden auch noch eine andere Art Ausbildung anbieten? Zum Beispiel für Welpen und Familienhunde? Die Heimbewohner könnten beim Training zuschauen und anschließend die Hunde streicheln.«

»Na klar«, antwortet der unkonventionelle Heimleiter und gibt damit den Startschuss für mein »Dog-Institut«.

Ich hänge Zettel auf und kündige Kurse an. Sie sind nach einer Woche ausgebucht. Ich hatte nach meinem Fernstudium zur Hundepsychologin neben meinen regulären Jobs bereits als mobile Hundetrainerin gearbeitet. Nun kündige ich kurz entschlossen alle anderen Beschäftigungen und konzentriere mich ganz auf das Dog-Institut.

Ich frage eine Kundin, die arbeitslos ist und bei der ich ein gutes Gefühl habe, ob sie bei mir lernen und mitarbeiten möchte. Sie sagt sofort Ja. Ihr Name ist Anja Baumert. Sie ist heute Trainerin und stellvertretende Leiterin des Instituts.

Wir beginnen mit positiver Verstärkung zu arbeiten, wie fast alle Trainer, die Gewalt ablehnen. Das klappt bei den meisten Hunden auf dem Platz wunderbar. Bei Hunden jedoch, die weder Leckerchen noch Spielzeug wollen, klappt es überhaupt nicht.

Auch die Hunde, die auf dem Platz alles mit Bravour machen, vergessen laut Aussage der Hundebesitzer im Alltag sofort alles Gelernte, wenn eine Katze, der Lieblingsfeind oder der Lieblingsfreund auftaucht. Es gleicht jedes Mal einem Lottospiel, ob Letztere oder die eingeübten Konditionierungen wie »Sitz«, »Platz« und »Bleib« gewinnen.

Es muss einen anderen Weg geben.

Ich verschlinge Hundeliteratur. Ich besuche das All des Internets. Ich bekomme Tausende Antworten, aber keine davon hilft mir weiter. Die Methoden tragen verschiedene Namen, aber sie alle bleiben Methoden, mit denen man Lotto spielt.

Meinen »Aha-Effekt« erlebe ich bei dem Versuch, Hunden im Dog-Institut »bei Fuß« beizubringen.

Gängige Vorgehensweisen wie stehen zu bleiben oder die Richtung zu wechseln, sobald der Hund an der Leine zieht, sorgen nach meiner Beobachtung nur für Verwirrung und Frustration auf beiden Seiten. Die Empfehlung, ein Leckerchen neben das Bein zu halten, ziehe ich erst gar nicht in Erwägung. Wenn ich beispielsweise wollte, dass Sie neben mir laufen, würde ich Sie einfach darum bitten. Ich würde Sie aber keinesfalls mit einem Stück Torte locken, nur in der Hoffnung, Sie verstünden so, dass Sie zukünftig auch ohne Torte neben mir laufen sollen.

Auch den gepriesenen Leinenruck, der angeblich »richtig« ausgeführt nicht weh tut (weil der Hund dabei nicht am Kehlkopf und der Halswirbelsäule nach oben, sondern seitlich gerissen wird) und dafür sorgen soll, dass ein Hund versteht, dass er nicht zu ziehen hat, lehne ich grundsätzlich ab. Ich empfände es ja beispielsweise auch als unverschämt, Sie am Ärmel zu reißen (egal auf welche Weise), sobald Sie einen Schritt zu weit von mir weglaufen, ohne Sie vorher überhaupt darüber informiert zu haben, was ich mir von Ihnen wünsche. Sie würden, wenn ich Sie immer wieder am Ärmel reiße, vielleicht nicht mehr nach vorn gehen, jedoch sicher empört fragen, was ich denn mit meinem Gezerre eigentlich bezwecke und ob ich keinen Mund zum Reden hätte.

Ich verstehe, dass genau das es ist, was mir fehlt. Ich kann mit einem Hund nicht kommunizieren.

Eines Abends, kurz vor dem Einschlafen, taucht nach langer Zeit wieder ein Bild aus meiner Erinnerung auf.

Wanja läuft über ein Feld. Er rennt mit seinem leichten, ruhigen Gang auf mich zu. Dann überholt ihn Felix, hysterisch bellend, und ein Dorfhund nähert sich. Wanja knurrt und springt Felix in den Weg, weil dieser einen Konflikt mit dem anderen Hund provozieren will. Er rempelt Felix an und drängt ihn so zurück. Dieser versucht noch einmal, an ihm vorbeizukommen, was einen kurzen Schnapper von Wanja zur Folge hat. So hält sich Felix leise wuffend hinter Wanja und läuft an dem Dorfhund vorbei.

Sieben Jahre habe ich es miterlebt. Ich kann nicht fassen, dass diese Bilder so weggesperrt waren, dass ich in meinem Fernstudium vergeblich von Menschen zu lernen suchte, was ich ja bereits von den Hunden erfahren durfte. Es geht den Menschen, die in meine Hundeschule kommen, ja nicht darum, dass ihr Hund wie bei der Armee »bei Fuß« läuft, sondern einfach darum, dass er ihnen beim Spaziergang nicht den Arm herausreißt. Da ich menschlich an dieses Thema herangegangen bin, konnte ich nicht erwarten, dass Hunde mich verstehen.

Jetzt erst fällt mir auf, wie oft ich Viktor mit Kommandos belästige.

Wenn er sich zu weit entfernt, rufe ich »Komm mal her«, weil ich Angst habe, dass er sich noch weiter entfernt, oder weil ich testen will, ob er noch ansprechbar ist.

»Sitz!«, an jedem Straßenrand, damit durch diese Körperhaltung die Gefahr gebannt ist, dass er in einem plötzlichen Impuls hinüberläuft.

»Aus!«, wenn er Tauben jagt. »Pfui, nein, aus, lass das!«, wenn er im Jagdeifer nicht damit aufhören kann.

»Hej, aus!!!«, wenn er mit Leidenschaft im Gebüsch weggeworfene Kebabreste sucht (und findet!).

»Pfui!«, wenn er sie frisst.

»Pfui! Pfui!«, wenn er sie gefressen hat.

»Bleib«, wenn er mir in der Wohnung ständig hinterherläuft. »Bleib. Bleib jetzt!«, wenn er mir nach zwei Minuten wieder hinterherläuft.

»Aus!«, wenn es klingelt und er mit dem Bellen aufhören soll.

Mir fallen die Ausrufezeichen auf. Und dass ich von Viktor die Unterlassung von Dingen verlange, die in der Natur des Hundes liegen und auch seine Lebensqualität ausmachen.

In Lipowka blieb es allen Hunden selbst überlassen, in welchem Umkreis sie sich von Wanja entfernten, solange keine Gefahr drohte.

Am Bahndamm, den wir einmal die Woche überquerten, mussten sie nicht aus Prinzip jedes Mal geschlossen »Sitz« machen. Wanja entschied je nach Situation, ob alle ruhig weiterlaufen, warten oder den Bahndamm so schnell wie möglich überqueren sollten.

Dem Finder einer leckeren Beute das Fressen zu verbieten wäre undenkbar gewesen.

Ihm die Beute wegzunehmen hätte als Unsitte gegolten. Wer etwas findet, dem gehört es. Zumindest in der Hundewelt. Da es keinen Hund gab, der Wanja die ganze Zeit hinterhergelaufen wäre, musste auch keiner der Hunde an einer bestimmten Stelle bleiben.

Und was das Klingeln an der Haustür angeht: Sein Rudel nicht zu informieren, wenn sich jemand dem eigenen Territorium nähert (Hund oder Mensch), hätte ernsthafte Gefahr bedeuten können.

Mir wird klar, dass ich mit einer menschlichen Borniertheit von Viktor im Kommandoton Dinge verlange, die nur für mich und meine »Natur« nützlich sind. Seiner Natur entsprechen sie nicht. Als ich das begreife, macht es mich sprachlos, wie ergeben Viktor das meiste davon dennoch befolgt.

Weil wir kein Leben auf dem sicheren Land führen, sondern uns mitten in Berlin befinden, wo Giftköder ausliegen, Autos die Straße entlangdonnern, uns fünfzig fremde Hunde am Tag begegnen und nicht gejagt werden darf, muss Viktor schon mehr als genug gegen seine Natur ankämpfen. Für mich ist jetzt völlig klar, dass ich aus Respekt vor meinem Hund nun nicht auch noch in MEINER Sprache Dinge von ihm verlangen werde, die sich gegen seine Bedürfnisse richten.

In meinem Kurs in der Hundeschule verkünde ich, dass wir fortan dem Hund nicht mehr erklären, was er zu tun hat, sondern lediglich mitteilen, was er nicht tun soll. Ich füge hinzu, dass die Natur den Hunden sicher Vokabeln geschenkt hätte, wenn es in ihrem Sinn gewesen wäre, dass diese sich untereinander etwas erklären. Daraufhin schauen mich einige Teilnehmer an, als wäre es an der Zeit, ihr Geld zurückzuverlangen.

»Selbstverständlich muss ich meinem Hund Sachen erklären«, empört sich eine Frau. »Ich sage ›Mach mal Sitz‹, und der Hund versteht es auch, denn er setzt sich doch!«

»Auch wenn ein Hase kommt?«, frage ich.

Die Frau ist zwar verwirrt, aber nicht überzeugt.

In meinem Kopf rotiert es. Es ist eine Sache, gerade eine Erkenntnis gewonnen zu haben, und eine andere, sie zu vermitteln. In meiner Verlegenheit nehme ich der Frau ihren einjährigen Labrador ab. Er springt wie fast alle Vertreter dieser Rasse mit ungebremster Lebensfreude in die Leine, was die Frau zur Verzweiflung treibt. Zum ersten Mal will ich bei einem deutschen Hund umsetzen, was ich bei meinen Hunden in Lipowka beobachtet habe. Ich will dem Hund nicht sagen, wo er sich aufhalten soll, sondern wo NICHT. Ich will das »Stopp« nutzen, das offenbar alle Hunde verstehen.

Gedanklich ziehe ich eine rote Linie vor meinem Knie. Als der Labrador nach vorn schießt, rufe ich »Hej« und halte die Leine fest (ohne an ihr zu reißen), springe vor den Hund und schiebe ihn mit meinen Oberschenkeln und einem ganz kurzen Schubser zurück. Nach dem dritten Mal hört der Hund auf, die Reize um sich herum anzuvisieren, und schaut mich an.

Bei dem Gedanken an diesen Moment bekomme ich bis heute zuverlässig Gänsehaut.

Es ist deutlich zu erkennen, wie der Hund plötzlich wahrnimmt, dass man keine Spaßbremse ist, die ihn in seiner Bewegungsfreiheit einschränkt, sondern dass man gerade eine Regel aufgestellt hat und den Raum vor ihm beansprucht.

Der Labrador stellt sich nun zwei Fragen. Erstens: Wo beginnt die Tabuzone? Zweitens: Was machst du, wenn ich trotzdem über sie hinweggehe? Mit gespitzten Ohren schiebt er sich vorsichtig über die gedachte rote Linie vor meinem Knie.

Ein lautes »Hej« scheint mir für die ruhige Vorgehensweise des Hundes nicht mehr angebracht, und so verwende ich ein »Scht«, ähnlich einem leisen warnenden Knurren, das wie ein langgezogenes Grollen klingt.

Der Labrador bewegt sofort die Ohren, probiert aber noch einmal, was geschieht, wenn er nicht stoppt und nach vorne geht. Als Konsequenz setze ich mit zwei Fingern einen Stüber in seine Seite, ähnlich dem kurzen Schnappen eines Hundes. Der Labrador geht sofort zurück und bleibt dort.

»Fein«, rufe ich in hohem Ton, um ihn zu loben – so wie ich es in allen Fachbüchern zum Thema gelesen habe.

Der Labrador schießt nach vorn, als hätte ich ihm eine Rakete in den Hintern geschoben.

»Scht.« Der Hund geht nach hinten, blickt mich dabei jedoch verunsichert an.

Ich spüre, dass ein übertrieben geäußertes Lob ein Fehler ist, wenn ich will, dass der Hund ruhig bleibt.

Nach kurzer Zeit läuft der Labrador entspannt hinter mir und beginnt im Laufen zu schnüffeln. Ich hindere ihn nicht daran. Das Einzige, was ich wollte, war ja, dass er nicht mehr zieht. Es ist ein Gefühl von Schwerelosigkeit, einen großen Hund auf diese Weise an der Leine zu führen.

Die Kundin nimmt ihren Hund nicht unbeeindruckt in Empfang. »Aber in der Natur würde er doch auch nicht immer hinter dem Leithund laufen«, lautet ihr nächster Einwand gegen die neue Erziehungsform.

»Das ist absolut richtig«, stimme ich ihr zu. »Aber in der Natur treffen auch nicht fünfzig fremde Hunde am Tag aufeinander wie hier in der Stadt, und sie werden auch nicht von Wesen festgehalten und in ihrem Verhalten eingeschränkt, die Hundebegegnungen nicht einschätzen können. Mir geht es hier nicht darum, ob Hunde das normalerweise so machen oder nicht, sondern darum, dass sie in der Stadt etwas tun müssen, was sie sonst niemals tun – nämlich an einer Leine laufen und dies auch noch auf eine bestimmte Art und Weise. Wenn wir es weiter mit ›bei Fuß‹ versuchen, wäre das so, als würde ich Sie bitten, mich während des Laufens ununterbrochen anzulächeln. Der Hund müsste also fortwährend aktiv etwas tun und daran denken, nicht zu ziehen, anstatt sich zu entspannen.«

Es wird zwar noch einige Zeit dauern, bis ich weiß, wie man auch anderen Menschen diese einfache Form der Hunde zu agieren richtig vermitteln kann, doch erweist sich meine Entscheidung, so zu arbeiten, als Geschenk.

Fortan ist es möglich, sich situativ mit Hunden zu verständigen. Mühevoll aufgebaute Konditionierungen gehören der Vergangenheit an. Wenn ich eine Entscheidung zur Sicherheit des Hundes treffe, kann ich sie ihm nun von jetzt auf gleich verständlich machen. Keine ausgestreckte, beschwörende Hand mehr bei »Bleib« und ein eilig gegebenes Leckerchen, wenn es kurz klappt. Kein angespannt dasitzender Hund, der auf die Auflösung des Kommandos wartet. Ich erkläre einfach den Raum um die Stelle, an der der Hund bleiben soll, zum Tabu. Ich sage ihm auch in diesem Fall nur, wo er NICHT sein soll.

Dadurch kann er sich an der Stelle, an der er bleibt, entspannen. Es gibt nichts mehr zu tun für ihn. Kein »Sitz«, kein »Platz«, kein »Bleib«.

Ich beginne, Hunde wieder zu sehen. Wanja kehrt zurück in mein Leben.

Felix, Bambino, Alma, Anton, Husar, Laska, Milyi, Baba und Wasja sind in irgendeiner Form in jedem Hund zu finden, mit dem ich arbeite. Stehe ich vor einem Problem, frage ich mich, wie meine Hunde es gelöst hätten.

Ich kann aufhören, Viktor mit schätzungsweise sechzig Kommandos am Tag zu belästigen. »Sitz«, »Platz« und

»Bleib« streiche ich aus meinem Wortschatz und agiere nur noch mit einem Stopp.

Ich zeige Viktor mit einer Übung, dass ich als Stoppgeräusch kein Knurren verwende, sondern ein »Scht«. Da Viktor sehr verfressen ist, stelle ich eine volle Schüssel mit Putenfleisch vor ihn auf den Boden – begleitet von einem lauten »Scht«. Begeistert darüber schießt er nach vorne und will den Kopf in die Schüssel tauchen. Ich bin schneller, stelle meinen Fuß vor die Schüssel, schiebe ihn mit dem Fuß leicht zurück und hindere ihn so, an das Futter zu kommen. Das wiederhole ich so lange, bis bereits ein »Scht« ausreicht, um ihn zu bremsen. Ihm ist klar geworden, dass immer eine Konsequenz erfolgt, wenn er auf das Stoppgeräusch nicht reagiert.

Unser Zusammenleben wird sehr still, und ich erlebe (wie hoffentlich auch Viktor) ein absolut befreiendes Gefühl. Jetzt, wo ich ihn nur noch in wirklichen Gefahrensituationen stoppen oder rufen muss, verringert sich meine Einmischung in seinen Tagesablauf rapide.

Um auch draußen eine Konsequenz folgen lassen zu können, wenn Viktor nicht stoppt oder nicht zu mir kommt, trainiere ich zwei Wochen mit Schleppleine. Ich gehe, laufe, springe, hechte immer erst zum Ende der acht Meter langen Leine, trete darauf und stelle dann erst eine Regel auf – wie »Scht« (Stopp) oder »Hierher«. So macht Viktor zuverlässig die Erfahrung, dass nicht er entscheiden kann, ob die Regel auch befolgt wird. Wenn er nicht stoppt, sichere ich nur mit den Füßen die Leine, gehe zu ihm und mache einen kleinen Abschnapper mit zwei Fingern. Mehr nicht.

Auch Wanja ließ sofort eine Konsequenz folgen, wenn sein Stopp ohne ausreichende Wirkung blieb. Er war dabei zwar sehr bestimmt, blieb aber immer völlig gelassen und ruhig.

Nach zwei Wochen bleiben Essensreste auf der Straße liegen. Wenn ich Viktor ansehe, dass er etwas in die Nase bekommen hat, mache ich »Scht«, und er dreht ab. Hat er es bereits im Maul, weil er es eher entdeckt hat als ich, lässt er es dann wieder fallen. Früher habe ich mitunter gereizt reagiert, wenn Viktor nur abschätzte, wie schnell ich bei ihm sein könnte und ob er es in dieser Zeit schaffen würde, den Kebab hinunterzuschlingen. Nun ermöglicht mir meine eigene Konsequenz und das Einlenken Viktors, dass ich sofort wieder freundlich zu ihm sein kann – so wie Wanja es war.

Mir fällt eine Szene ein, in der Wanja in der Sonne im Hof lag und Felix alle nervte. Wanja sprang nach einem vergeblich geknurrten Stopp mit einem Satz zu Felix und biss ihm über die Schnauze, die dieser sich sofort beschwichtigend leckte, während er erstarrte. Fast im selben Augenblick sprang Wanja auf seinen Ruheplatz zurück und blinzelte wieder entspannt in die Sonne. In dieser Kürze lasse ich nun Konsequenzen folgen, wenn sie nötig werden, und Freundlichkeit, weil sie möglich ist.

Ich biete Viktor jetzt selbst etwas an, was er suchen darf, denn es erscheint mir unmöglich, meinem Hund alles zu verbieten, was ihm Freude macht. Ich schaffe seinen Fressnapf ab und eröffne draußen mit einem Zungenschnalzen die Futtersuche mit eigenem Futter (zunächst Trockenfutter, später gewürfeltes Fleisch). Ich zeige Viktor kurz ein Stück davon und werfe es – so, dass er der Richtung noch folgen kann, dann aber mit der Nase suchen muss – in ein Gebüsch, weiter vorne auf den Weg oder in eine hohe Wiese.

Das Hundegroßväterchen ist völlig aus dem Häuschen. Es springt, rennt und sucht mit großem Eifer und wedelt mit dem Schwanz wie ein Labrador.

Ich beginne, seine Futterration in drei Mahlzeiten einzuteilen, damit der bewegungs- und lernfreudige Hund mehr zu tun bekommt. Das alles bedeutet Erholung pur für mich, denn Viktor wird ruhiger. Der nervöse Hund, der alle zehn Minuten etwas Neues lernen wollte und den ich – wie einen Leistungssportler – mit einer gewaltigen Menge an Gelerntem offenbar immer mehr hochfuhr, liegt nun zufrieden in seinem Körbchen und schläft. Menschen, die Viktor erst jetzt kennenlernen, denken, die Ruhe sei seinem Alter geschuldet. Spätestens jedoch wenn sie ihn bei einer Aktion erleben, kommt das eigentliche Temperament Viktors wieder zum Vorschein.

Inzwischen besitzt Viktor elf verschieden geformte Futterkugeln, die über ein kleines Loch gefüllt werden und die, wenn man sie rollt oder kippt, die Futterbröckchen einzeln wieder freigeben. Ab und zu gebe ich Viktor alle elf Kugeln und fülle die Hälfte davon mit etwas Futter. Er stürzt sich mit einer Vehemenz auf diese Dinger, dass man meinen könnte, er hätte einen persönlichen Krieg mit ihnen auszufechten.

»Rumms. Rumm. Bumm.« Mit einem wütenden Schlag seiner Pfote haut er die ihm am nächsten liegende Kugel zur Seite, verschwendet nicht einen Blick auf ihre Flug- oder Rutschbahn, sondern scannt mit den Augen sofort den Boden nach herausgerutschtem Futter ab. Im Laufe der Zeit wird er immer wütender. Es scheint ihn maßlos zu ärgern, dass er sich nicht merken kann, in welcher Kugel noch etwas steckt und in welcher nicht. (Bei bis zu acht Kugeln kann er es sich merken.) Seine Ausdauer und sein Temperament bei dieser Aktion sind erstaunlich. Nicht nur, weil er inzwischen ein Hundegroßvater sein sollte.

Die Energie des alten Tieres löst in mir immer wieder Ver- und Bewunderung aus. Dennoch beobachte ich jede Veränderung an ihm mit Argusaugen, aus Angst, sein Gesundheitszustand könnte sich plötzlich verschlechtern. Allein Viktor scheint sein Alter völlig zu ignorieren.

Es gibt noch ein anderes Happening, bei dem Viktors »Bollerkopp«, wie ich ihn liebevoll nenne, zum Vorschein kommt: Es ist seine Art, den Mülleimer zu entleeren, sobald ich die Wohnung verlassen habe, jedes einzelne Müllstück mit den Zähnen zu untersuchen und danach in der Wohnung zu verteilen. Da ich immer wieder vergesse, den Eimer hochzustellen, damit Viktor nicht herankommt, und ich weiß, dass er ja eigentlich alles richtig macht, wenn er sich an köstlichen Dingen vergreift, die ich zurücklasse (alles, was Wanja oder ein anderer Hund an Resten übrig ließ, war freigegeben), kaufe ich schließlich einen sehr schweren Metallmülleimer.

Tatsächlich bleibt der Eimer zwei Tage standhaft und kippt nicht um. Am dritten Tag finde ich beim Heimkommen Bissspuren im Metalldeckel. Am vierten Tag liegt der Eimer auf dem Boden, und der Müll ist wie immer gut verteilt und verwertet.

Ich installiere eine Kamera, um zu sehen, wie Viktor den schweren Eimer umlegt. Erst versucht er es mit seiner Pfote, indem er gegen den Eimer haut. Als das ohne Wirkung bleibt, nimmt er den Kopf. Der Eimer schwankt, bleibt aber stehen. Dann schnappt er sich den kleinen Rand der Mülltüte, die ein wenig unter dem Deckel hervorschaut, und zieht – nun schon wutentbrannt – daran. Ein Tauziehen beginnt: Viktor gegen den Eimer. Wenn die Mülltüte durch sein Ziehen zu reißen droht, fasst er sofort einen neuen Zipfel nach. Der Eimer schwankt, fällt und mit ihm die Beute.

Viktor, der Sieger.

An seinem so gar nicht altersgerechten Temperament hat sich also nichts geändert, er ist jetzt nur sehr ausgeglichen und vor allem fähig, sich auch einmal ruhig zu verhalten.

Es ist wunderbar, dass ich seinen arthritischen Knochen nun an den Bordsteigen das ständige »Sitz« ersparen kann. Ich gehe jetzt mit ihm so über die Straße, wie ich sie auch allein überqueren würde. Bei Verkehr halte ich an (und stoppe ihn), wenn keine Autos kommen, gehen wir einfach weiter, da Viktor ja zuverlässig stehen bleiben würde, sobald ich es für nötig hielte.

Unser Zusammenleben wird sehr innig, einfach deshalb, weil die ganze Künstlichkeit des Prinzips wegfällt: aus Prinzip nicht auf das Sofa springen, aus Prinzip am Straßenrand warten, aus Prinzip draußen nichts vom Boden fressen. Endlich dürfen wir einfach zusammenleben, und ich kann, je nach Situation, eine Entscheidung treffen, die mir sinnvoll erscheint. Die Zeit, die wir vorher mit dem ständigen Wiederholen von Kommandos verbrachten, damit sie im

Ernstfall eventuell klappen, nutzen wir jetzt, um Spaß zu haben oder uns auszuruhen.

Auch durch die weggefallenen Verbalattacken entsteht neuer Raum, in dem ich Viktor ganz anders wahrnehme. Während es vorher ihm überlassen war, meine Sprache zu deuten, ist es nun für mich eine Herausforderung, auf seine Art zu agieren.

Ich finde durch diese reduzierte Form des Umgangs mit meinem Hund - reduziert auf die Umgangsformen von Hunden untereinander - zurück in eine Einfachheit, die ich nach meinem Weggang aus Lipowka verloren glaubte. Alles, was mich in seinem Überfluss und seiner Künstlichkeit in einer Starre gehalten hat, seit ich nach Deutschland zurückgekehrt bin, fällt langsam von mir ab wie ein unnützer Mantel.

Ich beginne, frei zu atmen.

# Epilog

Auf den Tod eines geliebten Wesens kann man sich genauso wenig vorbereiten wie auf die Liebe, die einen plötzlich und unvermittelt trifft.

Der Tag, an dem Viktor 19-jährig stirbt, ist ein schöner Sommertag 2011. Ich schreibe gerade an dem Kapitel »Sommer« für dieses Buch.

Wir gehen eine abendliche Runde.

Viktor, der mittlerweile in einem Alter ist, in dem er keine langen Strecken mehr laufen möchte, geht es an diesem Tag außergewöhnlich gut. Ich beschließe daher, ihn nicht wie sonst nach 500 Metern zum Haus zurückzubringen, sondern mit Frieda und Tinka – zwei Hündinnen, die seit vier bzw. zwei Jahren mit uns leben – weitergehen zu lassen.

Er läuft wunderbar, schnüffelt interessiert und wedelt dabei aufgeregt mit dem Schwanz. Er ist inzwischen blind und taub.

Es ist ein völlig windstiller Tag.

Wir biegen in den Wald ein, gehen eine kleine Runde, sind bereits auf dem Rückweg.

Das Krachen, das plötzlich zu hören ist, kann ich zunächst nicht orten.

Ich spüre etwas an meinem Rücken herunterfahren.

Als ich mich umdrehe, sehe ich noch den Ast auf Viktor fallen. In seinem Nacken knackt es laut.

Wenn das Schicksal gnädig ist, schenkt es jemandem nach einem langen Leben einen Sekundentod – etwas Besseres kann man sich für ein geliebtes Wesen gar nicht wünschen.

Das Schicksal war an diesem Tag mit Viktor vielleicht willig, jedoch nicht gnädig.

Die grausamen Bilder und Töne der letzten Viertelstunde im Leben meines Hundes verfolgen mich. Ich verstehe nicht, warum Viktor, der bereits ein so langes Dahinvegetieren auf dem Balkon hinter sich hatte und dessen eigentliches Leben erst so spät begann, nicht friedlich einschlafen durfte und der Ast sein Genick so unglücklich brach, dass er auf diese Weise leiden musste.

Ich werde krank.

Ich weine mehr, als dass ich nicht weine.

Mein Team fragt mich, ob ich das bevorstehende Seminar mit Hunderudeln leisten und leiten kann.

Nach all den schmerzhaften Abschieden in den letzten Jahren habe ich das Gefühl, nie wieder mit Hunden arbeiten zu können – und auch nicht mit Menschen.

Kurz vor Beginn des Seminars habe ich einen Traum, in dem ich Viktor wieder begegne.

Ich laufe einen Weg entlang und spüre plötzlich etwas hinter mir.

Als ich mich umdrehe, sehe ich Viktor, der in meinen Fußspuren und in meinem Takt ganz dicht hinter mir läuft. Unser beider Gang wirkt, als ob wir ein und dasselbe Wesen sind, nur in zwei verschiedenen Ausführungen.

Viktor,
19-jährig

Es ist, als schiebe er mich den Weg voran.

Sein Blick ist ruhig. Friedlich. Sehr bei mir. Beschützend.

Ich wache auf…

… und fühle in diesem Moment, dass er mir mein Leben ein zweites Mal zurückgegeben hat, auch wenn es erst einmal voller Trauer ist.

Nach einem Winter kommt ein Frühling. Irgendwann.

Das weiß ich.

# Kleine Hundekunde

Hundeerziehung ist heute kein beliebiges Thema mehr, sondern erinnert inzwischen an einen Kampf der Religionen. Nach dem Motto »Strafen Sie noch, oder füttern Sie schon?« treten die unterschiedlichen Erziehungsmethoden gegeneinander an. Wie sehr wir uns bei all den zunächst originell und gut klingenden Konzepten vom eigentlichen Thema, dem Hund, entfernt haben, dürfte allen klar sein, die solche Methoden bereits angewendet haben, deren Problem jedoch weiterhin besteht – genauso wie denen, die mit einer (vorerst) gestörten Beziehung zu ihrem Hund zurückgeblieben sind.

Die neuesten Methoden und Erkenntnisse werden beworben wie ein Waschmittel, das dank neuer Formel besser sein soll als je zuvor. Doch auf dem Gebiet der Hundeerziehung gibt es nichts Neues. Uns Menschen ist es mit unseren Erziehungsmodellen einfach nicht gelungen, das, was Hunde in ihrer Art ausmacht, dauerhaft zu verändern oder zu unterdrücken. Hunde wollen weiterhin jagen, sich – auch einmal aggressiv – miteinander auseinandersetzen, lieber in einer Gruppe als alleine sein, ihr Territorium lautstark verteidigen und viele andere Dinge mehr, die UNS in UNSEREM Alltag womöglich stören.

Auch die modernste Methode sagt nur etwas darüber aus, wie ratlos wir nach wie vor sind – ratlos, wie wir mit den von unserer Seite aus unerwünschten Eigenschaften eines Hundes umgehen könnten. Wäre es anders, hätte man gar keine noch »modernere« Methode entwickeln müssen. Gäbe es auf dem Gebiet der Hundeerziehung irgendetwas, das unseren Hund zuverlässig »justieren« könnte, würden wir alle es anwenden und nicht weiter verzweifelt nach immer neuen Methoden suchen.

**Was aber, wenn wir uns bisher nur in die falsche Richtung bewegt hätten? Was, wenn es nicht etwas Neues wäre, das uns helfen würde, unseren Hund zu verstehen und mit ihm umzugehen, sondern etwas sehr Altes?**

Etwas, das zuverlässig genauso lange funktioniert, wie es Hunde gibt: Es ist ihre eigene Art, sich miteinander zu verständigen und erzieherisch miteinander umzugehen. Ihre Kommunikation ist nach wie vor ursprünglich und einfach. Sie telefonieren nicht, schreiben sich keine Mails, sie simsen und twittern nicht.

Warum also machen wir uns diese Einfachheit nicht zunutze? Meinen wir, da wir selbst so kompliziert sind, muss die Verständigung mit einem anderen Wesen ebenso kompliziert sein?

Die Annahme, das Wesen von Hunden erklären zu können, weil wir mittlerweile ihr Lernverhalten erforscht und damit auch eine mögliche Form zu ihrer Konditionierung gefunden haben, ist beschämend. Hunde sind keine Konditionierungsmaschinen, sondern hochsoziale Wesen. Ihr Lernverhalten macht nur einen Teil ihres Wesens und Lebens aus, und man kann sich situativ mit ihnen verständigen, ohne für jede erdenkliche Situation vorher geübt haben zu müssen.

Im Sommer hatten wir einen schlimmen Fall in einem unserer Seminare. Es ging um einen großen Hund, der bereits in sieben Hundeschulen nach menschlichen Erziehungsmodellen hatte lernen sollen, nicht mehr an der Leine zu ziehen. Bei ihm war in einer schmerzvollen Prozedur der Leinenruck mit einem Stachelhalsband und einem Würger angewendet worden, woraufhin er nach dem Trainer zu schnappen begann und zum aggressiven Hund erklärt wurde. Er war mit der Leine geschlagen worden, man hatte ihm Leckerlis neben den Fuß gehalten, die Richtung war gewechselt worden, wenn er zog, oder sein Mensch blieb als »Baum« angewurzelt in der Landschaft stehen – alles nur, damit der Hund endlich begriff, dass er nicht mehr ziehen soll. In der letzten Hundeschule stach man ihm dann mit einer Nadel in die Nase, sobald er nach vorne ging, woraufhin der Hund wieder schnappte und sein Ruf als aggressives Tier in Zement gegossen war.

Nachdem wir ihm im Seminar den Maulkorb, das Stachelhalsband und den Würger abgenommen hatten, kam ein sehr großes freundliches »Baby« zum Vorschein, dem in den letzten Jahren jede unbeschwerte Entwicklung verwehrt worden war. Dass es nur ganze zehn Minuten brauchte, ihm das Ziehen an der Leine abzugewöhnen, machte uns alle eher betroffen als froh. Wir zeigten ihm einfach, wo er NICHT laufen soll, nämlich nicht zu weit vorne, nicht zu weit von der Seite weg und nicht zu weit hinten.

Es ist uns gelungen, weil wir es ihm in einer Art vermittelten, die seine eigene war. Wir erklärten die oben beschriebenen Räume zum Tabu, in dem wir ihn mit einem Geräusch warnten, sobald er sie betreten wollte, und mit einer Handlung davon abhielten, wenn er sie dennoch betrat – bei ihm reichte es, sich dafür ganz kurz in den Weg zu stellen. Das führte dazu, dass er sich nur noch dort aufhielt, wo NICHTS passierte, nämlich neben seinem Menschen.

## Führung

»Der Hund braucht Führung«, lautet eine Aussage, die gerade in der letzten Zeit wieder verstärkt zu hören ist. Im Prinzip ist dies eine wunderbare Einsicht, wenn damit nicht gemeint wäre, was WIR unter Führung verstehen:

- Grundgehorsam (»Sitz«/»Platz«/»Bleib«)
- Bestechung (Leckerli, Spielzeug)
- Ablenkung (Leckerli, Spielzeug, »Schau«)
- Zwang (Halti, Zughalsband)
- Gewalt (Würger, Stachel- und Elektrohalsbänder)

Schauen wir uns doch einmal die Gründe dafür an, warum ein bestimmter Hund ein Rudel führt:

- weil er in den meisten Situationen souverän und ruhig bleibt
- weil er klare, unmissverständliche Signale sendet
- weil er Lösungen findet, die eine Situation verbessern
- weil er Gefahrensituationen rechtzeitig erkennt
- weil er sinnvolle Entscheidungen trifft

- weil er die meisten Entscheidungen durchsetzt
- weil er so wenig wie möglich dafür tun muss

Wie oft sind wir enttäuscht, wenn unser Hund nicht auf uns hört, weil wir meinen, er müsse es schon alleine deshalb tun, weil wir ihn versorgen, ihm ein Zuhause geben und unser Herz schenken. Doch was von dem, was unter Hunden von einem Anführer erwartet wird, können wir selbst ihm bieten?

## Wie erziehen wir Hunde?

Wir sagen zum Beispiel »Sitz«, um von einem Hund Respekt einzufordern, ihn auf uns aufmerksam zu machen oder ihn von etwas anderem abzuhalten – nicht aber, weil genau diese Körperhaltung gerade nötig wäre. Sie dient nur als Mittel zum Zweck. Es gibt nicht eine sinnvolle Begründung dafür, warum ein Hund das Kunststück »Sitz« aufführen sollte (eine Ausnahme bilden natürlich Hunde, die eine bestimmte Aufgabe erfüllen wie Blindenhunde, Begleithunde, Therapiehunde usw.), sonst hätte die Natur sicher auch einer Hundemama und einem Leithund diese Vokabel zur Verfügung gestellt. Diese lösen all jene Situationen, die wir mit »Sitz« zu bewältigen versuchen, auf völlig andere Weise.

Für uns scheint es sehr schwer zu sein, dem Hund situativ mitzuteilen, was wir von ihm möchten. Wir hoffen daher, dass wir ein bestimmtes Verhalten über Umwege erreichen. Wenn ein Hund zu weit vorläuft, wird er zurückgerufen. Ihm wird dadurch jedoch weder mitgeteilt, dass er nicht so weit vorlaufen, noch, dass er auch nach seinem Kommen im engeren Radius bei uns bleiben soll. Der Hund wurde ja nur gerufen – nicht gestoppt. Er wird also nach seinem Kommen wieder vorlaufen und somit alles richtig machen.

Das Training mit einem leinenaggressiven Hund sieht häufig so aus, dass mithilfe einer Konditionierung wie »Bei Fuß« oder »Schau«, einem hingehaltenen Leckerchen oder einem Halti versucht wird, von einer aggressiven Reaktion auf einen anderen Hund abzulenken. Es werden auch Rappeldosen, kleine Schellen oder Wurfketten verwendet, um das Verhalten des Hundes durch Erschrecken zu unterbrechen.

Durch keine der oben genannten Methoden wird der Hund darüber informiert, dass auch der nächste vorbeilaufende Hund in Ruhe gelassen werden soll, weil der Halter keine Einmischung in seine Führung wünscht.

Wanja, der mehrfach am Tag unser zehnköpfiges Hunderudel durch das Dorf führte, löste eine solche Situation auf folgende Weise: Provozierte ein Hund aus unserem Rudel eine Auseinandersetzung mit einem Dorfhund, warnte Wanja ihn umgehend und beendete, wenn die Warnung nicht ausreichte, dessen Verhalten energisch. Eine Auseinandersetzung mit bestimmten Hunden hätte eine Gefahr für die ganze Gruppe bedeutet, daher unterband er sie. Wanja konnte dabei jedoch genau unterscheiden, bei welchen Dorfhunden er eingreifen musste und bei welchen Hunden er zum Beispiel unseren Gruppenschnösel Felix ungerührt seinem Schicksal überlassen durfte.

Das menschliche Eingreifen und das Eingreifen eines souveränen Hundes unterscheiden sich dadurch, dass wir »Lotto spielen« und auf Ablenkung, Kunststücke oder Abschreckung setzen, während der Leithund seine Entscheidung in einer bestimmten Situation einfach durchsetzt. In den meisten Fällen verwendet er dafür ein Abbruchsignal.

## Abbruchsignale

Abbruchsignale sind inzwischen relativ bekannt und werden von vielen Trainern und Hundehaltern angewandt. Leider wird jedoch dabei sowohl in der Fachwelt als auch unter Laien fast alles, was ein unerwünschtes Verhalten des Hundes unterbrechen soll, als Abbruchsignal bezeichnet.

Im Verhalten des Menschen sind das zum Beispiel Schimpfen, Schreien, mit einer mit Nägeln gefüllten Dose rappeln, mit Wasser spritzen, Wurfscheiben oder Wurfketten werfen, ein konditioniertes Abbruchsignal wie »Schluss« verwenden, nachdem der Hund zuvor erschreckt wurde, usw.

Aufseiten des Hundes werden von uns so verschiedene Verhaltensweisen wie mit den Augen fixieren, knurren, Nase rümpfen, Scheinattacken, Kopf vorstoßen oder auflegen, anrempeln oder Pfote auflegen zu diesem einen Begriff »Abbruchsignale« zusammengefasst.

Genau hier liegt der Hund begraben.

## Wie erziehen souveräne Hunde?

In den sieben Jahren, die ich mit meinem russischen Hunderudel zusammenlebte, sowie bei meiner Arbeit mit inzwischen mehr als fünftausend Hunden konnte ich bei souveränen Hunden, die ein Verhalten unterbrechen wollten, – neben den weniger häufigen Beruhigungs- und Beschwichtigungssignalen, die ebenfalls dazu dienen können – immer wieder vor allem folgende sehr viel differenziertere Vorgehensweise beobachten:

Zuerst senden sie Abbruchsignale, das heißt die Warnung an einen anderen Hund, dass eine Handlung nicht erwünscht ist. Dazu gehören zum Beispiel:

- mit den Augen fixieren
- knurren und bellen
- Nase rümpfen
- Lefze heben
- sich in den Weg stellen

Erst wenn diese Warnung nicht beachtet wurde, folgen Abbruchhandlungen, das heißt, die unerwünschte Handlung des anderen Hundes wird aktiv unterbrochen. Dazu gehören zum Beispiel:

- Rempler
- Bewegungseinschränkung (dem anderen Raum abnehmen oder einen Raum bestimmen, in dem er bleiben soll)
- Abschnapper (kurzer Biss ohne den Einsatz der Zähne)
- Zuschnapper (Biss mit etwas Einsatz der Zähne)

- sich über den Hund stellen (maximaler Einsatz)
- Schnauzenbiss (nur erwachsener bei jungem Hund und unter Junghunden)

Nur unsichere oder ängstliche Hunde halten sich lange bei den Abbruchsignalen auf und verstärken diese, ohne eine Abbruchhandlung vorzunehmen (so bellen, knurren und gebärden sie sich beispielsweise immer stärker, ohne wirklich zu handeln). Oder sie starten ohne Vorwarnung sofort einen Scheinangriff (zum Beispiel die »Wadenbeißer«, die von hinten zuschnappen). Solche Hunde können natürlich nicht als Vorbild für Menschen dienen, die lernen wollen, einen Hund zu führen, sondern brauchen selbst eine gute Führung.

So können Sie selbst Abbruchsignale und -handlungen anwenden:

**Abbruchsignale**

- streng blicken
- in den Weg stellen
- ein Warngeräusch machen wie »Scht«, »Ssst«, »Hej« (»Nein« und »Schluss« eignen sich nicht, weil Menschen, wenn sie sich in ihrer Sprache aufhalten, ganz schnell wieder zehnmal »Nein« und »Schluss« rufen, ohne es zu bemerken)

**Abbruchhandlungen**

- Anrempler (bei kleinen Hunden mit der Hand, bei Größeren mit den Oberschenkeln oder dem Knie; immer nur vor dem Brustkorb oder an der Seite, nie am Kopf)

- aktive Bewegungseinschränkung (dem Hund mit dem eigenen Körper Raum abnehmen oder einen Raum bestimmen, in dem er bleiben soll)
- Abschnapper (kurzer Stüber mit zwei Fingern in die Seite des Hundes, nicht am Kopf)
- Zuschnapper (kurzes Zwicken mit der ganzen Hand in die Seite, nicht am Kopf)
- Schnauzengriff (nur bei einem ganz jungen Hund)
- in die Haut neben der Wange greifen, um den Kopf zu fixieren (wenn der Hund emotional so aufgeladen ist, dass er keinen Kontakt mehr zum Menschen aufnehmen kann; schützt auch vor Bissen)

## Timing

Genauso wichtig wie das Abbruchsignal ist es, genau zu registrieren, ob und wie der Hund darauf reagiert. Das Signal selbst ist nur die Ankündigung einer Handlung, nicht die Handlung selbst. Reagiert der Hund nicht unmittelbar darauf, wird er auch fünf Minuten später nicht mehr reagieren. Es muss also sofort eine Handlung folgen, wenn der Hund nicht reagiert.

Wir Menschen sind oft wie kaputte Ampeln: Wir springen ständig auf Gelb, ohne je auf Rot zu schalten, oder wechseln gleich von Grün auf Rot. Wir warnen also mehrmals, ohne zu handeln, oder handeln, ohne vorher zu warnen. Wir selbst würden uns jedoch niemals nach einer Ampel richten, die immer nur auf Gelb schaltet und nie auf Rot, und einer Ampel, die ständig unvermittelt auf Rot springt, würden wir nicht trauen.

Sobald der Hund mit dem aufhört, was er abbrechen sollte, ist die Harmonie wiederhergestellt – und Sie können und sollten ihm das mit einer entspannten Körperhaltung, einem Lächeln oder einem freundlichen Blick mitteilen. Der Hund darf nicht den Eindruck gewinnen, dass Ihre Beziehung auf dem Spiel steht, sondern verstehen, dass es gerade nur um ein bestimmtes Verhalten ging, das er unterlassen sollte. Ansonsten gefährden Sie Ihre Beziehung langfristig tatsächlich.

## Führungsenergie

Wenn Menschen keine Führungsenergie besitzen, also eher schüchtern oder zurückhaltend sind und sich deshalb fragen, wie sie ihren Hund führen sollen, hier eine gute Nachricht: Auch unter Hunden gibt es nur sehr wenige, die geborene Anführer sind. Unter Tausenden von Hunden habe ich bisher nur acht Hunde mit einer natürlichen Leithundmentalität kennenlernen dürfen. Die Mehrzahl der Hundehalter muss also keinen Hund führen, der selbst souverän ist, sondern nur einen »ganz normalen« oder eher unsicheren Hund. Diesen zu führen bedeutet nicht dieselbe Verantwortung, wie die Leitung eines großen Konzerns zu übernehmen. Es geht nur darum herauszufinden, was genau der jeweilige Hund braucht, um sich sicher zu fühlen.

Wenn Menschen Probleme damit haben, ihrem Hund körperlich Grenzen zu setzen, sollte geklärt werden, ob es daran liegt, dass sie in ihrem eigenen Leben ungute Erfahrungen mit körperlichen Maßregelungen oder Ähnlichem gemacht haben. Bitte denken Sie daran: Egal, was wir in der Biografie eines Menschen finden, es entspricht nicht der Erfahrung des Hundes.

## Ein Abbruchsignal ist keine »Schreckschusspistole«

Eine verbreitete Methode, ein Abbruchsignal zu konditionieren, geht wie folgt: Futter wird auf dem Boden verteilt. Wenn der Hund sich ihm nähert, ruft der Halter »Schluss«, und zeitgleich wirft der Trainer eine Wurfkette neben den Hund. Begründet wird diese Methode damit, dass der Hund das Wort »Schluss« auf diese Weise für immer als Abbruchsignal erkennen, die Kette aber zugleich nicht mit dem Halter verbinden und so keine Angst vor diesem bekommen würde.

Stellen Sie sich nun vor, Sie hätten gerade eine/n neue/n Partner/in kennengelernt. Sie wollen sichergehen, dass diese Person künftig in jeder Situation sofort versteht, wenn etwas an ihrem Verhalten Sie stört. Dafür beauftragen Sie mich. Ich habe einen Hundert-Euro-Schein auf den Waldweg gelegt, den Sie zusammen mit dieser Person gerade entlanglaufen, und verstecke mich hinter einem Baum. Ihre Begleitung bückt sich erfreut, um den Fund aufzuheben. Sie schreien hysterisch »Nein!«, und ich werfe im selben Moment eine schwere Kette dicht neben die Person. In Zukunft wird sie diesen Weg sicher nicht mehr gehen wollen und erschrickt nun jedes Mal, sobald Sie »Nein« sagen (falls sie überhaupt bei Ihnen bleibt).

»Stopp« sagen zu können ist ein wichtiger Teil unseres Umgangs miteinander. Es ist ein Signal, das uns davor bewahrt, immer gleich zuschlagen zu müssen, wenn wir etwas nicht wollen. Ein Abbruchsignal in der oben beschriebenen Weise konditionieren zu wollen zeigt aus der Sicht des Hundes kein soziales Verhalten des Menschen, der so agiert.

## Situativer Umgang mit dem Hund statt sinnlose Prinzipien

Da wir Hunde angeblich nicht situativ lenken können, ist es zum Beispiel unter Hundehaltern ein ungeschriebenes Gesetz, am Bordstein aus Prinzip stehen zu bleiben und den Hund sitzen und/oder warten zu lassen – auch wenn die Ampel gerade Grün zeigt oder weit und breit kein Auto in Sicht ist. Ohne Hund würden wir hier jedoch genauso vorgehen, wie Leithunde es an einer potentiell gefährlichen Stelle tun würden: Wir würden schauen, hören, entscheiden und handeln. Je nach Situation gingen wir hinüber oder blieben stehen.

Warum also agieren wir zusammen mit unserem Hund nicht genauso?

Dazu bedarf es nur eines Abbruchsignals, um zu verhindern, dass der Hund bei Gefahr über die Straße läuft. Wenn keine Gefahr in Sicht- und Hörweite ist, können wir den Hund ebenso gut einfach weiterlaufen lassen und müssen ihn nicht zum Sitzen/Warten zwingen (ich handhabe das mit meinen Hunden so). Dieses Beispiel können Sie auf alle Lebenssituationen übertragen. Sie brauchen nur dann agieren, wenn es tatsächlich nötig ist, nicht aus Prinzip oder vorsichtshalber.

## Böser Hund

Oft schätzen wir einen Hund, der Abbruchsignale zeigt, als gefährlich ein.

»Er ist sonst ganz lieb«, rief eine Frau bei einem Seminar beschwörend, als ihr Hund mit hochgezogenen Lefzen und stocksteif immer wieder einen anderen Hund anknurrte, wenn der seinem Platz zu nahe kam. Viele Seminarteilnehmer hielten danach ängstlich Abstand zu diesem Tier.

Bei einem Spaziergang sah ich einen Labrador ausgelassen auf einen Husky zujagen. Dieser quittierte die grobmotorische Art des Labradors mit einem tiefen Knurren und dann mit einem kurzen Abschnappen, weil auch das Knurren den Labrador nicht stoppen konnte. Daraufhin schrie der Mann, zu dem der Labrador gehörte, voller Empörung den hinzukommenden Hundebesitzern zu: »Achtung, hier ist ein Beißer!!!«

Die Hunde in den gerade genannten Beispielen wurden als gefährlich eingestuft, weil sie ein »Stopp« eingesetzt hatten.

Ein Sprung in die Menschenwelt: Ein Mann döst auf einer Liegewiese entspannt in der Sonne. Er hat sich, da er Menschenmengen nicht mag, etwas abseits gelegt. Ein Jugendlicher schlendert herbei und lässt seine Sachen in einem halben Meter Abstand achtlos neben den schlafenden Mann fallen, obwohl um diesen herum weiträumig Platz gewesen wäre. Der Mann schreckt hoch und ruft mit einem drohenden Blick: »Was soll das denn? Kannst du dich nicht ein wenig weiter weg legen?«

Ein kleines Mädchen spielt auf einem Spielplatz im Buddelkasten. Es baut Türmchen aus Sand und ist ganz in seine Beschäftigung versunken. Ein Junge kommt auf den Platz, sieht die Kleine und rennt freudig auf sie zu, um mit ihr zu spielen.

Dabei tritt er, ohne es zu bemerken, auf die Türmchen, die sie gebaut hat. Das Mädchen ruft empört. »Eh, du Doofi!« Der Junge, der seinen Fauxpas nicht begreift, geht zwei Schritte zurück und zertritt dadurch versehentlich weitere Türmchen. Das Mädchen wirft daraufhin mit der Schippe nach ihm.

Genauso wenig, wie man diese Menschen aufgrund ihres Verhaltens als gefährlich einstufen würde, lässt sich so etwas über die Hunde in den oben genannten Situationen sagen. Jeder von ihnen gab ein deutliches Abbruchsignal, um sich etwas Unerwünschtes vom Leib zu halten.

Der Husky setzte nach seinem Knurren noch einen kleinen Abschnapper (Abbruchhandlung) hinterher, weil der Labrador auf sein Signal nicht reagierte, das Mädchen warf mit der Schippe, weil der Junge weitere Türmchen zertrat.

Beide wollten nur ein bestimmtes Verhalten beenden und sind deswegen nicht grundsätzlich aggressiv oder gefährlich.

Es ist ein weitverbreiteter Irrglaube, dass ein Hund, der knurrt, starrt, die Lefzen hebt, das Fell sträubt usw., gefährlich ist. Ein Hund hat keine andere Möglichkeit, »Stopp« zu sagen. Diese Verhaltensweisen sind dazu da, Gewalt zu vermeiden. Gefährlich sind die Hunde, die ohne jegliche Vorwarnung handeln.

Wenn wir unseren Hunden verbieten, sich mitzuteilen, werden sie irgendwann ohne Vorwarnung handeln.

In der Situation, in der ich Wanja das »Halsband« umlegen wollte, zeigte er mir sehr deutlich, dass er damit offenbar etwas Negatives verband und auf keinen Fall wollte, dass ich ihm etwas um den Hals lege. Das war sein gutes Recht, und es hatte nichts damit zu tun, dass er mich nicht bereits als Entscheidungsträger für bestimmte Situationen betrachtet hätte. Unser Vertrauensverhältnis war jedoch noch zu neu und konnte noch nicht in einer Situation erprobt werden, die ihn in Panik versetzte. Hätte ich ihn mit Gewalt gezwungen, sich das Halsband anlegen zu lassen, hätte ich sein Vertrauen in meine Souveränität zerstört.

Wer Gewalt anwendet, kommt als Anführer einer Gruppe nicht infrage, denn dann gäbe es nach kurzer Zeit nur noch Verletzte oder Tote. Wenn es nötig gewesen wäre, ihn anzuleinen (zum Beispiel in einer Stadt), hätte ich für meine Zwecke ein Hundegeschirr verwendet.

Ein Hund muss nicht alles mögen und zulassen, was wir Menschen mit ihm veranstalten wollen. Er hat das Recht auszudrücken, was ihm nicht gefällt, und wir haben die Pflicht, darüber nachzudenken, ob unser Verhalten nötig und angemessen ist.

Man kann seinem Hund – wie oft empfohlen wird, um Dominanz zu demonstrieren – den Knochen aus dem Maul nehmen, einfach um klarzustellen, dass man das Recht dazu hat. Dazu muss man jedoch wissen, dass es unter Hunden vollkommen unüblich ist und schon gar nicht von Souveränität zeugt, einem anderen Hund das Fressen aus dem Maul zu reißen (es sei denn, es handelt sich dabei um einen Schnösel wie Felix).

Einen Hund davon abzuhalten, einen Kebab im Gebüsch zu fressen oder etwas anderes zu tun, kann nur dann gelingen, wenn der Hund darin keine einzelne (situativ für ihn sinnlose) Handlung sieht, sondern es aufgrund seiner alltäglichen Beziehungserfahrung mit Ihnen sein lässt.

Hat Ihr Hund nicht die Erfahrung machen können, dass Sie in bestimmten Situationen häufiger als er erfolgreich etwas entschieden und durchgesetzt haben, können Sie ihm hundert Mal den Knochen aus dem Maul nehmen – er wird den Kebab im Gebüsch dennoch nicht fallen lassen. Hat Ihr Hund jedoch die Erfahrung gemacht, dass Ihrem Abbruchsignal sofort eine angemessene Abbruchhandlung folgt, falls er nicht mit dem aufhört, was er gerade macht, wird er den Kebab liegen lassen, sobald Sie es verlangen. Er wird dies nicht tun, weil es ihm sinnvoll erscheint, einen solch leckeren Fund nicht zu fressen, sondern weil er Ihnen aufgrund seiner bisherigen Erfahrung ganz selbstverständlich Entscheidungen zutraut, die ihm Sicherheit und Harmonie bescheren.

Erinnern Sie sich an die Situation, in der Wanja nach zwei Jahren plötzlich einen Umweg über die Felder wählte und ich die Einzige war, die nachsehen musste, warum? Keiner der Hunde interessierte sich dafür, warum Wanja einen neuen Weg einschlug. Sie hatten oft genug die Erfahrung gemacht, dass er Entscheidungen durchsetzte, die für die Sicherheit und das Zusammenleben des Rudels gut waren.

## Das Maß der Dinge

Um angemessen zu reagieren, ist es wichtig wahrzunehmen, mit welcher Vehemenz oder Zaghaftigkeit ihr Hund gerade agiert.

Wenn ein Hund also vorsichtig das Pfötchen nach vorn setzt und auf etwas zugeht, was Sie bereits durch ein »Ssst« zum Tabu erklärt haben, werden Sie nicht auf ihn zustürzen und ihn wuchtig zurückdrängen, sondern es erst einmal nur mit einem strengen Blick und einer leichten Bewegung des Kopfes nach vorn probieren. Reicht das nicht aus, können Sie die Vorwärtsbewegung immer noch verstärken.

Einem leinenaggressiven Hund jedoch, der gerade seinen Lieblingsfeind auf sich zukommen sieht und mit völlig irrem Blick »geifert«, was das Zeug hält, können Sie nicht mit einer leichten Einschränkung seiner Bewegung begegnen. Er würde sich entweder nur gestört fühlen und um Sie herumspringen oder Ihre Aktion im Eifer des Gefechts erst gar nicht bemerken. In einer solchen Situation würde ich aus meinem »Ssst« ein tief und energisch ausgesprochenes »Hey!!!« machen, ohne dabei aggressiv zu klingen. Falls der Hund darauf nicht reagiert, würde ich in seine Wangenhaut greifen, seinen Kopf zu mir drehen und ihn sehr ruhig, aber streng anblicken, bis der Kontakt wieder da ist. Dann würde ich ihm mitteilen, wie es weitergeht.

## Mit Bestimmtheit

Souveräne Bestimmtheit ist eine Führungseigenschaft, die man leider selten von Menschen lernt, weil diese oft unter Druck agieren und hysterisch und/oder laut werden bzw. drohen, um etwas durchzusetzen.

Der Untertitel für den richtigen Tonfall könnte lauten: »Ich meine genau, was ich sage, aber ich meine es weder böse noch gut. Es ist einfach gerade wichtig, dieses oder jenes zu lassen oder zu tun. Punkt.«

Wenn sich Ihr Hund duckt, sich mehrfach über die Schnauze leckt, den Schwanz einklemmt, wegschaut oder erschrocken zurückweicht, waren Sie eindeutig zu heftig.

Wenn er bei Ihrem »Scht« (Stopp) nicht einmal die Ohren bewegt, Sie nur als Hindernis auf seinem Weg betrachtet, Sie anbellt, in die Leine oder nach Ihnen schnappt, nach Ihrer Konsequenz um Sie herumläuft oder Sie wie Luft behandelt, waren Sie hingegen zu lasch. (Vorsicht: In die Leine, in Arme, Hände oder Beine schnappen Hunde mitunter auch als Abwehr, wenn jemand zu grob oder zu aggressiv ist. Ihre Augen haben dann jedoch eher einen ängstlichen oder erschrockenen Ausdruck. Hunde, die aus einem großen Selbstbewusstsein heraus und/oder als Maßregelung zuschnappen, blicken selbstsicher oder stinksauer.)

Kurz gesagt: Sie sollten kein leises »Scht« von sich geben, wenn Ihr Hund gerade einer Katze hinterherjagt, und kein übertrieben lautes, wenn er nur mal eben an einer bestimmten Stelle warten soll.

Ihre Energie muss immer ein wenig ÜBER der Ihres Hundes liegen, wenn Sie sein Verhalten unterbrechen wollen. Liegt sie darunter, sind Sie wie Milyi und Baba, die es immer nur bei Drohgebärden beließen und dadurch auch keine Entscheidungen vertreten konnten. Liegt die Energie jedoch zu weit darüber, agieren Sie wie der Terrier Felix, der alles übertreiben musste und dadurch zeigte, dass er von nichts eine Ahnung hatte. Sie sollten also nicht hysterischer als Ihr Hund sein, wenn dieser gerade aufgeregt ist, aber auch nicht flüstern, sondern einfach nur bestimmter auftreten als er.

Ihr Hund muss Ihnen zutrauen dürfen, dass Sie wissen, was Sie tun.

Würde ich jetzt vor Ihnen stehen und Ihnen mit zögerlicher und unsicherer Stimme sagen: »Also, nun ja, vielleicht sollten Sie irgendwann einmal Ihren Hund stoppen. Aber nur, falls es wirklich nötig ist, naja, vielleicht aber auch nicht«, hätten Sie niemals ein gutes und sicheres Gefühl dabei.

Würde ich im anderen Fall hysterisch schreien: »Hey, Sie Vollidiot, Sie machen jetzt dalli, dalli, was ich sage, schließlich bin ich es, die hier Bescheid weiß!!!«, würden Sie sich an den Kopf greifen und sich fragen, wozu ich diesen Ton brauche.

## Taktik oder Wesensart?

Es gibt keine von Hunden verfassten Abhandlungen darüber, wie man Menschen am besten dazu erzieht, dass sie tun, was Hunde möchten.

Für einen Hund ist es im Gegenteil die einfachste Sache der Welt, seinen Menschen dazu zu bringen, etwas von ihm Gewünschtes zu tun – weil er in effizienterer Weise herangeht als wir und keine ausgeklügelten Methoden verwendet: Er beobachtet uns nur. Er registriert, welches Verhalten von ihm welche Wirkung und Folgen hat und welche unserer Laute und Gesten ernst gemeint sind und welche nicht.

Ein Hund, der seinen Menschen anbellt, damit dieser den Ball wirft, macht das nicht, weil Hunde dies nun einmal so machen, sondern weil es funktioniert. (Ein souveräner Hund, der von einem anderen aus einer Spielaufforderung heraus oder aus anderen Gründen hysterisch angebellt wird, würde niemals »antworten«: »Klar, da du mich so toll anschnauzt, spielen wir selbstverständlich.« Er würde einfach weggehen oder das Gebelle ignorieren.)

In einem unserer Seminare war einmal eine wunderbare Mischung aus kenntnisreichen Hunden versammelt, die alle ihre eigene Form anwandten, um ihren Menschen zu manipulieren und etwas Bestimmtes zu erreichen.

Ein Ridgeback beispielsweise spielte ein tapsiges Baby,

das unglücklicherweise immer umfiel, auf lustige Weise stolperte oder in die falsche Richtung hopste, wenn es an einer bestimmten Stelle bleiben sollte. Da nun, wie sonst, nicht nur sein Mensch, sondern auch sechsundzwanzig Kursteilnehmer darüber lachten, lohnten sich diese Aktionen für den Hund ungemein. Interessanterweise geriet er jedoch völlig aus dem Konzept und begann endlich zuzuhören, als niemand mehr auf seine Kapriolen einging und ich ihn einfach mit den Füßen wegschob, sobald er sich hinwarf.

Ein Hütehund, der an einen französischen Charmeur erinnerte und sein Frauchen sehr kontrollierend eskortierte, hatte bisher jegliche Grenzsetzung ihrerseits vermeiden können, da sie diese sehr elegante Kontrolle ihres Hundes gar nicht erst bemerkte. Ein Chihuahua biss einfach zu, wenn ihm etwas nicht gefiel, ein anderer Hund wurde spontan taub, sobald er angesprochen wurde.

Alle Hunde verwendeten Taktiken, die sowohl ihrem Menschen als auch ihrem eigenen Wesen angemessen waren, gaben diese jedoch auch wieder auf, wenn sie nicht mehr funktionierten.

Es ist wichtig, sich darüber klar zu werden, dass viel von dem, was wir als Wesensart unseres Hundes bezeichnen würden, nur Taktik ist und sich derselbe Hund bei einem anderen Menschen ganz anders verhalten könnte und würde.

## Bindung

In einem Hunderudel ist es nicht der Leithund, der im Auge behalten muss, ob die anderen bei ihm sind. Jeder Hund muss selbst dafür sorgen, wenn er sein Rudel behalten will. Es ist ganz erstaunlich, wie wenig wir nutzen, was in den Hunden bereits angelegt ist und was wir uns dadurch nicht erst selbst verdienen müssen: den Schatz der Bindung.

Setzen Sie sich zwei Tage neben einen Hund, und die Bindung ist da – ob Sie ihn gut behandeln oder schlecht (so schlimm es klingt).

Als Kind erhielt ich meine erste Lektion darin durch einen Schäferhund, der von seinem Besitzer häufig geschlagen wurde. Eines Tages war dieser Hund vor dem Fleischer angebunden. Mit glühendem Herzen band ich ihn los und flüsterte: »Schnell, lauf weg.« Der Hund setzte sich sofort in Bewegung und rannte in den Fleischerladen, um den Mann schwanzwedelnd zu begrüßen. Dieser schlug ihm dafür umgehend auf den Kopf und schrie: »Eh, du Idiot, raus mit dir!« Später sah ich die beiden die Straße entlanglaufen, der Hund mit angelegten Ohren und abgesenkter Rute, der Mann immer noch schimpfend.

Der Hund lief ohne Leine dicht neben dem Mann.

Ich war fassungslos über die »Dummheit« dieses Hundes, wie ich sein Verhalten damals einschätzte. Noch heute bin ich oft erstaunt über die starke Bindung, die Hunde auch mit Menschen eingehen, die sie denkbar schlecht behandeln.

Obwohl Hunde damit umgehen können, aus unterschiedlichen Gründen aus einem Rudel abwandern zu müssen, ist ihr Bestreben dennoch, ihre Gruppe auf gar keinen Fall zu verlieren.

Diese Tatsache kann man sich wunderbar zunutze machen, um den eigenen Hund in der Nähe zu halten. Voraussetzung dafür ist, dass man auf dieses natürliche Bestreben vertraut und sein eigenes, menschliches Kontrollverhalten aufgibt (damit meine ich allerdings nicht die Verantwortung in gefährlichen Situationen!).

Am einfachsten lässt sich dies erreichen, wenn man einen Hund gerade bei sich aufgenommen hat und gar nicht erst damit beginnt, ihm seine Aufgabe – die Orientierung – abzunehmen. Später jedoch kann man genauso erfolgreich damit sein – dann muss man sich nur etwas länger eine Überprüfung des Hundes gefallen lassen.

Schauen Sie sich unterwegs grundsätzlich nie direkt nach Ihrem Hund um, wenn Sie gar nichts von ihm wollen. Falls Sie nur wissen möchten, wo Ihr Hund sich gerade aufhält, lassen Sie Ihren Blick einfach über ihn hinweggleiten, und tun Sie dabei so, als würden Sie beispielsweise eine Baumgruppe in Augenschein nehmen – nur nicht ihn. Sie können auch mit einem kleinen Spiegel hinter sich blicken. Alles ist erlaubt, außer sich ständig oder gezielt umzuschauen. Wenn Sie Ihren Hund in Ihrer Nähe haben wollen, müssen Sie ihm klarmachen, dass nicht Sie dafür sorgen werden, sondern er.

Wenn Sie auf einem Waldweg abbiegen, informieren Sie Ihren Hund nicht darüber, dass Sie die Richtung ändern.

Wanja meldete sich nie ab, wenn er eine andere Richtung einschlug. Weil die Hunde wussten, dass er sie darüber nicht extra in Kenntnis setzte, behielten ihn alle im Rudel, egal was sie taten, immer im Augenwinkel. Hunde agieren sehr effizient. Wenn Sie Ihrem Hund die Aufgabe des Schauens und Orientierens abnehmen, wird er sie Ihnen gern überlassen, denn dann kann er sich Dingen widmen, die ihm Spaß (und Ihnen oft Ärger) machen.

Bei Hunden, die gerne schnell laufen, würde ich zu Beginn unbedingt ein Fahrrad einsetzen. Wenn Ihr Hund nicht die Erfahrung macht, dass Sie ihm abhandenkommen können, wird er darauf setzen, Sie auch aus großer Distanz immer wieder einholen zu können. Treten Sie in die Pedale – und befestigen Sie Rückspiegel am Rad, um sich nicht umblicken zu müssen.

Wählen Sie für den Anfang am besten einen Ort wie den Wald, wo es keine gefährlichen Straßen oder unübersichtlichen Plätze gibt, die er nicht überblicken kann.

Alle meine Hunde folgen mir nur deshalb zuverlässig, weil ich mich nicht nach ihnen umschaue (zumindest nicht so, dass sie es bemerken). Ich weiß, dass diese Vorgehensweise viel Mut erfordert, aber alle neuen Wege erfordern Mut.

## Abruf

Oft rufen wir unsere Hunde nur, um zu testen, ob diese aus einer bestimmten Distanz heraus noch hören. Passiert das mehrfach, hat jeder Hund schnell verstanden, dass es eigentlich um gar nichts geht, wenn er gerufen wird. Es ist sehr lästig, beim schönsten Schnüffeln immer wieder ohne Grund unterbrochen zu werden – daher beginnen die meisten Hunde irgendwann, das »lästige Geräusch« zu überhören.

Stellen Sie sich vor, Sie schauen gerade einen Krimi und werden von Ihrem Partner in die Küche gerufen. Sie gehen tatsächlich in die Küche, verpassen dadurch die Auflösung des Krimis (für den Hund ist ein aufregender Geruch etwas Ähnliches wie ein Krimi), und Ihr Partner in der Küche sagt zu Ihnen: »Fein.« Weiter nichts. Na, das hat sich doch gelohnt!

Wenn Sie das fünfmal in dieser Weise erlebt hätten, wie wahrscheinlich wäre es dann, dass Sie Ihre spannende Beschäftigung auch beim sechsten Mal noch unterbrechen und in die Küche kommen würden?

Den Abruf verwende ich im Alltag nur, wenn meine Hunde tatsächlich zu mir kommen sollen. Wenn sie etwas sein lassen sollen (zum Beispiel den Postboten anzubellen, Pferdemist zu fressen, zu weit vor oder auf die Straße zu laufen), rufe ich sie nicht, sondern stoppe sie. Würde ich nur nach ihnen rufen, hätte ich ihnen ja nicht mitgeteilt, was sie lassen sollen.

1. Schritt

Wichtigste Regel: Rufen Sie Ihren Hund nur dann, wenn Sie auch dafür sorgen können, dass er kommt, das heißt, lassen Sie ihn nicht im Glauben, dass auf einen Ruf von Ihnen keine Konsequenz folgt, wenn er ihn ignoriert. Er muss über einen längeren Zeitraum (ungefähr drei Wochen) die Erfahrung machen, dass es nicht mehr seine Entscheidung ist, ob er kommt oder nicht, sondern Ihre.

2. Schritt
Um dafür sorgen zu können, dass er kommt, benutzen Sie eine Schleppleine und gehen oder laufen Sie immer zuerst zum Ende dieser Leine. Treten Sie darauf und rufen Sie dann erst den Namen Ihres Hundes.

3. Schritt
Wenn Ihr Hund die Ohren bewegt, ansonsten jedoch plötzlich taub zu sein scheint oder er Sie nur anschaut und sich dann wieder seinen Dingen zuwendet, warnen Sie ihn mit einem Abbruchsignal wie »Scht«. Kommt er daraufhin zu Ihnen, hat er schon oft genug die Erfahrung gemacht, dass sonst eine Konsequenz Ihrerseits folgen würde. Kommt er nach dem Abbruchsignal nicht, muss er die Erfahrung mit der Konsequenz noch einige Male machen.

4. Schritt
In diesem Fall sollten Sie, mit den Füßen die Leine sichernd, sofort zu ihm gehen und sich körperlich angemessen bemerkbar machen (zum Beispiel durch einen kleinen Stüber oder Rempler, je nach Hund und Situation). Sie gehen jedoch nur kurz zu ihm, um eine Konsequenz folgen zu lassen, nicht, um ihn abzuholen.

5. Schritt
Gehen Sie danach wieder zwei Schritte zurück und rufen

Sie ihn erneut, sobald er nach dieser Handlung Blickkontakt mit Ihnen aufgenommen hat. ER soll auf SIE zulaufen.

Weil dieser einfache Ablauf recht kompliziert klingt, hier noch einmal die Kurzvariante aus der Hundewelt:

Beobachten Sie einmal eine Hundemama, die einen ihrer Welpen ruft, weil der sich gefährlich weit von ihr entfernt hat. Ich habe schon einen Boxerwelpen durch die Luft fliegen und einen Golden-Retriever-Welpen drei Meter über den Fußboden rutschen sehen, nachdem ihre Hundemamas sie mit einem kurzen Bellen gerufen hatten und sie nach deren warnendem Knurren immer noch nicht gekommen waren. Danach hatten die Hundedamen sofort eine deutliche körperliche Konsequenz folgen lassen, gegen die ein menschlicher Stüber oder Rempler wie ein Witz scheint.

Rufen, warnen, handeln – so lautet die knappe Devise. Es geht hier im Ernstfall um das Leben der Hunde und nicht um etwas, was dem Zufall überlassen bleiben kann.

Wenn Sie nicht schnell oder gut laufen können, suchen Sie sich ein eingezäuntes Gelände oder einen Innenhof, so können Sie dasselbe in moderater Form üben.

In unseren Seminaren und Kursen machen wir mit den Teilnehmern folgende Übung:

Ein Hund wird aus der Hand gefüttert, eine Trainerin steht fünf Meter weiter am Ende der Schleppleine und ruft ihn. Sie hat weder Futter, noch gehört sie zur Gruppe des Hundes. Trainerin und Hund kennen einander nicht. Die Trainerin agiert in der oben beschriebenen Form: rufen, warnen, handeln.

Der Hund kommt. Immer.

Hat er mehrfach die Erfahrung gemacht, dass seinem Wegbleiben eine Konsequenz folgt, läuft er nach einigen Malen sofort nach dem Ruf los.

Wir machen das mit jedem am Seminar teilnehmenden Hund vor, um den Haltern zu zeigen, wie einfach es ist und dass es tatsächlich auch mit ihrem Hund gelingt. Selbst Hunde, die eigentlich Angst vor fremden Menschen haben, kommen, wenn sie müssen.

Das alles klappt natürlich nur, wenn dies alles ohne Aggression und Gewalt verläuft. Nachdem ich die Übung jahrelang selbst vorgemacht habe, ist seit Kurzem meine Mitarbeiterin Jacqueline Runge die »Ruferin«, damit ich das Ganze kommentieren kann. Jacqueline geht mit viel Humor, Ruhe und Bestimmtheit zur Sache. Mehr als einen kleinen Stüber musste sie noch nie anwenden, um ihre Entscheidung durchzusetzen. (Wenn Sie mit zwei Fingern kurz an Ihren Oberarm tippen, haben Sie den Stüber, den ich meine.)

Die Kursteilnehmer sind immer sehr erstaunt darüber, dass ihr Hund zu einer ihm fremden Person geht, obwohl die andere Person ihm (sehr leckeres) Futter anbietet. Am unbegreiflichsten erscheint den meisten aber, dass die Hunde mit wedelndem, nicht mit eingekniffenem Schwanz auf Jacqueline zulaufen.

Bis heute haben viele Menschen die Vorstellung, dass man nett sein muss, um gemocht zu werden. Wir – und eben auch die Hunde – spüren jedoch sehr deutlich, ob ein Mensch nett ist, um gemocht zu werden, oder ob er freundlich ist, weil er es sich leisten kann. Jacqueline ist sehr freundlich in der Umsetzung ihrer Entscheidung. So etwas lieben Hunde.

Dafür zu sorgen, dass ein Hund zu einem kommt, steht unserem eigentlichen, typisch menschlichen Impuls, fünfmal zu rufen und dabei zunehmend flehender oder drohender zu klingen, vollkommen entgegen. Es ist schwierig zu begreifen, dass ein Hund einfach nur dann wirklich zuverlässig kommt, wenn er die Erfahrung gemacht hat, dass er es muss.

## Schleppleine

Da wir Zweibeiner nicht einmal einem Dackelwelpen folgen könnten, wenn dieser Fersengeld gibt, ist ein Hilfsmittel unerlässlich, um unseren Hund zu erreichen und mit ihm agieren zu können, wenn er frei laufen darf – dieses Hilfsmittel ist die Schleppleine.

Bei großen Hunden eignen sich runde glatte Seile (von der Rolle aus dem Baumarkt) besser als flache Seile, die unter dem Fuß durchrutschen, wenn man drauftritt. Bei kleineren Hunden eignet sich ein leichtes Gurtband, bei winzigen Hunden eine dünne Gardinenschnur. Das Seil sollte fünf bis zehn Meter lang sein.

Man knotet einen Karabiner an das Ende des Seils und klickt ihn an das Geschirr des Hundes, sodass dieser die Leine ganz einfach hinter sich herzieht. Befestigen Sie die Schleppleine nie an einem Halsband – Sie könnten Ihrem Hund das Genick brechen, wenn Sie mit dem Fuß auf die

Leine treten, um ihn beim Rennen zu stoppen. Ziehen Sie den Hund nicht mit der Schleppleine zu sich heran, das wird nicht dazu führen, dass er kommt. Sie selbst müssen dafür sorgen. Die Leine ist nur ein Hilfsmittel, durch das Sie Ihren Hund mit Ihren Füßen sichern können.

Um zu vermeiden, dass der Hund damit im Unterholz hängenbleibt und sich verheddert, sollten Sie in diesen ersten vierzehn Tagen des Neubeginns Ihren Hund nicht außer Sichtweite ins Unterholz lassen. Falls Ihr Hund mit einem anderen Hund spielt, müssen Sie ihm die Schleppleine aufgrund der Verletzungsgefahr abnehmen.

## Füttern

Malen Sie sich vor Ihrem geistigen Auge aus, dass Sie gerade das machen, was Sie am liebsten tun: Gespräche führen, joggen, lesen, im Internet surfen, stricken, wandern, ein Instrument spielen, Kreuzworträtsel lösen, arbeiten, feiern, Musik hören, mit dem Hund spazieren gehen ...

Schreiben Sie Ihre Lieblingsbeschäftigung in diese Zeile:

________________________________________

Egal, was Sie geschrieben haben, ich habe es bereits für Sie erledigt, und Sie dürfen sich entspannt zurücklehnen und müssen es nicht mehr tun. Großartig, nicht wahr?

Sie müssen es übrigens NIE WIEDER tun. Ab jetzt werde ich es immer für Sie erledigen.

Nun nehme ich eine der Lieblingsbeschäftigungen Ihres Hundes und schreibe sie in die folgende Zeile:

Am Boden nach Futter suchen

Genauso wenig, wie Sie es mögen würden, wenn Ihnen Ihre liebste Beschäftigung samt Bestätigungen und Misserfolgen für immer genommen würde, genauso wenig macht es einen Hund glücklich, wenn man ihm einen Napf vor die Nase stellt, damit er sich die Futtersuche sparen kann.

Jedes wild lebende Tier darf und muss jeden Tag neu nach Nahrung suchen. In jedem Zoo sorgt man inzwischen für Abwechslung bei der Futtersuche, damit die Tiere sich nicht endlos langweilen. Nur unser Hund soll darauf verzichten zu jagen, nach Fressbarem zu suchen und gefundene Schätze vom Boden aufzunehmen, weil wir ihm einen Napf hinstellen, der in drei Sekunden leer ist. Der Rest ist Langeweile.

Ich denke, es wird niemanden ernsthaft gefährden, wenn Sie einmal drei Tage lang eine andere Form der Fütterung ausprobieren:

Was Sie füttern, ist hier einmal unerheblich, weil dies wieder ein ganz anderes Thema wäre. Es geht nur darum, wie Sie es tun. Ob rohes gewürfeltes oder durch den Wolf gedrehtes Fleisch, Trockenfutter oder Nassfutter – zum Werfen eignet sich alles. (Ich gebe Ihnen hier nur eine Anregung, die Umsetzung ist Ihnen und Ihren Lebensumständen überlassen.)

Ich selbst teile das Fressen für meine Hunde in drei Tagesportionen auf, damit sie möglichst viel zu tun bekommen.

Morgens werfe ich das Futter weiträumig verteilt in den Garten, die Stücke dabei am besten so klein wie möglich machen. (Das Gemüse, das bei Hunden, die Rohfleisch bekommen, dazugegeben werden muss, mische ich mit in die Fleischration.) Einfach wie beim Hühnerfüttern schwungvoll ausholen. Wer keinen Garten oder Hinterhof hat, sollte sich bei Nassfutter oder Frischfleisch eine Wiese suchen und das Futter über die ganze Wiese werfen (Feuchttücher zum Hände abputzen nicht vergessen oder das Gras dazu benutzen), Trockenfutter lässt sich in der Wohnung verstecken.

Die Hunde sind dann oft eine Stunde mit Suchen, Kontrolle und Nachkontrolle beschäftigt. Da ich morgens auch meinen eigenen Tag vorbereite und zu tun habe, ist es wunderbar, innerhalb von zwei Minuten einen Langzeitspaß für meine Hunde geschaffen zu haben, nach dem sie dann selig und völlig k. o. schlafen gehen.

Während unseres täglichen langen Spazierganges im Wald (ein Park eignet sich genauso, wenn gerade kein anderer Hund in der Nähe ist) gibt es die zweite Portion. Ich warte auf einen Blick des jeweiligen Hundes und werfe dann ein Stück in flacher Flugbahn – so, dass er es mit den Augen verfolgen kann – ins Unterholz, ins hohe Gras oder in den Schnee. Der Hund soll die Richtung kennen, aber noch mit der Nase suchen dürfen. Mit mehreren Hunden funktioniert das ganz genauso gut wie mit einem. Während der eine Hund schon das Futter sucht, werfen Sie für den nächsten.

Die Befürchtung, dass Hunde dadurch beginnen, überall

nach Futter zu suchen, ist unbegründet. Sie können Ihrem Hund nicht etwas beibringen, was er ohnehin von Natur aus tut. Sie können ihn diesen Instinkt jedoch kontrolliert ausleben lassen.

Meine Hunde lassen alles liegen, was ich nicht geworfen habe, weil ich alles andere zum Tabu erkläre.

Frieda hat einen starken Jagdinstinkt. Ich bin mir sicher, dass ich sie in den Fällen, in denen sie bereits einem Reh oder einem Eichhörnchen hinterherläuft, nicht so gut stoppen könnte, wenn sie nicht einen Großteil ihrer Energie bei der täglichen Futtersuche ausleben könnte (die Jagd auf Katzen lässt sie bei einem »Stopp« von mir inzwischen immerhin in siebzig Prozent der Fälle sein).

Gern setze ich mich auch mit der Futtertasche am Lenker aufs Rad und lege Tempo für sie vor. Ich werfe dann während des Fahrens – für alle lauffreudigen Hunde ein Heidenspaß. Am tollsten ist es für einen Hund natürlich, mit Ihnen zusammen laufen zu dürfen (wenn Sie joggen) und währenddessen nach geworfenem Futter zu suchen. Ich bin leider ein Joggingmuffel, aber wenn ich doch ab und zu mit meinen Hunden laufe und dabei Futter werfe, ist das eine Riesengaudi.

Die letzte Mahlzeit am Abend besteht dann entweder aus einem richtigen Knochen, Kongs (befüllbares Spielzeug in unterschiedlicher Form aus Naturkautschuk) mit Fleisch, gefüllten Futterkugeln (Kugeln, aus denen Trockenfutter herausfällt, wenn der Hund sie herumrollt) oder im Haus verstecktem Futter – alles dient auch hier der Beschäftigung, nicht allein dem Fressen.

## Sozialer Kontakt und Lob

Besonders grausam ist die Empfehlung, einem Hund den sozialen Kontakt zu entziehen, das heißt, ihn für einen längeren Zeitraum zu ignorieren, um ihn zu erziehen. Ich habe einige Kunden, die ihren Hund eine Woche lang nicht beachten sollten, und andere, bei denen es sogar um mehrere Wochen ging. Sie kamen zu mir, weil die Beziehung zu ihrem Hund nach dieser »Erziehungsmaßnahme« zerstört war.

Unter Hunden wird nur derjenige auf Dauer ignoriert, der aus einem Rudel abwandern soll. Das Schlimme ist, dass der Hund bei dieser Maßnahme weder versteht, warum er verstoßen wurde, noch, was er eigentlich anders machen soll. Gerade bei sehr unsicheren oder ängstlichen Hunden ist diese Vorgehensweise fatal. Weder mit meinem russischen noch mit meinem jetzigen Hunderudel habe ich die Erfahrung gemacht, dass ein Tier dauerhaft ignoriert wurde, um Grenzen zu setzen. Im Gegenteil: Selbst nach einer heftigen Auseinandersetzung (und Klärung!) konnten die betroffenen Hunde bereits kurze Zeit später wieder friedlich nebeneinanderliegen.

Selbstverständlich dürfen Sie kurzzeitig ein bestimmtes Verhalten Ihres Hundes ignorieren, zum Beispiel wenn Ihr Hund Sie anbellt, damit Sie sich gefälligst um ihn kümmern. Ich selbst bevorzuge jedoch einen aktiven Abbruch solcher Situationen, weil ein Hund vier Stunden lang bellen kann, ich jedoch nur fünf Minuten gelassen genug bin, dies glaubhaft zu ignorieren und nicht nur auszuhalten.

Ein Leithund wie Wanja hatte eine einfache Regel, nach der er Sozialkontakt zuließ. Erinnern Sie sich an die Situation, in der Felix unbedingt einmal zu ihm auf sein Lager wollte? Erst als Felix sich ihm ruhig und respektvoll näherte, durfte er sich neben Wanja legen.

Sie können also mit Ihrem Hund schmusen, toben und gemeinsam in einem Bett schlafen, so oft Sie wollen, solange Ihr Hund Ihnen im Alltag Respekt entgegenbringt.

Viele meiner Seminarteilnehmer fragen mich auch, ob und – falls ja – wann und wie sie ihre Hunde loben sollen.

Ich denke, zuerst sollte sich jeder klarmachen, dass sich Hunde untereinander nicht loben. Warum tun sie dennoch, was der Leithund entschieden hat? Weil sie müssen. Und weil sie Harmonie anstreben.

Das ist alles.

Stellen Sie sich vor, Ihr zehnjähriger Sohn trocknet ab, und Sie springen danach auf ihn zu und rufen: »Suuuper! Toll gemacht! Hier hast du zehn Euro.« Sicher würde sich Ihr Sohn dadurch einige Fragen stellen: Bedeutete das Abtrocknen vielleicht viel mehr, als er dachte? Sollte er das nächste Mal gleich zwanzig Euro verlangen? Ich denke, Ihr Sohn trocknet ab, weil ihm klar ist, dass sonst die Harmonie zwischen Ihnen leiden und Sie ärgerlich werden könnten. Es lohnt nicht, diesen angenehmen Zustand zu gefährden.

Oder stellen Sie sich vor, Sie sind wie ich fünfzig Jahre alt, befinden sich in einem Schuhladen und binden sich ein Paar Schuhe zu. Der Verkäufer kommt herbeigerannt und ruft begeistert: »Fein, wie Sie den Schuh zubinden!« Dann reicht er Ihnen ein Stück Schokolade.

Auch ein Hund, der »Sitz« gelernt hat, wird noch Jahre später dafür gelobt, dass er »Sitz« macht. Eine Heldentat, wahrhaftig. Wenn er nun auch noch zu seinem Menschen kommt, nachdem er zehn Mal gerufen wurde, gehört ihm eigentlich sogar das Bundesverdienstkreuz für Hunde verliehen.

Warum nur ist es für uns so schwer vorstellbar, dass ein Hund für einen Menschen auch etwas ohne Bestechung oder Lob macht, so wie er es auch unter seinen Artgenossen tun würde?

Der schönste Zustand in einem Hunderudel oder in einer gemischten Gruppe aus Menschen und Hunden ist der, wenn kein »Sand im Getriebe« steckt. Davon profitieren alle.

Der Trend, einen Hund ausschließlich über positive Verstärkung erziehen zu wollen, schießt knapp am Ziel vorbei, da hier eine für den Hund nicht artgerechte Interaktion stattfindet. Es werden ununterbrochen Dinge gelobt und belohnt, die Hunde auch ganz selbstverständlich tun würden, wenn man sie nicht immer wieder darauf aufmerksam machte, wie lobenswert es ist, was sie tun.

In einer Gruppe kann keine echte Harmonie herrschen, solange niemand die Fähigkeit besitzt, sie herzustellen. Harmonie jedoch entsteht nicht dadurch, dass immer alle nett zueinander sind, sondern dadurch, dass sich alle sicher, wohl und geborgen fühlen und wissen, welche Aufgaben sie haben und wo ihre Grenzen liegen. Diese Harmonie herzustellen ist Aufgabe eines Leithundes und Aufgabe eines Menschen, der seinen Hund führen will.

Auch ich lobe meine Hunde mitunter, einfach deshalb, weil ich ein Mensch bin und ein Ventil für meine eigene Freude brauche. Es schadet ihnen nicht im Geringsten. Ich will mit den obigen Ausführungen nur sagen, dass Ihr Hund dieses Lob nicht braucht. Er fühlt auch so, wenn alles harmonisch ist. DAS ist das eigentliche »Leckerli« für einen Hund.

Kontraproduktiv wird es erst dann, wenn Sie falsch loben.

Gehen Sie einmal mit Ihrem Hund an der Leine, und lassen Sie ihn genau neben sich laufen. Dann loben Sie ihn mit ganz heller Stimme: »Feiiin!« Sofort wird er freudig nach vorn schießen. Er bleibt jedoch ruhig neben Ihnen, wenn Sie ihn mit sehr tiefer Stimme loben: »Guuut.«

Alle hohen Laute werden zur Beschleunigung und alle tiefen zur Verlangsamung verwendet. Es ist also nur dann sinnvoll, ihren Hund immer mit einem hohen »Feiiin« zu loben, wenn Sie ihn ununterbrochen zum Spielen oder sonstigen schnellen Aktivitäten animieren wollen.

## »Sitz«, »Platz«, »Gib Pfötchen«

Das Beibringen von Kunststückchen ist wunderbar zur Beschäftigung und zur Festigung des Selbstvertrauens von Hunden geeignet. Meine Hunde lieben die allabendliche Eröffnung der »Manege« und lernen sehr gerne. Mit Erziehung hat das Beibringen von Kunststückchen jedoch so wenig zu tun, wie die Fertigkeit eines Kindes im Rechnen mit dem Befolgen der Regeln innerhalb der Familie zu tun hat.

## Und nun?

Wenn Sie jetzt Lust bekommen haben, sich in die Welt Ihres Hundes zu begeben und Neues auszuprobieren, so wird das ohne ein Korrektiv für Sie anfangs schwierig werden. Wie in jeder neuen Sprache können Sie auch hier Fehler machen und/oder sich das von mir Beschriebene vielleicht praktisch umgesetzt nur schwer vorstellen. Auto zu fahren lernten Sie ja auch nicht nur durch ein Buch, sondern hatten über längere Zeit einen Fahrlehrer an Ihrer Seite. Wenn Sie bereits ein gutes Gespür für Ihren Hund besitzen (und es nutzen!), können Sie Ihren Hund als Lehrer einsetzen. Er wird Ihnen genau zeigen, was Sie bereits gut machen und was Sie noch üben müssen. Wenn Sie jedoch erst noch lernen müssen, ein Gespür für all diese Situationen zu entwickeln, empfehle ich Ihnen, sich in Ihrer Nähe Hilfe in einer Hundeschule zu suchen, die bereits in dieser Weise arbeitet.

Bei dieser Reise in die Einfachheit wünsche ich Ihnen viel Freude und viele Entdeckungen. Vielleicht gefällt es Ihnen am Ziel der Reise ja so gut, dass Sie von dort nicht mehr zurückkehren wollen.

Ihre Maike Maja Nowak

**Das neue Buch der**
**Hundeflüsterin Maike Maja Nowak**

Leseprobe

**272 Seiten**

**ISBN 978-3-442-39220-9**

## Das Ende des Kampfes

Den Hund schützt schwarzes Fell von bärenpelzhafter Dichte. Über seiner Nasenwurzel verläuft ein weißer Strich bis hin zur Stirn. Sein muskulöser, großer Körper könnte majestätisch wirken, wäre da nicht der steife Gang, mit dem der Hund im Zwinger auf und ab läuft. Die Körperspannung und sein starrer Blick zeigen an, dass er jeden Moment explodieren kann.

»Seit wann und warum lebt er im Zwinger?«, frage ich den Mann, der mit verschränkten Armen im Hintergrund steht.

Er wendet mir betont langsam sein Gesicht zu und schenkt mir einen Blick, der abschätziger kaum sein könnte. »Weil hier alle Hunde wie Hunde leben und nicht wie Püppchen in der Handtasche. Deshalb isser im Zwinger.« Dabei weist er auf drei Schäferhunde, die in weiteren Zwingern untergebracht sind. »Aber der is kein Hund, der is der Deuwel. So was hab ich noch nich erlebt«, fügt er mit einer wegwerfenden Handbewegung hinzu. »Wenn er ihn nicht mitnimmt«, er weist auf den jungen Mann neben mir, »dann wartet der Förster schon auf ihn.« Er simuliert mit dem Zeigefinger die Bedienung des Abzuges an einer Schusswaffe. Der junge Mann, der mich hierhergerufen hat, verzieht bei dieser Aussage unwillkürlich das Gesicht.

»Ich habe nicht das Gefühl, dass Sie über Hundehaltung diskutieren möchten, aber einen Akita in einem Zwinger zu halten, ist ein Unding«, wende ich mich wieder an den Hofbesitzer.

Der Mann, der die Daumen über den Gürtel hängen lässt wie ein Cowboy, sagt: »So einen Quatsch können Sie in Ihren hochtrabenden Büchern schreiben, aber nicht mir verkaufen. Das Vieh hier war von Anfang an so, und wie Sie ja sicher wissen, ist in der amerikanischen Variante der Kreuzung ein Schäferhund mit im Spiel. Und meine Schäfis parieren aufs Wort, und zwar alle und schon immer. Ich mache das immerhin seit zwanzig Jahren.« Fest aufstampfend geht er zu einem der Zwinger und öffnet ihn. Ein Schäferhund huscht in geduckter Haltung heraus und läuft mit unsicheren Schwanzwedlern beschwichtigend um den Mann herum. Der Mann nimmt eine breitbeinige Haltung ein und blafft: »Sitz!«

Der Schäferhund fällt übereifrig und vor Aufregung zitternd in eine liegende Position. Bevor er seinen Irrtum korrigieren kann, holt der Mann mit dem Fuß aus und fegt dem Hund damit hart unter das Hinterteil. »Siiitz!!!« Ein cholerisches Rot färbt jetzt sein Gesicht. Der Schäferhund schnellt mit geducktem Kopf in die sitzende Position und seine Pupillen weiten sich angstvoll, offenbar in Erwartung weiterer Korrekturen.

»So läuft das«, sagt der Mann und greift mit den Daumen wieder in seinen Gürtel. »Ich habe von Ihrem Hokuspokus gehört. Da kommen Sie mal in einen Schäferhunde-Verein. Schäferhunde brauchen eine harte Hand und keinen Kokolores.«

Tatsächlich wird ein solcher Umgang mit Hunden, wie ihn der Mann beschreibt und »pflegt«, noch häufig für selbstverständlich gehalten und viele Menschen sind von seiner Richtigkeit absolut überzeugt. Tierquälerei ist zwar seit einiger Zeit endlich auch nach dem Gesetz verboten, fällt jedoch durch das menschliche Rost der Bewertung, wenn sie zu einer Methode der Hundeerziehung deklariert wird. Unter deren Deckmantel verbergen sich Handlungen wie Anschreien, Schlagen, Treten, der Einsatz von Elektroschockgeräten, Isolationshaft, Würgen und andere Willkür. Was mich daran nicht nur schockiert, sondern auch ehrlich verwundert, ist, dass dieselben Methoden, bei Menschen angewandt, anderen Begriffen zugeordnet werden. Diese heißen Misshandlung und Folter.

Wie wir Menschen jemals auf die Idee kommen konnten, dass sie für die Hundeerziehung angebracht sind, sagt leider viel über uns und unsere Haltung Tieren gegenüber aus.

»Bei Fuß!« Der Mann führt mit dem Schäferhund, offenbar in Erwartung meiner Bewunderung, ungebeten weitere Kommandos vor. »Platz.« »Bleib.«

»Ich würde jetzt gern den Akita kennenlernen«, sage ich bemüht sachlich, um das Ganze so rasch wie möglich zu beenden.

»Alles klar«, sagt der Mann und winkt ab. »War zu erwarten, dass Ihnen nich gefällt, wenn der Hund auf Kommandos hört.« Er bringt den Schäferhund in den Zwinger zurück und schnaubt verächtlich durch die Nase. »Also, kommen wir zum Punkt«, wendet er sich an den jungen Mann. »Ihr könnt den Deuwel gern rausholen.« Er verschränkt die Arme vor der Brust und blickt grinsend von uns zu dem Akita. »Schafft ihr eh nich. Ich hab ihn mir mehrfach am Stachelhalsband über die Schulter gehängt und bin mit ihm so über den ganzen Hof gelaufen. Der wäre lieber gestorben, als aufzugeben. Er hat zwar nur noch geröchelt, hat aber sofort wieder angegriffen, als er auf dem Boden war.«

Der junge Mann sieht mich mit weit aufgerissen Augen an und senkt dann beschämt sein sommersprossiges, breites Gesicht, als wäre er an der Handlung des Mannes beteiligt, nur weil er im selben Dorf wohnt.

»Kann ich allein auf dem Gelände sein, wenn ich zu dem Hund hineingehe?«, frage ich, weil ich befürchte, dass der ohnehin wütende Akita sonst zusätzlich noch auf die explosive Stimmung im Hof reagiert.

»In – meinem – eigenen – Hof – bleib – ich – wo – ich – will.« Die Worte fallen aus dem Mund des Mannes wie frisch geschlagene Holzscheite von einem Hackklotz.

Er lehnt sich an einen der hinteren Zwinger und beobachtet mich mit geringschätzig herabgezogenen Mundwinkeln.

Für einen kurzen Moment frage ich mich selbst, warum ich im Begriff bin, zu einem bissigen Akita in den Zwinger zu gehen. Daran merke ich, dass die negative Energie des Mannes bereits auf mich übergeht.

Während ich zu meinem Auto gehe, um mir noch eine Jacke überzuziehen, atme ich mehrfach tief durch. Normalerweise gelingt es mir dadurch, meine eigene Anspannung loszuwerden. Nichts ist schlimmer als eigene Aufregung, wenn man sich einem aufgebrachten Hund nähert. Heute gelingt es mir jedoch nicht, sie abzuschütteln. Deshalb greife ich auf ein einfaches Mittel zurück, um mich von meiner Aufregung zu befreien: Ich verwende meine Vorstellungskraft.

Dabei stelle ich mir den Akita so vor, wie er einmal gewesen sein könnte, bevor ihn ein Mensch in seiner Natur störte und aus dem Gleichgewicht brachte. Während ich auf den Zwinger zugehe, sehe ich ihn in meiner Fantasie mit weiten Schritten über eine Wiese laufen. Sein Maul ist gelöst und halb geöffnet. Seine dreieckigen, dunklen Augen leuchten vor Freude. Seine Spitzohren stehen aufrecht und die Rute liegt buschig gerollt und entspannt auf seinem Rücken.

Ich trete seitwärts an seinen Zwinger heran und gehe in die Hocke. Im gleichen Moment wirft der Akita ohne Warnlaut seine Breitseite gegen die Gitterstäbe und versucht durch sie hindurch, mich zu beißen.

Geschützt durch die Begrenzung halte ich an meiner Fantasie fest, um weder Angst noch Abwehr in mir entstehen zu lassen. Ich stelle mir vor, mit ihm gemeinsam über ein weites Sommerfeld zu laufen und spüre die Wärme, die vom Boden ausgeht. Das fühlt sich sehr nach Geborgenheit an.

Der Akita beißt jetzt, offenbar, weil er mich nicht erreichen kann, im Übersprung in die Gitterstäbe. Mit einem kurzen Seitenblick sehe ich, dass einige seiner Zähne bereits vor längerer Zeit abgebrochen sind. Weil er auch durch das Beißen seine Wut nicht loswerden kann, beginnt er, mit den Vorderpfoten wie rasend auf dem Boden zu kratzen. Die ausgehöhlten länglichen Spuren im Beton zeigen, dass auch dies nicht sein erster Versuch ist, dem Gefängnis zu entkommen. Seine Ohnmacht berührt mich in diesem Augenblick so gewaltig, dass mir die Luft weg bleibt. »Ich darf nicht in meiner eigenen Geschichte verschwinden!«, denke ich und atme mehrfach tief durch. »Meine eigene Ohnmacht liegt lange zurück! Ich kann jetzt handeln!«

Ich bekomme wieder Luft und kann mir mit einem

neuen Fantasiebild weiterhelfen. Ich sehe den Akita nach Feldmäusen graben. Sein Kopf ist in der warmen Erde verschwunden. Sein Hinterteil zuckt leidenschaftlich hin und her. Sein stoßartiges Schnaufen dringt abgedämpft durch das Erdreich nach oben. Der ganze Hund strahlt animalische Freude aus.

Die plötzliche Stille überrascht mich und ich werfe einen kurzen Seitenblick in den Zwinger. Der Akita steht stark hechelnd, aber ruhig da und blickt mich an. Ein leises Knurren ist zu hören. Er informiert mich deutlich darüber, dass hier sein Territorium beginnt und ich ein unerwünschter Gast bin. Dennoch atme ich befreit aus, denn immerhin ist er von seinen tonlosen Angriffen zu einer Kommunikation mit mir übergegangen. Das ist ein großer Fortschritt.

Ich entferne mich einen Meter, um ihm zu zeigen, dass ich auf sein angemessenes Verhalten reagiere und bereit bin, seine Warnung zu respektieren. Der Akita hört auf zu knurren und sein Gesichtsausdruck wirkt deutlich verdutzt. Er setzt sich hin und ich höre nur noch sein lautes Hecheln. Während ich hockend mit ein paar Grashalmen spiele, weicht die Spannung spürbar. Ich entferne mich mehrfach von seinem Zwinger und nähere mich beiläufig wieder an. Der Akita beobachtet mich, bleibt jedoch ruhig.

»Darf ich das nehmen?«, frage ich den Hofbesitzer, als ich bei einem Gang über den Hof einen großen Plastikdeckel, vielleicht von einem Farbeimer, auf dem Boden finde. Dieser hebt die Hände, um seine Leidenschaftslosigkeit zu diesem Thema auszudrücken. Ich nehme den Deckel, dessen Durchmesser vielleicht vierzig Zentimeter beträgt, und klemme ihn mir unter die Achsel. Aus den Augenwinkeln heraus sehe ich, wie der Akita sofort den Kopf hebt, um misstrauisch das neue Objekt zu betrachten. Deshalb führe ich den Deckel spazieren, bis der Akita sich wieder entspannt hat. Im Hintergrund höre ich den Hofbesitzer mehrfach genervt Luft ausstoßen, womit er mir offenbar das baldige Ende seiner Geduld kundtun möchte. Etwas in mir hat sich jedoch bereits so mit dem Hund verbunden, dass diese Unmutsäußerungen mich nicht mehr beeinflussen.

Der Akita hat sich jetzt hingelegt und toleriert meine Anwesenheit dicht neben dem Zwinger. Entschlossen trete ich nun rückwärts an die Tür heran und setze mich. Mein Rücken berührt fast das Gitter. Stille. Ich lausche auf den Atem des Hundes, der nur leise zu vernehmen ist. Dann höre ich das Klacken von Krallen auf dem Betonboden. Plötzlich ein warmer Luftstoß in meinen Haaren. Seine Nase bewegt sich neugierig schnüffelnd hinter meinem Kopf. Mir wird heiß vor Freude. Neugier ist in Verbindung mit Wut nicht möglich.

Die Erkundung des Akitas ist gründlich und dauert lange. Ich drehe mich langsam zur Seite, damit er die intensiveren Gerüche, die aus Mund- und Genitalbereich kommen, besser wahrnehmen kann. Er toleriert meine Bewegung in seine Richtung. Nach der langen Leibesvisitation tut er etwas Wunderbares. Er geht weg. Mit seinem Zurückweichen auf eine andere Seite des Zwingers gibt er mir sein Territorium frei.

Ich vertraue vollständig meinem Instinkt. Würde ich darüber nachdenken, ob der Akita mich trotz Freigabe seines Territoriums nicht doch beißt, würde er sicher genau das tun, weil ich dieses Bild erzeuge. Ich habe jetzt vollstes Vertrauen zu dem Hund, denn ich bin bereits in einer Verfassung, in der ich nicht mehr nachdenken kann. Als menschliches Tier mit einem anderen Tier instinktiv sein zu dürfen, erzeugt ein überwältigendes Gefühl von natürlicher Kraft. Ich bin mir ganz sicher, dass auch der Hund diese Verbindung spürt und mein Eindringen nicht missverstehen wird.

Mit dem Plastikdeckel unter der Achselhöhle öffne ich die Zwingertür und gehe rückwärts hinein, um meine friedlichen Absichten und meinen Respekt auszudrücken. Ich schließe die Tür und setze mich seitlich abgewandt auf den Boden. Der Akita vergrößert die Distanz zwischen uns noch ein weiteres Mal und weicht einen Schritt zurück. Dann setzt er sich ebenfalls.

Ich atme erleichtert aus und blicke voll Freude zu dem jungen Mann, der darauf wartet, den Hund mitzunehmen. Am Telefon hatte er aufgeregt erzählt, wie er in der Kneipe davon erfuhr, dass der Hund erschossen werden solle. Jetzt lächelt auch er erfreut und ein wenig ungläubig. Mir fällt auf, dass er mit seinem gutmütigen Gesichtsausdruck und dem kräftigen Körperbau an den typischen Bauernsohn aus einem russischen Märchen erinnert. Ein Pjotr, der auszieht, um den bösen Drachen zu besiegen, könnte so aussehen. Warum also sollte er nicht diesen Hund retten, der sein Herz berührt hat?

»So, jetzt reicht's mit dem Kaffeekränzchen!«, donnert es plötzlich aus der Ecke des Hofbesitzers. »Jetzt nehmt das Vieh und verschwindet!« Wie in Zeitlupe nehme ich wahr, dass der Mann sich vom Gitter abstößt, an das er sich gelehnt hatte, und in drohender Haltung auf den Zwinger zusteuert. Zeitgleich schießt der Akita neben mir hoch und springt gegen die Zwingertür, dem Mann entgegen.

Dann mache ich einen Fehler. »Bleiben Sie zurück!«, rufe ich dem Mann laut zu, um ihn zu stoppen. Ich bewege mich dabei in seine Richtung und damit auch hinter den Akita. Der Hund missversteht dies offenbar als Drohung gegen sich selbst, denn es veranlasst ihn, sich umzudrehen und seine Wut gegen mich zu richten. Er stößt mit geöffnetem Maul hart zu und trifft mich wie mit Boxhieben immer wieder an der Schulter und am Oberarm. Er setzt keine Zähne ein, nur die Kraft des Zustoßens. Ich bringe den Plastikdeckel zwischen mich und die Stöße, was mir mehr Sicherheit gibt. Dann nehme ich seine Hiebe hin und setze ihnen nichts entgegen als Ruhe und Friedfertigkeit.

Es ist spürbar, dass er bereits so viele Maßregelungen erfahren hat, dass er momentan nicht in der Lage wäre, Unterschiede wahrzunehmen, wenn ich ihn abwehren wollte. Er wirkt durch die entwürdigenden Versuche des Mannes, ihn zu unterwerfen, so verzweifelt, dass ich ihm seine Wut erlaube. Jeder, der einen Akita kennt, weiß, dass man diese Hunde nicht unterwerfen kann. Ein Hund, der Samurais begleitete und Bären mutig verfolgt und stellt, kann sich nicht unterwerfen. Er braucht einen Menschen, der ihn respektiert und mit ihm kooperiert, sodass er sich ihm als Partner anvertrauen kann.

Der große schwarze Akita umkreist mich jetzt nach seiner Wutattacke und atmet heftig. Ab und zu stößt er mit wenig Kraftaufwand noch probeweise nach mir, um meine Reaktion zu testen. Ich wende mich beschwichtigend ab und brumme Signale der Anerkennung, wenn er in seinem Wüten kurz innehält. »Guuut.«

»Siehste, den schaffst du auch nicht«, ruft der Hofbesitzer und will wieder provozierend herantreten. Da greift der junge Mann überraschend ein und stellt sich ihm in den Weg.

»Lass es jetzt gut sein, Kurt. Wir nehmen den Hund mit wie abgemacht und du lass ihm jetzt seinen Frieden. So musst du nicht sein, das ist nicht gut.«

Der Hofbesitzer sieht den jungen Mann verdutzt an.

»Na, da schau her, der Vladi spricht. Bist doch sonst so stumm. Meinethalben geht jetzt mit dem Vieh. Ich will einfach meine Ruhe vor sowas haben.« Er zeigt unbestimmt in meine und die Richtung des Hundes und zieht sich wieder zu dem Zwinger des Schäferhundes zurück.

Der Akita hört augenblicklich auf, in seine Richtung zu starren. »Guuut«, brumme ich und lächle erleichtert, als er mich ansieht. In diesem Moment geschieht etwas, was mit Worten kaum zu erklären ist. Ich spüre ganz deutlich, dass gerade die provozierende Annäherung des Mannes wichtig war, um dem Hund etwas deutlich zu machen. Durch seinen Wutausbruch, den er gegen mich richten musste, scheint er verstanden zu haben, dass an mir nichts zu finden ist, wogegen er kämpfen könnte, oder müsste. Tatsächlich legt er sich kurz darauf neben mich und den Kopf auf dem Boden ab.

Ich habe jetzt das dringende Bedürfnis, den Zwinger und das Grundstück so schnell wie möglich zu verlassen. Sanft berühre ich den Hund mit der äußeren Handfläche an der Seite. Sein Fell ist verklebt und starrt vor Dreck. Er lässt die Berührung zu und hebt schnüffelnd die Nase in meine Richtung. Ich sehe das Stachelhalsband an seinem Hals und mir ist klar, dass ich einen Vertrauensverlust des

Hundes riskiere, wenn ich eine Leine dort anzulegen versuche. So löse ich langsam eine einfache Leine, die ich um den Bauch trage, und ziehe das Ende mit dem Karabiner durch die Handschlaufe, sodass sich eine Schlinge bildet. »Es ist alles gut«, sage ich sanft, aber mit fester Stimme, während ich die Schlaufe mehrfach seine Wange berühren lasse wie eine Liebkosung, und sie dann beiläufig um seinen Hals fallen lasse. Der Hund verhält sich völlig ruhig, und es ist, als ob ein ganz anderes Band als diese Leine uns nun verbindet.

»Komm, der Kampf ist zu Ende.«

Ich öffne die Zwingertür und gehe zügig mit dem Hund hinaus auf mein Auto zu. »Na dann viel Glück, du Miststück!«, zischt uns der Mann hinterher und lässt offen, wen von uns beiden er damit meint.

Der gerade vorher noch so aufgebrachte Hund dreht sich nicht nach ihm um. Er begleitet mich zu meinem Auto und springt sofort hinein, als ich hinten die Klappe öffne. Bevor ich sie schließe, erhasche ich einen Blick aus den Augen des Akitas, den ich von ihm nach so kurzer Zeit noch nicht erwartet hätte. Er drückt Zustimmung aus.

»Der Kurt hatte halt schon immer Schäferhunde«, erklärt der junge Mann auf meinem Beifahrersitz, während wir durch das Dorf zu seinem Haus fahren. »Der hier«, er zeigt hinter sich in die Richtung des Akitas, »hat ihn ganz schön verrückt gemacht. Sie passen einfach nicht zusammen.«

»Ich weiß nicht, warum immer angenommen wird, dass es bei Schäferhunden erlaubt ist, grob und laut zu sein«, sage ich ungehalten. »Sie haben ja selbst gesehen, dass auch der Schäferhund sein Bestes gegeben hat und trotzdem angeschrien und getreten wurde.«

»Aber er hat ›Platz‹ statt ›Sitz‹ gemacht.«

Ungläubig blicke ich in das sommersprossige Gesicht des jungen Mannes.

»Und das ist ein Verbrechen?«, frage ich bemüht ruhig.

Er hebt hilflos die Schultern und ich sehe ihm an, dass ihm die Unbedachtheit leid tut.

»Der Hund kam bereits ängstlich aus dem Zwinger«, ergänze ich freundlicher. »Wenn Sie Angst hätten, etwas falsch zu machen, weil Sie dann jedes Mal Tritte bekämen, und ich schriee Sie an: ›17 x 6!?‹, würde Ihnen die Lösung dann sofort einfallen?«

Der junge Mann blickt mich entsetzt an.

»Darüber habe ich so noch nie nachgedacht«, sagt er betroffen und reibt die Handflächen aneinander.

»Man kennt es bei uns nur so. Wir haben hier auch noch einen Rottweilerverein, da wird auch nur geschrien«, fügt er erklärend hinzu.

»Ich selbst könnte gar nicht so sein zu einem Tier und dachte deshalb auch, dass ich mich nicht für einen Hund eigne.«

Ich sehe ihn erstaunt an. »Und warum wollen Sie dann den Akita retten?«, frage ich.

»Na, wie ich am Telefon sagte, er sollte umgebracht werden«, antwortet der junge Mann.

»Ja, aber warum interessiert er Sie?« Ich schaue kurz zu ihm hinüber.

Er blickt mit halb geöffnetem Mund nach vorn und denkt nach. Mit einem Räuspern sagt er dann: »Mein Großvater hatte einen ähnlichen Hund, Timo. Er hat alle angeknurrt, die ihn berühren wollten, aber er war dennoch mein Freund.

Ein guter Freund. Er hat mich überallhin begleitet. Er war eben nur kein Hund zum Anfassen. Als ich eines Tages aus der Schule kam, war er tot. Sie haben ihn erschossen, weil ein Nachbar ihn streicheln wollte, obwohl er wusste, dass es nicht gut ist, das zu tun. Timo hatte ihn gewarnt und angeknurrt und der Nachbar hat deshalb ein riesiges Fass aufgemacht. Großvater musste Timo erschießen. Ich kann nicht vergessen, dass ich nicht da war, während das passierte.« Sein Adamsapfel macht einen heftigen Sprung nach oben und wieder zurück.

»Hat er auch gebissen?«, frage ich. Der junge Mann streckt abwehrend die Hände von sich. »Nein! Er hat nur gedroht oder ist ausgewichen.«

»Okay. Ich verstehe jetzt, warum Sie dem Hund helfen wollen«, sage ich und muss nun auch schlucken.

Das Dorf mit seinen Höfen zieht an uns vorbei. Niemand ist auf der Straße zu sehen. Wir schweigen.

Nach einiger Zeit sage ich: »Es ist nur so, dass das mit dem Akita wieder passieren könnte, wenn er sich ablehnend verhält. Es gibt nicht viele Menschen, die es als das Recht eines Tieres ansehen, keinen Kontakt zu fremden Menschen zu wollen. Dabei ist das ja völlig normal für alle Rassen, denen wir ein ausgeprägtes Schutzverhalten angezüchtet haben. Außerdem gibt es auch Hunde, die selbst von ihrem menschlichen Partner keine Streicheleinheiten wünschen. Viele Menschen sind jedoch noch weit davon entfernt, in Betracht zu ziehen, dass es nicht immer Unterwerfung sein muss, die einen Hund zum guten Partner macht, und dass ein Hund nicht automatisch gefährlich ist, wenn er sich in angemessener Weise eine Berührung verbittet. Dieser Hund hier«, ich nicke nach hinten, »hätte mich schwer verletzen oder töten können. Er hat es nicht getan, weil ich ihm Respekt erwiesen habe, und er könnte einem Menschen ganz sicher viel geben, wenn man ihn lässt und ihn nicht unterwerfen will.«

Über das breite Gesicht des jungen Mannes huscht ein erfreutes Lächeln. »Ihm wird keiner mehr was tun. Da können Sie sich drauf verlassen«, sagt er schlicht.

An seinem Hof angekommen, öffne ich die Hecklappe des Wagens. Der junge Mann greift nach der Leine, die noch immer als Schlaufe um den Hals des Hundes liegt. Der Akita hat ganz offenbar gedöst und sieht sich blinzelnd um.

»Langsam«, sage ich, als der junge Mann an der Leine ziehen will. »Lassen Sie ihn selbst herausspringen. Laden Sie ihn einfach ein, es zu tun. Es sind diese Feinheiten, die wichtig sind bei einem Hund, der sich jedem Druck verweigert. Bitten Sie ihn einfach und verlangen Sie nur, was wirklich mit Sinn erfüllt ist und keine leere Handlung darstellt. Genaus diesen Unterschied spürt er.«

Der junge Mann blickt den Hund an und macht eine einladende Geste in Richtung Boden. »Bitte.« Der Akita gähnt und legt den Kopf wieder ab. Der junge Mann zieht an der Leine. Der Hund hebt den Kopf und blickt alarmiert. »Nicht ziehen!«, ermahne ich noch einmal mit Nachdruck. Der Mann lässt die Leine los und tritt einen Schritt zur Seite.

»Er hat die Einladung noch nicht angenommen, also lassen Sie uns einfach das Hoftor schließen. Er soll selbst entscheiden, wann er aussteigen will. Er hat einiges hinter sich und wir müssen ihn gerade zu nichts bewegen.«

Während der junge Mann das Außentor schließt, sehe ich mich auf seinem Hof um. Ein Mähdrescher, ein Traktor …

»Sieht nach einem Getreidebauern aus«, rufe ich ihm lachend zu. Er hebt bestätigend den Daumen und zieht stolz die Brauen nach oben.

Auf einer Hofbank sitzend erzählt er mir, dass er seit dem Tod seiner Eltern hier ganz allein wirtschaftet und es schwierig ist, eine Frau zu finden, die die Liebe zur Landwirtschaft teilt und bereit ist, mit ihm zu arbeiten. Er reibt sich dabei verlegen die Hände und sagt abschließend: »Aber jetzt habe ich zumindest den Timur hier.« Ich blicke ihn fragend an, bis ich begreife, dass er den Akita meint, der offenbar bereits einen Namen erhalten hat.

Wie auf ein Stichwort erscheint der Hund in diesem Moment auf der umgelegten Heckklappe meines Autos. Er sieht sich um. Sein Anblick hat etwas von der majestätischen Schönheit eines Raubtieres auf einem Felsvorsprung. Alles Steife und Spannungsgeladene ist von ihm abgefallen. Lässig springt er herunter und beginnt schnüffelnd über den Hof zu streifen.

»Soll ich ihm zum Anlocken etwas zu fressen geben?«, fragt Vladimir, dem ich bei diesem persönlichen Gespräch das Du anboten habe.

»Lass ihn ruhig erst einmal ankommen«, empfehle ich ihm. »Du kannst warten, bis er zu dir Kontakt aufnimmt und musst ihn nicht bestechen. Bestechung durchschaut er sofort als Schwäche. Du müsstest ihn ja führen können, wenn er bei dir bleiben soll.«

»Aber du sagtest doch, dass sich ein Akita nicht führen lässt«, wendet Vladimir ein.

»Ich sagte, dass man ihn nicht unterwerfen kann. Führen kann man ihn schon, wenn er sich dir anvertraut und sich entschließt, mit dir zu kooperieren.«

»Was muss ich denn dazu tun?« Vladimir steht auf.

»Ich würde dir empfehlen, ihn in Ruhe zu lassen, bis er von selbst kommt. Dann würde ich die wichtigsten Regeln einführen, die ihr in eurem persönlichen Alltag braucht und dabei bleiben. Außerhalb dieser Regeln würde ich ihm so viel Freiraum wie möglich lassen.«

Der Hund ist jetzt in unserer Nähe und untersucht einen Stapel Holzscheite. Seine Prüfung beendet er mit dem Heben des Beines. Er hat bereits viele Stellen im Hof markiert. Zwischendurch schüttelt er sich immer wieder, als wollte er den alten Stress damit endgültig loswerden. Dann springt er mit einem kraftvollen Satz auf das flache Vordach eines Schuppens. Dort lässt er sich laut ausatmend nieder und beginnt, Körperpflege zu betreiben. In diesem Moment wirkt er, als würde er schon sehr lange hier leben.

»Sieht gut aus«, sage ich laut und weise in die Richtung des Hundes.

Der junge Mann strahlt. »Ich glaube auch! Ich habe das Gefühl, er ist hier schon angekommen.« Lachend fügt er hinzu: »Die Frage ist nur, ob er auch mich mit dazu nimmt.«

Am nächsten Morgen fahre ich wieder zu seinem Hof. »Guten Morgen, ihr zwei«, begrüße ich Vladimir am Hoftor und sehe mich vergeblich nach Timur um.

»Wo ist er denn?«, frage ich beunruhigt.

»Auf seinem Platz«, verkündet Vladimir nicht ohne Stolz und gibt mir ein Zeichen, ihm zu folgen.

Im Haus betrete ich einen langen Flur mit grauen Steinfließen und gehe hinter Vladimir in eine große Küche.

Der Akita liegt halb schlafend auf dem Boden auf einem braunen Polsterkissen und blinzelt, als wir hereinkommen.

»Ha, das gibt es ja nicht«, sage ich staunend.

»Wenn du wüsstest«, bricht es aus Vladimir heraus.

»Ich habe gestern ja die Haustür offen gelassen, damit er zu jeder Zeit herein kann. Natürlich habe ich nicht erwartet, dass er es tut, und so habe ich mich mächtig erschrocken, als ich am späten Abend von der Küche in mein Wohnzimmer ging und der Hund ausgestreckt auf meinem Sofa lag. Das war ein Anblick, sag ich dir.«

»Auf deinem Sofa?«, frage ich erstaunt.

»Ja, er ist ins Haus gekommen und hat sich den besten Platz ausgesucht«, sagt er lachend. »Ich hab aber dran gedacht, was du gesagt hast, und überlegt, wie ich mich jetzt verhalte. Dann bin ich zu dem Schluss gekommen, dass es eine gute Regel ist, wenn er nicht in der Stube auf meinem Sofa liegt, weil ich dann keinen Platz mehr hätte. Da ich aber mit ihm kooperieren wollte, nahm ich das Polster, auf dem er lag, und brachte es in die Küche. Ich habe ihn dabei ruhig an der Leine mitgeführt und er hat sich anstandslos draufgelegt. Ist das nicht ein Ding?«

Mein Mund öffnet sich vor Bewunderung. Ich weiß nicht, ob sich Vladimir überhaupt bewusst ist, was er da getan hat. Mit spielerischer Leichtigkeit hat er gemeistert, was ich mir selbst hart erarbeiten musste – den respektvollen Umgang mit einem souveränen Leithund. Auch wenn jetzt ein Sofapolster weniger auf seiner Couch liegt.